大学计算机基础

DAXUE JISUANJI JICHU

刘炎 施梅芳 贡黎明●主编

图书在版编目(CIP)数据

大学计算机基础 / 刘炎,施梅芳,贲黎明主编. —
苏州:苏州大学出版社,2021.8
 ISBN 978-7-5672-3667-7

Ⅰ.①大… Ⅱ.①刘… ②施… ③贲… Ⅲ.①电子计
算机－高等学校－教材 Ⅳ.①TP3

中国版本图书馆 CIP 数据核字(2021)第 144815 号

书　　名：大学计算机基础
主　　编：刘　炎　施梅芳　贲黎明
责任编辑：征　慧
装帧设计：刘　俊
出版发行：苏州大学出版社(Soochow University Press)
社　　址：苏州市十梓街 1 号　邮编:215006
印　　刷：宜兴市盛世文化印刷有限公司
邮购热线：0512-67480030
销售热线：0512-67481020
开　　本：787 mm×1 092 mm　1/16　印张:17.25　字数:399 千
版　　次：2021 年 8 月第 1 版
印　　次：2021 年 8 月第 1 次印刷
书　　号：ISBN 978-7-5672-3667-7
定　　价：46.00 元

若有印装错误,本社负责调换
苏州大学出版社营销部　电话:0512-67481020
苏州大学出版社网址　http://www.sudapress.com
苏州大学出版社邮箱　sdcbs@suda.edu.cn

"大学计算机基础"课程是高等院校非计算机专业学生的必修基础课,通过对本课程的学习,学生可以了解计算机的基础知识,掌握计算机的基本操作技能,为后续计算机课程的学习和计算机实践能力的培养奠定基础。

本书根据高校计算机公共基础教学的需要,并参照全国计算机等级考试大纲的要求编写。本书不仅可作为高等院校非计算机专业计算机基础课程的教材,也可作为计算机等级考试和计算机爱好者的自学教材。

本书共分七章,第1章介绍了计算机基础知识,第2章介绍了信息技术,第3章介绍了Windows 7操作系统,第4章介绍了Word 2016文字处理软件,第5章介绍了Excel 2016电子表格处理软件,第6章介绍了PowerPoint 2016演示文稿软件,第7章介绍了计算机网络和安全。

为了便于教学,本书配有教师使用的PPT课件,还有与之配套的实验教材《大学计算机基础实训教程》,供教师和学生实训环节使用。

本书由刘炎、施梅芳、贡黎明共同策划并任主编,何春霞任副主编,周蕾、朱苗苗、刘春玉、盘丽娜、陆茜参加了部分编写工作,全书由贡黎明统稿。

在本书编写过程中,由于时间仓促,加上水平有限,书中难免有错漏之处,恳请广大读者批评指正。

编 者
2021年4月

目录

Contents

第1章 计算机基础知识

1.1 计算机发展简史 …………………………………………………（ 1 ）
    1.1.1 计算机发展简史 ……………………………………………（ 1 ）
    1.1.2 我国计算机的发展简介 ……………………………………（ 3 ）
1.2 微型计算机硬件系统 ……………………………………………（ 4 ）
    1.2.1 微型计算机的硬件结构 ……………………………………（ 4 ）
    1.2.2 主板 …………………………………………………………（ 5 ）
    1.2.3 CPU …………………………………………………………（ 6 ）
    1.2.4 内存 …………………………………………………………（ 8 ）
    1.2.5 外存储器 ……………………………………………………（ 9 ）
    1.2.6 输入/输出设备 ……………………………………………（ 11 ）
    1.2.7 硬件安装 ……………………………………………………（ 16 ）
1.3 计算机软件系统 …………………………………………………（ 20 ）
    1.3.1 软件分类 ……………………………………………………（ 20 ）
    1.3.2 操作系统 ……………………………………………………（ 23 ）
    1.3.3 应用软件 ……………………………………………………（ 26 ）
    1.3.4 计算机的应用 ………………………………………………（ 27 ）
    1.3.5 安装操作系统和应用软件 …………………………………（ 28 ）
1.4 计算机的分类和发展方向 ………………………………………（ 29 ）
    1.4.1 计算机的分类 ………………………………………………（ 29 ）
    1.4.2 计算机的发展方向 …………………………………………（ 31 ）
1.5 本章小结 …………………………………………………………（ 33 ）
练习题 …………………………………………………………………（ 33 ）

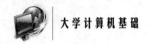

第2章 信息技术

- 2.1 信息技术概述 …………………………………………………（35）
  - 2.1.1 信息技术的含义 ………………………………………（35）
  - 2.1.2 信息技术的特点 ………………………………………（36）
  - 2.1.3 信息技术的分类 ………………………………………（37）
  - 2.1.4 信息技术的功能 ………………………………………（37）
  - 2.1.5 信息技术的发展趋势 …………………………………（38）
- 2.2 信息的数字化 …………………………………………………（39）
  - 2.2.1 信息和数 ………………………………………………（39）
  - 2.2.2 文本数字化 ……………………………………………（43）
  - 2.2.3 声音的数字化 …………………………………………（48）
  - 2.2.4 图像的数字化 …………………………………………（50）
  - 2.2.5 数据压缩及编码 ………………………………………（52）
  - 2.2.6 算法概述 ………………………………………………（53）
- 2.3 大数据 …………………………………………………………（54）
  - 2.3.1 大数据产生的背景 ……………………………………（54）
  - 2.3.2 大数据的概念 …………………………………………（55）
  - 2.3.3 大数据4V特征 …………………………………………（57）
  - 2.3.4 大数据的采集、存储与分析处理 ……………………（57）
  - 2.3.5 大数据的应用 …………………………………………（58）
  - 2.3.6 大数据的发展趋势 ……………………………………（58）
- 2.4 物联网 …………………………………………………………（59）
  - 2.4.1 物联网的概念 …………………………………………（59）
  - 2.4.2 物联网技术 ……………………………………………（60）
  - 2.4.3 从互联网到物联网的演进 ……………………………（61）
  - 2.4.4 物联网的应用 …………………………………………（61）
- 2.5 云计算 …………………………………………………………（64）
  - 2.5.1 云计算产生的背景 ……………………………………（64）
  - 2.5.2 云计算与大数据的关系 ………………………………（65）
  - 2.5.3 云计算的特点 …………………………………………（65）
  - 2.5.4 云计算核心服务 ………………………………………（66）
  - 2.5.5 云计算的应用 …………………………………………（67）
- 2.6 人工智能 ………………………………………………………（68）
  - 2.6.1 人工智能的应用领域 …………………………………（69）
  - 2.6.2 人工智能与虚拟现实 …………………………………（70）
- 2.7 本章小结 ………………………………………………………（71）
- 练习题 ……………………………………………………………（72）

第 3 章　Windows 7 操作系统

3.1　Windows 7 的基本概念和操作 ……………………………（74）
3.1.1　基本概念和术语 …………………………………………（74）
3.1.2　基本操作 …………………………………………………（81）

3.2　Windows 7 系统设置 ………………………………………（86）
3.2.1　外观设置 …………………………………………………（86）
3.2.2　网络设置 …………………………………………………（88）
3.2.3　输入法设置 ………………………………………………（90）
3.2.4　其他常用设置 ……………………………………………（92）

3.3　系统工具的使用 ……………………………………………（92）
3.3.1　使用资源管理器 …………………………………………（92）
3.3.2　使用搜索工具 ……………………………………………（93）
3.3.3　其他常用工具 ……………………………………………（95）

3.4　本章小结 ……………………………………………………（98）
练习题 ……………………………………………………………（99）

第 4 章　Word 2016 文字处理软件

4.1　Word 2016 简介 ……………………………………………（100）
4.1.1　Word 的启动和退出 ……………………………………（100）
4.1.2　界面介绍 …………………………………………………（102）
4.1.3　功能区介绍 ………………………………………………（104）
4.1.4　Word 2016 制作文档的过程 ……………………………（106）

4.2　Word 2016 基础操作 ………………………………………（106）
4.2.1　文档的创建 ………………………………………………（106）
4.2.2　文档的保存 ………………………………………………（107）
4.2.3　文本的输入和编辑 ………………………………………（109）

4.3　Word 2016 文档格式设置 …………………………………（116）
4.3.1　文本格式设置 ……………………………………………（116）
4.3.2　段落格式设置 ……………………………………………（118）
4.3.3　文档页面设置和打印 ……………………………………（124）

4.4　Word 2016 表格的应用 ……………………………………（128）
4.4.1　表格的创建 ………………………………………………（129）
4.4.2　表格的编辑 ………………………………………………（130）
4.4.3　表格中数据的处理 ………………………………………（134）

4.5　Word 2016 图文混排 ………………………………………（136）
4.5.1　插入图片 …………………………………………………（136）
4.5.2　插入自选图形 ……………………………………………（137）

4.5.3 插入 SmartArt 图形 ……………………………………………… (138)
4.5.4 插入文本框 ……………………………………………………… (139)
4.5.5 插入艺术字 ……………………………………………………… (140)
4.6 Word 2016 其他操作 ………………………………………………………… (140)
4.6.1 设置文档页面背景 ……………………………………………… (140)
4.6.2 批注的插入 ……………………………………………………… (141)
4.6.3 插入脚注和尾注 ………………………………………………… (141)
4.6.4 统计字数 ………………………………………………………… (142)
4.7 本章小结 ……………………………………………………………………… (142)
练习题 ……………………………………………………………………………… (143)

第 5 章 Excel 2016 电子表格处理软件

5.1 Excel 2016 简介 ……………………………………………………………… (147)
5.1.1 启动和退出 ……………………………………………………… (147)
5.1.2 界面介绍 ………………………………………………………… (148)
5.1.3 功能区简介 ……………………………………………………… (150)
5.2 Excel 2016 的基础操作 ……………………………………………………… (153)
5.2.1 基本概念介绍 …………………………………………………… (153)
5.2.2 工作簿的基本操作 ……………………………………………… (154)
5.2.3 工作表的基本操作 ……………………………………………… (155)
5.3 Excel 2016 的数据输入和格式设置 ………………………………………… (157)
5.3.1 单元格的基本操作 ……………………………………………… (158)
5.3.2 在单元格中输入数据 …………………………………………… (161)
5.3.3 单元格的格式设置 ……………………………………………… (162)
5.4 Excel 2016 的公式、函数和图表的使用 …………………………………… (164)
5.4.1 公式的使用 ……………………………………………………… (164)
5.4.2 函数的使用 ……………………………………………………… (168)
5.4.3 图表的使用 ……………………………………………………… (172)
5.5 Excel 2016 数据分析和管理 ………………………………………………… (177)
5.5.1 数据排序 ………………………………………………………… (177)
5.5.2 数据筛选 ………………………………………………………… (178)
5.5.3 数据分类汇总 …………………………………………………… (180)
5.5.4 建立数据透视表 ………………………………………………… (181)
5.6 Excel 2016 的其他操作 ……………………………………………………… (183)
5.6.1 工作表的页面设置和打印 ……………………………………… (183)
5.6.2 为单元格建立批注 ……………………………………………… (184)
5.6.3 保护工作簿和工作表 …………………………………………… (184)
5.6.4 工作表中的链接 ………………………………………………… (185)

5.7 本章小结 ……………………………………………………………… (186)
练习题 …………………………………………………………………… (186)

第6章 PowerPoint 2016 演示文稿软件

6.1 PowerPoint 2016 简介 ………………………………………………… (191)
 6.1.1 启动和退出 ……………………………………………………… (191)
 6.1.2 主界面介绍 ……………………………………………………… (192)
 6.1.3 功能区简介 ……………………………………………………… (193)
 6.1.4 视图简介 ………………………………………………………… (196)
 6.1.5 利用 PowerPoint 制作演示文稿的过程 ……………………… (198)
6.2 PowerPoint 2016 的基础操作 ………………………………………… (199)
 6.2.1 演示文稿的创建 ………………………………………………… (199)
 6.2.2 演示文稿的保存 ………………………………………………… (200)
 6.2.3 幻灯片的基本操作 ……………………………………………… (200)
 6.2.4 幻灯片的编辑 …………………………………………………… (201)
6.3 PowerPoint 2016 演示文稿的修饰和放映 …………………………… (209)
 6.3.1 主题的设置 ……………………………………………………… (209)
 6.3.2 背景样式的设置 ………………………………………………… (210)
 6.3.3 切换效果的设置 ………………………………………………… (211)
 6.3.4 动画效果的制作 ………………………………………………… (211)
 6.3.5 放映方式的设置 ………………………………………………… (214)
6.4 PowerPoint 2016 的其他操作 ………………………………………… (217)
 6.4.1 母版的设置 ……………………………………………………… (217)
 6.4.2 超链接和动作按钮的设置 ……………………………………… (218)
 6.4.3 幻灯片的打印和预览 …………………………………………… (219)
 6.4.4 幻灯片的导出 …………………………………………………… (220)
6.5 本章小结 ……………………………………………………………… (221)
练习题 …………………………………………………………………… (221)

第7章 计算机网络和安全

7.1 计算机网络 …………………………………………………………… (224)
 7.1.1 计算机网络的演变过程 ………………………………………… (224)
 7.1.2 计算机网络基础 ………………………………………………… (225)
 7.1.3 Internet 的基本概念 …………………………………………… (232)
 7.1.4 Internet 接入与路由器参数 …………………………………… (237)
7.2 计算机安全 …………………………………………………………… (242)
 7.2.1 网络信息安全 …………………………………………………… (242)
 7.2.2 网络安全技术——防火墙 ……………………………………… (244)

7.2.3　计算机安全技术——杀毒软件 …………………………………（246）
　　7.2.4　预防性安全措施 ………………………………………………（251）
　　7.2.5　安全使用计算机的一些建议 …………………………………（251）
7.3　Internet 的应用 ……………………………………………………………（252）
　　7.3.1　浏览网页 ………………………………………………………（252）
　　7.3.2　电子邮件的使用 ………………………………………………（256）
　　7.3.3　常见网络协议 …………………………………………………（260）
7.4　本章小结 ……………………………………………………………………（261）
练习题 ………………………………………………………………………………（262）

答　案 ………………………………………………………………………………（264）

第 1 章 计算机基础知识

自古以来,人类就在不断地发明和改进计算工具,其主要经历了从简单到复杂、从低级到高级、从手动到自动的发展过程。计算机是目前最先进的计算工具,但计算机已不仅仅是计算工具了,在软件的支持下,它已经成为信息处理工具,是信息社会的基础工具。

计算机的应用范围极其广泛,从军事、科研到社会的各个领域,几乎无所不在。熟练操作计算机是现代人必须具备的基本技能之一。

计算机发展速度极快,相关技术和概念的更新速度也很惊人,只有了解计算机的本质,才能更快地理解和掌握这些新技术、新概念。本章介绍计算机基础知识,通过对本章的学习,应掌握以下内容:

- 计算机发展简史;
- 计算机的基本结构;
- 计算机硬件系统组成;
- 计算机软件系统组成;
- 计算机软、硬件安装。

1.1 计算机发展简史

1.1.1 计算机发展简史

1936 年,图灵在其论文《论数字计算在决断难题中的应用》中,提出了著名的"图灵机"设想:把人使用纸笔进行数学运算的过程进行抽象,用一个虚拟机器模拟这个过程。这个自动计算的虚拟机器就是图灵机,这个自动计算模型则被公认为现代计算机的理论模型。

1943 年,由埃克特、莫克利、戈尔斯坦、博克斯组成的研制小组开始研制以电子管为主要元器件的通用电子计算机 ENIAC(Electronic Numerical Integrator And Computer)。1946 年,ENIAC 在宾夕法尼亚大学研制成功。ENIAC 在不断的维护和更新下,共运行了 9 年。

ENIAC 包含约 18 000 个电子管、30 个操作台,重约 30 t,耗电量为 150 kW·h,占地面积约170 m²（大约半个篮球场），造价48万美元，每秒能够执行5 000次加法运算或400次乘法运算，其计算能力相当于人力的20万倍，比当时最快的计算工具快1 000倍。ENIAC是能够进行逻辑运算的计算工具，这是它同其他计算工具的本质区别，ENIAC的诞生标志着电子计算机时代的到来。关于ENIAC是否是第一台电子计算机的争论很多，根据资料显示，它的确不是最早研制成功的电子计算机，而是第一台多用途通用计算机。但ENIAC是最具影响力的计算机。

1944年，冯·诺依曼加入了离散变量自动电子计算机EDVAC（Electronic Discrete Variable Automatic Computer）的研制小组。1945年，冯·诺依曼起草了"关于EDVAC的报告草案"，报告广泛而具体地介绍了制造电子计算机和程序设计的新思想。这份报告是计算机发展史上一个划时代的文献，报告明确了如下核心内容：

- 计算机由五个部分组成：运算器、控制器、存储器、输入设备和输出设备。
- 计算机采用二进制，程序和数据均用二进制表示。
- 计算机程序的执行过程——顺序执行。

这个设计思想是计算机发展史上的里程碑，是计算机时代的真正开始。根据这个思想制造的计算机被称为冯·诺依曼结构计算机，这个结构一直沿用至今，因此，冯·诺依曼被尊称为"计算机之父"。EDVAC是世界上第一台冯·诺依曼结构计算机，也是第一台现代意义的通用计算机。

冯·诺依曼结构确定了现代计算机的基本结构和原理，以此为基础，计算机进入了飞速发展的阶段。计算机硬件的发展，尤其是主要元器件的发展，使得计算机的计算速度越来越快、体积越来越小、价格越来越低；计算机软件的发展，尤其是多媒体技术和操作系统的发展，使得计算机的应用领域不断扩展，涵盖了越来越多的行业，操作计算机越来越容易。

按照计算机主要元器件的不同，一般将计算机的发展划分为四个阶段（表1-1）。

表1-1 计算机发展的四个阶段

阶段	第一代计算机 （1946—1957）	第二代计算机 （1958—1964）	第三代计算机 （1965—1970）	第四代计算机 （1971至今）
主要元器件	电子管	晶体管	中小规模集成电路	大规模、超大规模集成电路
图 例				
计算能力/(次/秒)	几千~几万	几万~几十万	几十万~几百万	几千万~上亿
软件技术	机器语言和汇编语言	批处理操作系统和高级语言	分时操作系统和规模化程序设计等	软件工程、数据库技术和互联网等
应用领域扩展	军事研究、科学计算	事务处理和工业控制	开始广泛应用	各行各业

第四代计算机是计算机超高速发展的阶段,计算机性能和价格比基本以每18个月翻一倍的速度上升,计算机价格已经降到能普及的阶段。在这个阶段,面向个人的微型计算机成为计算机发展的主流。目前,计算机已经成为微型计算机的简称。

最早的个人计算机包括苹果公司的Apple Ⅱ、RadioShack公司的TRS-80等。当时的个人计算机已经配备键盘、显示器、小型打印机、软盘、盒式磁盘等设备,且可以使用各种高级语言。个人计算机市场的逐步扩大,引起了IBM的关注。IBM公司于1979年开始组织个人计算机研制小组,两年后推出了使用Intel 8088微处理器的IBM-PC(Personal Computer),IBM-PC设计先进、软件丰富、功能齐全、价格便宜,在当时引起极大震动。1984年,IBM公司又推出了性能更强的IBM PC/AT。由于IBM公司在发展个人计算机时采用了技术开放的策略,兼容机大量出现,价格迅速降低,个人计算机开始风靡世界。

集成电路技术是现代计算机的基础,但集成电路固有的发展瓶颈也制约着计算机性能的进一步提升。为此,新一代的计算机已经被提上研制日程,目前的研究方向主要是生物计算机、纳米计算机、光计算机和量子计算机等。业界将其称为第五代计算机,这是一种使用新型物理元器件、运算速度更快的计算机。

计算机的发展过程中,尤其是微机发展史中,企业起着举足轻重的作用。大量企业不断研发新技术,推出新产品,这些企业推动着计算机的不断发展。

- IBM(International Business Machines Corporation)公司创立于1911年,是计算机发展史上最著名的公司,对计算机的发展起着重要的推动作用,其创立的个人计算机(PC)标准,至今仍被不断地沿用和发展。目前,IBM已经退出个人计算机的市场,专注于大型机、超级计算机、服务器和信息服务市场。
- 英特尔(Intel)公司创立于1968年,是微电子行业的著名企业。1971年,英特尔推出了全球第一个微处理器,为微型计算机的发展做出了卓越的贡献。
- 微软(Microsoft)公司创立于1975年,是软件行业的著名企业。1980年,微软公司为IBM个人电脑提供操作系统MS-DOS。随后,该公司推出了划时代的操作系统Microsoft Windows,为微型计算机的普及做出了卓越的贡献。

1.1.2 我国计算机的发展简介

1956年,《十二年科学技术发展规划》中就把计算机列为发展科学技术的重点之一,同一年,中国科学院筹建中国第一个计算技术研究所——中国科学院计算技术研究所。1958年,研究所研制成功中国第一台小型电子管数字计算机("103型"计算机),填补了中国计算机技术的空白,成为中国计算机事业起步阶段的里程碑。目前,我国已经在多个计算机领域达到国际领先水平,如巨型机的架构、人工智能、5G通信等。

我国计算机发展史上有代表性的机型如表1-2所示。

表1-2 中国计算机的发展(1958—1999)

时间	计算机的名称	说明
1958年	"103型"计算机	电子管计算机
1965年	109乙计算机	晶体管计算机
1974年	DJS-130、DJS-131等	集成电路计算机
1983年	"银河"巨型计算机	巨型机
1999年	"神威"并行计算机	巨型机,主要技术指标已达到国际先进水平

改革开放后,我国信息技术产业发展迅速,涌现出一批富有创造能力的科技企业,最具代表性的是联想、华为、阿里巴巴、百度等企业。

1.2 微型计算机硬件系统

1.2.1 微型计算机的硬件结构

一、冯·诺依曼结构

冯·诺依曼结构的计算机,由输入、存储、运算、控制和输出五个部分组成。其结构如图1-1所示,各部分的功能如下:

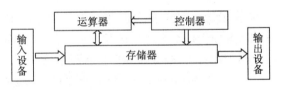

图1-1 计算机的基本结构

- 存储器(Memory)的功能是保存数据。
- 运算器(Arithmetic Unit,AU)的功能是进行算术和逻辑运算,也称算术逻辑部件。算术运算包括加、减、乘、除等,逻辑运算包括与、或、非等。
- 控制器(Controller)的功能是指挥运算器和存储器。
- 输入设备(Input Device)的功能是将数据送入存储器。
- 输出设备(Output Device)的功能是接收存储器中的数据。

二、微机硬件结构

微型计算机也称为微机、电脑、个人计算机、PC,准确的称谓应该是微型计算机系统,是在微型计算机硬件系统上增加外部设备和软件构成的实体。自IBM公司推出IBM-PC以来,微机以其廉价、轻便等特点迅速进入社会各个领域。

微机实体一般由五部分构成:CPU、内存、主板、硬盘、输入/输出设备,其结构如图1-2所示。CPU实现运算和控制功能;内存和硬盘实现存储功能;主板实现数据传输通道功能和提供各种接口;输入/输出功能由各种设备实现,如键盘、显示器等。

微机的这种结构称为总线(Bus)结构,其特点是简单清晰、易于扩充。组成微机的各个部件可由不同的厂商生产,用户可以按需搭配硬件。

微机应用环境非常复杂,性能需求不一。一般情况下,微机的运算能力和存储能力是通用的需求,经常用这两个方面的指标衡量微机的性能。

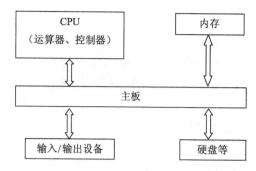

图1-2 微机结构图

1. 主频

主频是CPU指标之一,是指微机CPU的时钟频率,通常主频越高,CPU的运算速度越快。

2. 内核数量

内核数量是CPU指标之一。所谓内核,可以看作一个单独的CPU,多内核是指在一个CPU中封装两个或两个以上的内核,通常内核越多,CPU性能越强。

3. 字长

字长是CPU指标之一,是指CPU同一时间中处理二进制数的位数。相同主频下,字长越长,则单位时间内能够处理的二进制位越多,微机的计算能力越强。

4. 内存容量

内存容量是指微机内存的容量,内存容量越大,所能存储的数据越多,程序运行的速度就越快,系统运行越流畅。

5. 外存容量

外存一般是指微机所安装的硬盘容量。

家用微机在娱乐、游戏等方面的需求较高,还需要关注声卡、显卡、显示器等影音部件的性能指标。

1.2.2 主板

主板又称主机板、系统板、逻辑板、母板、底板等,是微机最基本也是最重要的部件。主板多为矩形电路板,电路板上焊接了各种芯片组和接口。芯片组是主板上最重要的组件,用于提供各种功能。

芯片组最主要的功能是提供总线功能,用于不同设备的互联和通信。总线是计算机各种功能部件之间传送信息的公共通信干线。按照计算机中所传输的信息类型,总线可以划分为数据总线、地址总线和控制总线,分别用来传输数据、数据地址和控制信号。

由于各种设备数据传输速度不同,目前的微机使用局部总线技术(就是有多个总线芯片,最常见的是南桥芯片和北桥芯片),将低速设备(键盘、鼠标等)与南桥芯片连接,高速设备(内存、显卡等)与北桥芯片连接,北桥芯片同时负责与南桥芯片通信。一般情况下,北桥芯片的名称就是主板芯片组的名称。

主板基本的功能,如基本输入/输出功能(BIOS)、CMOS参数存储、接口控制功能(I/O芯片)等,也是使用芯片组提供的。芯片组还用于提供额外功能,如集成网卡、集成声卡等。

芯片组是主板的核心组成部分,决定了主板的性能和功能,是整个计算机系统的基础,其稳定性对整个系统的稳定性起决定性作用。

CPU、硬盘、内存、显卡等设备通过主板提供的接口相连(图1-3),安装和使用这些设备需要主板提供相应接口,否则无法使用。目前,Intel和AMD的CPU使用不同的接口,主板不能通用,其他设备也存在相同的情况。

主板生产厂商众多,安装主板的机箱同样如此,为了保证兼容性和通用性,主板上各元器件的布局、尺寸大小、形状、电源规格等都需要遵循通用标准,称为主板结构,微机中常见结构有ATX、M-ATX、ITX、EATX等。

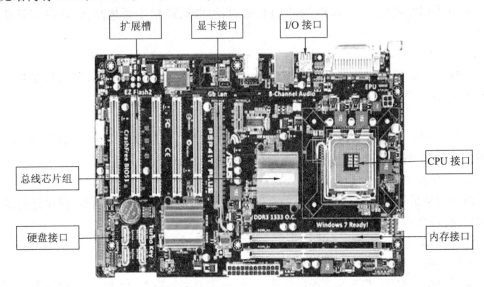

图1-3 微型计算机主板接口示意图

1.2.3 CPU

CPU(Central Processing Unit,中央处理器)是计算机的核心部件,其主要功能是执行指令。微型计算机的CPU是微处理器的一种,目前多为单片极大规模集成电路。微处理器大致可以分为三类:

- 通用微处理器:追求高性能,它们用于运行通用软件,配备完备、复杂的操作系统,适用于微机。
- 嵌入式微处理器:处理特定应用问题、运行特定程序的处理器,主要用于数码产品和消费家电,如手机、数码相机等。
- 微控制器:性能较低,用于汽车、空调、自动机械等领域的自控设备。

通用微处理器主体包括三个部分:寄存器、运算器和控制器。寄存器存储指令和待处理的数据或中间数据;运算器使用寄存器中的数据进行算术或逻辑运算;控制器解析指令并按照指令指挥运算器和寄存器工作。

除了CPU外,微机的其他部件一般都具有嵌入式微处理器或微控制器,这些处理器能够与 CPU 并行工作,用于减轻 CPU 的负担,提高计算机系统的整体性能。例如,显卡中专门处理图形数据的图形处理器(Graphics Processing Unit,GPU)。

目前,通用微处理器是处理器发展的主流。其他大中型计算机也不再专门设计 CPU,而是用多个微处理器组成运算中心,微处理器的数量成百上千,研制这些计算机的难点在于如何使多个处理器协同工作。

一、指令

计算机工作的过程就是 CPU 执行指令的过程。指令是指挥计算机工作的命令,程序就是一系列按顺序排列的指令,执行程序的过程就是按照顺序执行指令的过程。

指令一般由两部分组成:操作码和操作数。执行指令的过程就是按照操作码操作操作数的过程。程序的执行过程大致是:取指令→分析指令→执行指令→转下一条指令,依次循环这个过程,直至程序结束。

CPU 所能执行的所有指令的全体叫作 CPU 的指令系统。CPU 的电路设计就决定了 CPU 所能执行的指令,很显然,支持的指令越多,电路就越复杂。目前,指令系统或者说 CPU 的设计方案,有两个不同的发展方向:复杂指令系统计算机(Complex Instruction Set Computer,CISC)和精简指令系统计算机(Reduced Instruction Set Computer,RISC)。

复杂指令系统提供尽量多的指令以简化软件开发,指令结构复杂,CPU 硬件结构复杂、功能强、功耗大。精简指令系统使用只包含常用指令的简化指令系统,指令结构简单,同时,CPU 硬件结构简单、功耗低,但软件开发时间较长,程序源代码也较长。

精简指令系统中的指令执行效率会好于复杂指令系统中同样功能的指令,但精简指令系统指令少,应对复杂功能时,需要执行更多的指令。复杂指令系统应对复杂功能时,需要执行的指令少于精简指令系统,从而获得更高的执行速度。目前,精简指令系统 CPU 的代表作是 ARM 系列处理器,广泛用于智能手机等移动数码设备领域。

复杂指令系统性能较强,适用于需求复杂的通用计算机;精简指令系统性能和通用性较弱,适用于专用设备和专用服务器等设备。随着精简指令 CPU 运算速度的提升,其性能已经可以满足部分使用环境较简单的通用计算机的需求了;同时,精简指令 CPU 的功耗远小于复杂指令 CPU,对于平板计算机和智能手机等依靠电池供电的设备,精简指令 CPU 更加适用。从 Windows 10 开始,笔记本电脑等设备也可使用 ARM 处理器,以牺牲部分性能为代价,获得较高的续航能力。

不同类型的 CPU,指令系统各不相同,软件不能通用。但目前所使用的 CPU 基本都是由 Intel 或 AMD 生产的,一般都会保持向后兼容,保证旧程序能够在新 CPU 上继续运行。这也是复杂指令 CPU 越来越复杂的一个原因。

二、性能参数

计算机的性能很大程度上取决于 CPU 的性能,CPU 的性能参数很多,主要包括以下几点。

1. 外频

外频是 CPU 与主板的同步频率,单位是兆赫(MHz)。一般要求外频、总线、内存的频率相同,使系统处于稳定的状态中。外频越高,则系统整体的吞吐量就越大。

2. 倍频系数

倍频系数是指 CPU 主频与外频之间的相对比例关系。

3. 主频

主频,也叫时钟频率,且有 CPU 的主频 = 外频 × 倍频系数,单位是兆赫(MHz)或吉赫(GHz)。

4. 总线频率

总线频率表示 CPU 和总线的数据传输的速度。一般情况下,总线频率与 CPU 外频的值是相同的,但这两个概念并不相同。总线频率指的是数据传输的速度,外频是 CPU 与主板之间同步的速度。

5. 缓存(Cache)

缓存是一种存取速度基本与 CPU 匹配的存储设备,用于缓解 CPU 与内存的工作频率不匹配的问题。其原理是:CPU 往往需要重复读取同样的数据块,将这个数据块存储在缓存中能极大地提升系统性能。缓存分为一级缓存、二级缓存和三级缓存。

6. 制作工艺

制作工艺是指在 CPU 生产过程中电路与电路之间的距离,用于描述集成电路的精细度,一般用纳米表示。一般而言,CPU 制作工艺越小,则集成度越高,性能越强,并且功耗越小。

CPU 的性能参数还有很多,除了前面已经介绍的内核数量、字长外,还包括指令集、多线程支持等设计技术。

CPU 是微机的核心部件,是提高系统整体性能的关键,其技术要求可以概括为高性能、小体积、多功能、低耗能。

1.2.4 内存

内存也被称为内存储器、主存,是与 CPU 直接通信的部件,其作用是存放需要 CPU 运算的数据和程序,数据和程序来自外存储器或输入设备。

内存分为动态随机存储器(Random Access Memory,RAM)和只读存储器(Read Only Memory,ROM)两种,前者的主要特征是断电后数据会丢失;后者一般以芯片形式焊接在主板上,断电后数据不会丢失,主要用于存储需要长期保存的内容,如 BIOS 等。主板上还有一种称为 CMOS 的 RAM 芯片,用于保存计算机基本信息,如日期、时间、启动设置等,由主板上的纽扣电池供电,也可以长期保存信息。

计算机中涉及程序运行的存储器包括寄存器、缓存、内存。显然,存储器速度越快越好,但速度越快的存储器,单位容量的造价就越高。为了使存储器在性能和造价之间取得平衡,计算机的存储体系设计为金字塔结构,如图 1-4 所示。寄存器参与 CPU 运算,缓存存储可能会用到的内容,内存存储等待运行程序,速度从快到慢,容量从小到大。

图 1-4 微机存储体系

读写外存储器是一个慢速过程，内存越小，预读到内存的内容就越少，程序运行过程中的等待次数将增加，读写次数就越多，耗时就越长。因此内存的容量对系统性能影响极大。

综上所述，内存最重要的是速度和容量，一般用如下指标衡量：

- 内存主频。内存主频是内存能够稳定工作的最高频率，一般用来表示内存的理论速度，实际的频率受主板和 CPU 的制约。
- 存储容量。存储容量是内存最重要的指标，容量越大，计算机系统的运行速度就越快。内存容量受主板规格和操作系统的限制。主板规格限定了内存插槽数量和最大内存容量；内存资源由操作系统分配和使用，32 位操作系统最大能够支持的内存只有 4 GB。

目前，微机的内存是指内存条提供 RAM 存储空间，常见大小从 1 吉字节到十几吉字节。内存条有多种类型，不同类型的内存主频和工作方式有所不同。目前还在使用的内存条主要有 SDRAM、DDR、DDR2、DDR3、DDR4 这几种类型，其中 DDR4 是主流产品。不同类型的内存条接口规范不同，无法混用。笔记本电脑与台式机使用不同规格的内存条，无法混用。

1.2.5 外存储器

外存储器是指计算机 CPU 寄存器、缓存和内存以外的存储器。外存储器断电后信息不丢失，一般容量很大。外存储器与 ROM 不同，后者固定在主板上，内容不可改变且容量很小。

微机中常见的外存储器有硬盘、U 盘、光盘。外存储器和输入/输出设备统称为外设。

一、硬盘

硬盘是微机最常用的外存储器，主要有三种类型：机械硬盘、固态硬盘和混合硬盘。

1. 机械硬盘

机械硬盘由一个或多个铝制或玻璃制的圆形盘片组成，盘片外覆盖有铁磁性材料作为存储材料，在存储材料上以一定间距画出同心圆状磁道，并从外向内编号（最外道编号为 0），每条磁道上划分出扇区，扇区是硬盘存储空间的分配单位，所有盘片的圆心都装在同一个转轴上，盘片间平行，每个盘面（一个盘片有两个盘面）上有一个磁头，磁头与盘片的间距极小。机械硬盘工作过程中受震动或突然断电会导致磁头与盘面摩擦，从而使存储内容受损。机械硬盘的读写速度较慢，但容量很大。

2. 固态硬盘

固态硬盘是用电子芯片制成的硬盘，一般使用 Flash 芯片或 DRAM 芯片作为存储材料。固态硬盘的接口、功能、外形、尺寸和使用方法与机械硬盘相同，但其单位容量造价较机械硬盘昂贵得多。固态硬盘读写速度快、防震抗摔、噪声低，但若硬件损坏，数据较难恢复，且读写次数有限，寿命相对较短。固态硬盘适合便携设备（如笔记本电脑、掌上电脑）使用。

3. 混合硬盘

混合硬盘是把机械硬盘和固态硬盘集成到一起的一种硬盘，其中固态硬盘容量很小，一般为 32 GB 或 64 GB,在休眠系统恢复时,能比较明显地提高系统响应速度,其他时间则影响不大。

衡量硬盘性能一般用容量和读写速率两个技术指标。

- 容量:硬盘的总容量,目前以 GB 为单位。由于硬盘厂商定义的单位 1 GB = 1 000 MB,而系统定义的 1 GB = 1 024 MB,所以会出现硬盘上的标称值大于系统显示值的情况。目前,硬盘的总容量已经达到 TB 的级别了。
- 读写速率:又称传输速率,是指硬盘读写数据的速度。它分为外部传输率和内部传输率。机械硬盘和固态硬盘外部传输率均与接口类型有关,内部传输率则差异很大。机械硬盘从接受读写命令开始到定位读写位置为止,需要花费时间等待磁头和磁盘机械运动到指定位置(寻道时间 + 旋转等候时间),然后才能开始传输,硬盘转速对内部传输率影响极大;固态硬盘无机械装置,可立刻开始传输,组成固态硬盘的存储芯片和控制电路决定了内部传输率。

硬盘作为目前最主要的外存储器,广泛应用于各种计算机环境中,有多种接口和使用技术。在微机中,机械硬盘一般使用 IDE 和 SATA 接口,固态硬盘使用 SATA、mSATA、M.2 接口,其中,M.2 还分为 Socket 2 和 Socket 3 两种类型;在中、高端服务器和高档工作站中,一般使用 SCSI(Small Computer System Interface)和 SAS(Serial Attached SCSI)接口;在部分对数据安全性和传输速度要求很高的计算机应用环境中,一般会使用磁盘阵列技术(RAID)。磁盘阵列是由很多价格较便宜的磁盘组合成一个容量巨大的磁盘组,将数据切割成多个区段,分别存放在各个磁盘上,利用各个磁盘提供数据所产生加成效果提升整个磁盘系统的读写速度;同时,相同的数据区段在不同的磁盘上拥有备份,从而提升了数据的安全性。

移动硬盘是以硬盘为存储介质,用于交换大容量数据、强调便携性的存储产品。多数移动硬盘都是以 2.5 英寸(1 英寸 = 2.54 cm)以下机械硬盘或固态硬盘为基础的,但接口一般为 USB。

硬盘有不同的外部尺寸。机械硬盘常见尺寸有:适用于台式机的 3.5 英寸硬盘,适用于笔记本电脑的 2.5 英寸硬盘,适用于超薄笔记本电脑的 1.8 英寸硬盘。固态硬盘常见尺寸有:使用 SATA 接口的固态硬盘与 2.5 英寸机械硬盘同尺寸、同接口;使用 mSATA 接口的固态硬盘一般为宽度为 30 mm,长度为 25 mm 或 50 mm;使用 M.2 接口固态硬盘宽度都是 22 mm,长度有 42 mm、60 mm、80 mm、110 mm 四种。

二、U 盘

U 盘全称 USB 闪存盘(USB Flash Disk),是一种使用 USB(Universal Serial Bus,通用串行总线)接口的微型高容量移动存储产品。

U 盘具有小巧便携、容量大、价格低、可靠性高的优点。但 U 盘的读写次数有限制,正常使用状况下可以读写十万次左右,且到了寿命后期写入会变慢。

除了 U 盘外,使用闪存的存储设备还有 TF 卡、SD 卡、CF 卡等,这些存储卡一般用于数码设备。

USB 是一个外部总线标准,用于规范计算机与外部设备的连接和通信,支持设备的即插即用和热插拔功能。USB 有多个版本标准,支持不同的传输速度:USB 1.1 为 12 Mb/s、USB 2.0 为 480 Mb/s、USB 3.0 为 5.0 Gb/s。

三、光盘

光盘是利用激光进行读、写的外存储器,具有价格低、容量大、易保存等优点。根据光盘结构,分为 CD、DVD、BD 光盘等类型。读写光盘需要使用相应类型的光盘驱动器,光盘驱动器接口与硬盘相同,支持读写 80 mm 和 120 mm 规格的光盘。光盘存储容量很大,以直径 120 mm 光盘为例,常见光盘的容量见表 1-3。

目前,光盘主要用于文化出版领域,包括音乐 CD、影视作品发行、书籍附件等。随着网络和闪存设备的普及,光盘逐渐被替代。

表 1-3 光盘类型

类 型	容 量	常见类型	说 明
CD	650 MB 左右	CD-ROM 只读型	
		CD-R 可写一次型	
		CD-RW 反复读写型	
DVD	4.7~17 GB	DVD-ROM 只读型	双面双层技术
		DVD-R 可写一次型	
		DVD-RW 反复读写型	
BD	25~400 GB	BD-ROM 只读型	多层技术,可支持 16 层
		BD-R 可写一次型	
		BD-RW 反复读写型	

1.2.6 输入/输出设备

输入/输出设备,简称 I/O 设备,属于计算机的外部设备,主要用于计算机与人之间交换信息。输入设备是向计算机输入数据的设备,主要用于把人可读的信息(文字、声音、图像等)转换为计算机可以处理、存储和传输的二进制形式;输出设备是从计算机输出信息的设备,主要用于把计算机内数据转换为人可读的文字、声音、图像等。

一、输入设备

常见的输入设备有键盘、鼠标、数字麦克风、数字摄像头、扫描仪、手写板、条形码阅读器等。

1. 键盘

键盘是最常用的输入设备,用于输入字符和命令,是计算机必不可少的部件之一。台式机一般使用标准键盘,也称全尺寸键盘,常见的有 101、104、108 键盘,笔记本电脑键盘一般以80键盘为主。

作为最常用的设备,一般要求键盘具有良好的使用感觉(触感、噪声控制等),除此之外,常见的键盘技术还包括人体工程学技术、无线技术和多媒体支持技术。

(1) 人体工程学技术

人体工程学技术是从21世纪初开始流行的一种键盘技术,能够使用户以自然的姿势敲击键盘,不必有意识地夹紧双臂,可以防止并有效减轻腕部肌肉的劳损。

(2) 无线技术

无线技术是指键盘与计算机间通过红外线或无线电波交互数据的技术,目前最常用的是蓝牙(Bluetooth)技术,无线能够免除电缆相互缠绕的麻烦。

(3) 多媒体支持技术

多媒体支持技术是指增加了多媒体功能键和上网键的键盘,在操作系统支持下,可快速执行播放/暂停、音量调节、浏览互联网、收发电子邮件等操作。

目前的中、高端键盘中还会使用防水、背光等技术,这些技术一般可以混合使用,如无线多媒体键盘。

2. 鼠标

鼠标的标准称呼是鼠标器,用于控制光标位置。鼠标中有侦测用户移动光标的倾向的部件。

鼠标的按键数量并无规定,普通鼠标以三键(左键、右键、滚轮或中键)为主,也有少量的鼠标只有两个按键。另外,还有一些鼠标有多个按键,称为多键鼠标,主要是为了满足办公、游戏等的特定需求,如增加了Office、Web、自定义功能键等,如图1-5所示。

(a) 普通鼠标

(b) 多键鼠标

(c) 轨迹球鼠标

图1-5 鼠标

鼠标是计算机中使用最多的输入设备,比较常见的类型如下:

* 光电鼠标:使用光电技术侦测鼠标自身的移动方向和距离,定位精确,具有很高的可靠性和耐用性。光电鼠标是目前最常见的鼠标。
* 人体工程学鼠标:为了解决现代计算机办公人群的"鼠标手"问题,采用人体工程学设计方案的鼠标,可以尽量避免肌肉劳损。
* 无线鼠标:鼠标与计算机间通过红外线或无线电波交互数据的鼠标。随着人们对舒适性要求的提高,无线鼠标日益普及。
* 轨迹球鼠标:轨迹球鼠标通过侦测鼠标上的轨迹球滚动方向和速度定位光标,适用于图形设计,有定位精确、不易晃动的优点,但光标移动缓慢。
* 3D鼠标:适用于3D应用程序(3D MAX等)的鼠标,可在六个方向上移动。

- 空中鼠标:将陀螺仪与鼠标结合起来,摆脱了鼠标对桌面的依赖,可在空中移动,适用于演讲、授课等场合。
- 触摸板:适用于笔记本电脑,通过侦测用户手指滑动移动光标的设备。
- 光标操纵杆:ThinkPad 系列笔记本电脑的标志性部件,一个能够感受压力的红色小触杆,因其外形酷似一个红色帽子而得名"小红帽"。

3. 其他输入设备

除了鼠标、键盘外,常见输入设备还包括数字麦克风、数字摄像头、扫描仪、手写板、条形码阅读器等。

- 数字麦克风:将声音信号转换为数字信号的设备。
- 数字摄像头:将图像视频信号转换为数字信号的设备。
- 扫描仪:用光电技术,以扫描方式将图形或图像信息转换为数字信号的设备。主要应用在办公领域,常见的有三种类型:滚筒式、平面式和笔式(又称扫描笔或微型扫描仪)。
- 手写板:用于将手写的文字、符号、图形等输入计算机,具有一定的光标定位能力,可看作是鼠标、键盘的综合体。
- 条形码阅读器:用于读取条形码所包含的信息的一种设备,广泛应用于商品流通、图书管理、邮政管理、银行系统等许多领域。

二、输出设备

常见输出设备有显示器、打印机等。

1. 显示器

显示器也称监视器,是计算机最重要、最常见的输出设备,用于将计算机内的数据以特定方式显示到屏幕上,能够显示文本、图形、图像和视频等多种信息。显示器发展至今,从黑白到彩色、从小到大,历经了多次变化。

(1) 显示器的类型

按照显示原理,显示器主要有四类:

① 阴极射线管显示器(CRT):用高电压激发游离电子轰击显示屏而产生各种各样的图像的显示器。其优点是色彩还原逼真、反应速度快,缺点是体积大、质量大、功耗大。

② 液晶显示器(LCD):利用液晶的光电效应,通过外部的电压控制液晶分子透光程度,从而产生图像的显示器。液晶分子本身不发光,发光体称为背光源,常见的背光源有两种:发光二极管(LED)和冷阴极荧光灯管(CCFL),前者常被商家称为 LED 显示器,但其真正的名称应该是"LED 背光源液晶显示器"。相比 CRT 显示器,液晶显示器的优点是体积小、重量轻、功耗小。目前,CRT 显示器已经被淘汰,液晶显示器是市场上的主流产品。

③ LED 显示器:通过控制半导体发光二极管产生图像的显示器,一般用于低精度仪表显示或户外大屏幕。

(2) 液晶显示器的主要性能指标

液晶显示器是目前主要使用的显示器,其主要性能指标包括:

① 像素:显示器上的图像是由屏幕上独立的"亮点"构成的,这种独立的亮点称为像素,显示屏中的像素排列成点阵,称为点阵像素技术。目前,所有的计算机显示器都以像素方式显示图形。

② 点距:两个像素之间的距离称为点距,点距一般为 0.20~0.39 mm,点距越小则图像越清晰,常用每英寸像素数(Pixels Per Inch)衡量清晰度。

③ 尺寸:显示屏的对角线长度值,以英寸为单位,微机显示器的尺寸一般为 17~40 英寸。

④ 分辨率:显示屏上的像素数量,通常用水平像素数×垂直像素数表示,如 1 600×1 280。按照水平像素数和垂直像素数的比值,显示器又分为方屏(4∶3)和宽屏(16∶9 或 16∶10 最常见)两类。

⑤ 响应速度:像素点对输入信号反应的速度,以毫秒为单位,即像素转换亮度所需要的时间,时间越短,画面越流畅,一般为 1~12 ms。如果反应时间过长,图像切换会有拖影现象。

⑥ 亮度和对比度:亮度指画面的明亮程度,对比度指画面黑与白的比值,亮度和对比度影响显示器的色彩表现能力。另外,显示器颜色的表现能力还与液晶面板的类型有关。

2. 显卡

显卡又被称为显示接口卡、显示适配器或显示加速卡,一般安装在计算机主板上,是计算机的基本配件之一,其作用是将计算机内的数字信号转换为图像信号,并输出到显示器。目前的显卡都具有独立的处理器,用于处理图像,称之为 GPU(Graphic Processing Unit)。

(1) 显卡的类型

显卡一般分为三种类型:

① 核芯显卡:集成在 CPU 中的显卡。优点是大幅度降低了图形芯片及系统平台的功耗;缺点是性能一般不佳,无独立的显存空间,难以满足大型游戏或图形工作站的需求。

② 集成显卡:集成在主板上的显卡。优点是功耗低、发热量小;缺点是性能较低,没有或只有很少的独立显存,无法更换。

③ 独立显卡:独立的显卡,将 GPU、显存及其相关电路做在独立的板卡上,需占用主板接口。优点是显存独立,性能较强,很容易更换;缺点是功耗大、发热量大。

显卡与主板的接口主要有 AGP、PCI 和 PCI-E,前两种主要在老式机器上使用,目前的独立显卡以 PCI-E 接口为主。

不同的应用环境对显卡的需求并不一致,按照图形处理需求的不同,目前显卡主要分为普通显卡和专业显卡两种,前者适用于常规显示需求,如办公、娱乐、游戏等;后者适用于图形工作站,用于三维动画软件、CAD 软件、部分科学应用等。需要说明的是,专业显卡在游戏、影音娱乐等方面的表现能力一般要弱于同档次的普通显卡。

(2) 显示器与显卡之间的常用接口

显示器与显卡之间的常用接口(图1-6)主要包括以下类型：

VGA接口　　DVI-D接口　　DVI-I接口　　HDMI接口　　DP接口

图1-6　显示器常用接口

① VGA：模拟信号接口，是目前最通用的接口，多数显卡、显示器均支持该接口。

② DVI：全称为Digital Visual Interface，是一个数字信号接口。分为两种：DVI-D接口，只能接收数字信号，不兼容模拟信号；DVI-I接口，可同时兼容模拟和数字信号。

③ HDMI：全称为High Definition Multimedia Interface，是一个数字信号接口，不仅能传输图像信号，还能传输音频信号，主要用在中高端显示器上。

④ DP：全称为Display Port，是一个数字信号接口，其功能与HDMI接口类似，同样可以传输视频和音频信号，但传输速度更快，适用于大分辨率显示设备和高保真音响，如家庭影院等。

显示器若同显卡接口不匹配，可用转换接口转换，不同的接口传输速度不同，转换接口会损失传输速度。

3. 打印机

打印机是计算机的输出设备之一，用于将计算机内的文字或图形打印到纸上。衡量打印机好坏的指标有三项：打印分辨率、打印速度和噪声。常见的打印机有四种：针式打印机、喷墨式打印机、激光打印机、三维立体打印机。

(1) 针式打印机

针式打印机通过打印头中的针击打色带(复写纸)，在色带后的打印纸上形成字体。优点是价格低、耗材便宜；缺点是速度慢、噪声大、打印质量差。针式打印机目前主要用于票据打印，在银行、超市等比较常见。

(2) 喷墨打印机

喷墨打印机先产生小墨滴，再用导引装置将墨滴导引至指定的位置上，墨滴越小，打印的图片越清晰。喷墨打印机噪声很低，打印质量较好，且能够使用彩色墨水，在彩色打印领域应用非常普遍。缺点是打印速度较慢、耗材比较贵；打印头在长期不用的情况下，墨水干涸会堵住喷墨头。

(3) 激光打印机

激光打印机分为黑白和彩色两种，其原理都是利用电荷将碳粉或其他着色剂依附在纸上，经过加热后，着色剂被熔化固定在了纸上，从而完成打印。激光打印机噪声很低、打印质量好、速度快，广泛应用于办公领域。缺点是耗材贵、价格贵，尤其是彩色激光打印机的使用成本很高。

(4) 三维立体打印机

三维立体打印机是最近开发出来的打印机，把液态粉末状金属、塑料等可黏合材料通过喷射或挤出方式进行黏结，层层堆积叠加后形成三维实体，如图1-7所示。

在微机中使用的输出设备还包括绘图仪、多媒体音箱、投影仪等。由于类型很多，此处不再介绍。

三、其他设备

除了以上介绍的这些设备外，目前的主流计算机硬件还包括电源、声卡、网卡、触摸屏等。一般情况下，声卡、网卡都被集成在主板上，也可以购买独立部件安装至主板，但要求主板有相应的接口支持。计算机中常用的硬件设备如下：

- 电源：其作用是将220 V交流电转换为计算机中使用的3.3 V、5 V、12 V直流电，其性能的优劣直接影响到其他设备工作的稳定性。

图1-7　三维打印机

- 声卡：其作用是将计算机中的数字声音信号转换成模拟声音信号送到音响设备上发出声音，或者使MIDI乐器发出声音。声卡还能将声音信号转换为适合计算机使用的数字音频信号。
- 网卡：其作用是接收和发送数据，是连接到Internet的重要设备。
- 触摸屏：一套透明的绝对定位系统，其作用类似于触摸板或写字板，但触摸屏输入和输出一体，操作简单、方便、自然。
- VR、AR、MR设备：虚拟现实（Virtual Reality，VR）、增强现实（Augmented Reality，AR）、混合现实（Mixed Reality，MR）是目前流行的输出技术概念。虚拟现实是虚拟数字画面输出，增强现实是虚拟数字画面与物理现实画面组合输出，混合现实是虚拟数字画面与数字化现实画面组合输出。

微机中将主机以外的设备统称为外部设备或外围设备，简称为外设，用于输入、输出、传输及存储数据和信息，部分外设自身具有处理功能。

1.2.7　硬件安装

一、计算机主机安装

一台计算机分主机和外设两大部分，主机由CPU、主板、内存条、显卡、硬盘、光驱、声卡和网卡等构成。在安装时，需要把这些硬件与主板连接在一起，并安装到机箱的内部。

1. 硬件选购的基本原则

硬件选购需要关注硬件的兼容性，包括硬件接口和电气参数是否兼容，若不兼容，将无法使用。由于计算机的硬件发展迅速，一般而言，应以当前实际需要和经济能力购买配件。

2. 安装CPU

CPU插座或插槽是主板与处理器之间的连接点。目前使用的大多数CPU插座和处理器都是围绕针脚栅格阵列（PGA）和接点栅格阵列（LGA）的体系结构构建的。在PGA

体系结构中,处理器底面的针脚插入插座;在 LGA 体系结构中,针脚在插座中,而不在处理器上。基于插槽的处理器形如盒子,并插入形似扩展槽的插槽中。以 Intel 的 CPU 为例,安装的步骤如下:

① 在主板上找到 CPU 的插槽。
② 把 CPU 插座侧面的手柄拉起。
③ 把 CPU 正面的压盖拉起,拉起到最高的位置。
④ 拿出需要安装的 CPU(注意防静电)。
⑤ 将 CPU 缺口对着主板 CPU 插槽上的缺口。
⑥ 将 CPU 轻轻放入插槽中。
⑦ 轻轻将 CPU 压盖压下,直到恢复原位。
⑧ 在 CPU 的表面涂上散热硅胶。
⑨ 安装、固定散热器。

3. 安装内存

内存条规格较多,安装前要确认主板是否匹配选用的内存,如果强行安装会损坏内存或主板。安装内存的步骤如下:

① 在主板上找到内存插槽,掰开内存插槽两端的固定卡子。
② 将内存条凹下部位对准内存插槽凸起的部分。
③ 均匀用力将内存压入内存插槽内,此时,插槽两边的固定卡子会自动卡住内存条。

4. 安装电源

计算机电源用于将 220 V 或 110 V 交流电转换为计算机可以使用的低压直流电(一般是 ±3.3 V、±5 V、±12 V),台式机的电源一般安装在计算机内部。

5. 连接机箱信号线

为了使用机箱提供的开关和指示灯,需要把机箱信号线连接到主板,具体的连接方案需要参照主板说明书。

信号线连接过程中,按钮、信号线线头标注、主板插针标注对应关系为:

- 机箱 RESET 按钮,信号线 RESET SW 连接到主板的 RESET 插针上。
- 机箱电源开关按钮,信号线 POWER SW 连接到主板的 PWR BTN 插针上。
- 电源指示灯,信号线 POWER LED 连接到主板 PWR LED 的插针上。
- 音频及话筒接口,信号线 SPEAKER 连接到主板 SPK 的插针上。
- 硬盘工作状态灯,信号线 H.D.D LED 连接到主板 HD LED 插针。
- 机箱 USB 接口的 4 条信号线,即信号线 +5 V(或 VCC)、-D(或 Port -)、+D(或 Port +)和 Ground,连接到主板 USB 插针。机箱 USB 信号线一般会有多组,主板 USB 插针也会有多组,一组信号线对应一组插针排线。

6. 安装主板

主板安装到机箱内,需要先在机箱内安装主板固定柱,然后将主板安置在固定柱上,并用螺丝固定,如图 1-8 所示。一般情况下,电源会提供多种类型供电接口,用于连接主板、硬盘、显卡等不同的设备。连接主板和电源时,需要参照主板说明书,选择正确的供电接头,并把接头插入主板的电源接口。

图 1-8　安装主板

7. 安装显卡、声卡、网卡、硬盘、光驱等

此类设备需要安装和固定在机箱或主板上,使用线材连接或直接插入主板专用接口,安装过程中需要关注以下内容:

- 参照主板说明书,选择正确的主板接口。
- 若使用线材连接设备和主板,需要注意线材接口方向是否与主板接口方向匹配。
- 按设备要求拆卸机箱挡板,部分设备无须拆卸挡板,如硬盘、无线网卡等。
- 按设备要求连接电源,部分设备需要独立供电,如硬盘、显卡等。

二、计算机外设安装

计算机外设硬件连接、安装只需要接口匹配即可。随着计算机硬件的发展,同一类型的外设往往也会使用多种类型接口。下面简述常见外设接口的连接方式。

1. 显示器

显示器与显卡之间的接口一般有方向要求,反方向无法接入;同时,该接口需要使用接头所提供的螺丝固定,显示器本身需要使用外接电源。

2. 键盘和鼠标

当前常用接口有两种:一种是 PS/2 接口(比较老,现逐渐淘汰),另一种是 USB 接口。

3. 音箱和耳机

声卡提供的接口中,最常见的 2.1 声道包括:音频线连接到 Speaker 接口,多为绿色接口;麦克风连接到 MIC 接口,多为粉红色接口;电子乐器设备使用线路输入接口,多为蓝色接口。若声卡使用 6、8 声道输出,前置环绕一般使用绿色,中置/重低音一般使用橙色接口,后置环绕一般使用黑色接口,6 声道声卡接口如图 1-9 所示,8 声道增加一个侧置环绕,一般使用灰色接口。适用于计算机的音箱、耳机和声卡一般使用 3.5 mm 规格同轴音频接头和接口,其他规格的接头或接口需要使用转换设备。

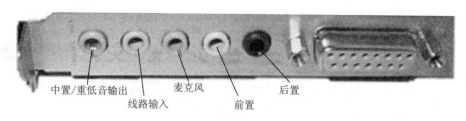

图 1-9　6 声道声卡接口示意图

4．USB 接口设备

计算机外设类型繁多,常见的包括打印机、扫描仪、数码相机等使用 USB 的设备只需要接入即可。

三、设备驱动程序安装

驱动程序是计算机与设备通信的程序,操作系统通过该程序控制设备工作。若设备的驱动程序未能正确安装,则设备无法正常工作。禁用、启用设备驱动程序基本等价于禁用、启用设备。驱动程序的来源有：硬件制造商、Windows 通用驱动、第三方提供的驱动。

在 Windows 7 中,禁用、启用、安装、更新计算机的硬件驱动的方法和步骤如下：

① 右击桌面上的"计算机"图标,在弹出的快捷菜单中选择"管理"命令,如图 1-10 所示。

② 如果要禁用某一硬件驱动,则右击该选项,在弹出的快捷菜单中选择"禁用"选项即可,如图 1-11 所示。

图 1-10　"计算机"快捷菜单

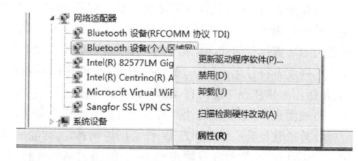

图 1-11　禁用硬件驱动

③ 禁用某设备驱动程序后,如需要再次启动它,则右击该项,在弹出的菜单中选择"启用"选项。

④ 若需要更新设备驱动程序,则右击该项,在弹出的菜单中选择"更新驱动程序软件"选项。

⑤ 在弹出的"计算机管理"窗口的左侧窗格中单击"设备管理器"选项,在右侧窗格会显示计算机中所有硬件信息,如果某一项显示叉或叹号,则说明该硬件的驱动没有正确安装,如图 1-12 所示。

⑥ 添加硬件后,如果要自动安装该硬件驱动,则右击该硬件,在弹出的快捷菜单中选

择"扫描检测硬件改动"选项，系统会自动搜索并安装硬件驱动，如图1-13所示。

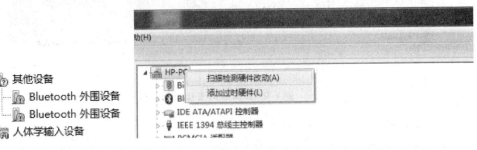

图1-12 有问题的设备　　　　　　图1-13 自动安装驱动程序软件

⑦ 若自动安装硬件驱动程序失败，可从硬件制造商或第三方获得硬件驱动程序，然后运行安装程序。

1.3 计算机软件系统

1.3.1 软件分类

计算机系统由硬件和软件两部分组成。前者是以电、磁、机械等制作而成的各种物理部件集合；后者是各种程序、数据和文件，用于操纵计算机硬件，实现用户各种功能需求。

根据国家《计算机软件保护条例》规定，计算机软件（Software，也称软件）是指计算机程序及其有关文档。计算机程序，是指为了得到某种结果而可以由计算机等具有信息处理能力的装置执行的代码化指令序列，或者可以被自动转换成代码化指令序列的符号化指令序列或者符号化语句序列。同一计算机程序的源程序和目标程序为同一作品。文档，是指用来描述程序的内容、组成、设计、功能规格、开发情况、测试结果及使用方法的文字资料和图表等，如程序设计说明书、流程图、用户手册等。

计算机软件是一种知识产品，作者的逻辑思维、智能活动和技术水平是软件产品的关键。与硬件相比，软件没有物理形态，只能通过实际运行才能了解其功能、特性和质量。软件很容易被复制，不存在老化磨损等情况，但软件产品一般都有缺陷，需要维护和更新。软件对运行环境有一定的要求，软件更换运行环境的能力称为可移植性。

计算机软件分为应用软件和系统软件两大类。应用软件用于解决实际需求；系统软件用于管理硬件和应用软件，并为应用软件提供支持环境。

一、系统软件

系统软件的基本作用是协助用户使用计算机。用户只需要按照约定的方式与软件进行交互，就能操作计算机，并不需要了解硬件是如何工作的。系统软件在为应用软件提供上述基本功能的同时，还需要对硬件进行管理，使在一台计算机上同时或先后运行的不同应用软件有条不紊地合用硬件设备。例如,两个应用软件都要向硬盘存入和修改数据,如果没有一个协调管理机构来为它们划定区域,必然形成互相破坏对方数据的局面。

系统软件包括操作系统、语言处理系统、数据库管理系统和辅助处理程序。

1. 操作系统

操作系统的作用是管理计算机硬件与软件资源,一般直接运行在"裸机"上,是最基本的系统软件,其他软件必须在操作系统的支持下才能运行。

2. 语言处理系统

计算机语言分为机器语言、汇编语言和高级语言。除了机器语言外,其他的语言都不能被计算机执行。语言处理系统的作用是将汇编语言和高级语言转换为机器语言,转换的方法包括编译、汇编和解释。编译和汇编均用于将非机器语言所编写的源代码整体转换。称高级语言转换为汇编语言或机器语言为编译;称汇编语言转换为机器语言为汇编;称高级语言逐条编译运行为解释。

机器语言和汇编语言又被称为低级语言,低级语言所编写的程序运行效率较高,但编写烦琐且只能在指定 CPU 上运行。相比而言,高级语言易学易用,但因为需要语言处理系统转换,运行效率不如低级语言。常见高级语言有 Java、C、C#、Pascal 等,高级语言一般都提供集成开发平台,帮助用户完成从源代码编写、程序调试到编译等操作。

3. 数据库管理系统

数据库(Database)是一个数据容器,用于容纳"格式化"的数据。格式化是指数据需要按照一定的方式组织起来——数据库模型。常见的数据库模型有层次结构模型、网状结构模型和关系结构模型,目前,关系结构模型数据库占据主流地位。

数据是计算机系统中的重要内容,从管理穿孔卡片到管理互联网上的分布式数据库,数据管理技术经历了以下四个阶段:人工管理阶段、文件系统阶段、数据库阶段和高级数据库阶段。前两个阶段,程序与数据联系紧密,数据管理仅仅是存储管理;后两个阶段,数据已经摆脱了具体的程序限制,成为计算机中一个独立的部分了,不同的用户、不同的程序都可以按各自的用法使用数据库中的数据。

数据库管理系统(Database Management System,DBMS)是一种操纵和管理数据库的软件,用于建立、使用和维护数据库。数据库管理系统按照地理位置可以分成单机数据库系统和网络数据库系统,前者用于管理本机的数据库,后者能够管理分散在网络上的数据库。常见数据库管理系统包括 Access、MySQL、SQL Server、ORACLE 等。

4. 辅助处理程序

辅助处理程序一般用于辅助操作系统工作,操作系统自带的工具软件和环境服务软件都可归入这一类,常用的如 Windows 中的磁盘整理工具、格式化磁盘程序等。除此之外,还包括第三方提供的辅助工具软件,如 360 安全卫士等。

辅助处理程序与应用软件之间没有清晰的界限,一般按照是否服务于系统大致加以区分。

二、应用软件

应用软件泛指用于解决特定问题或者有特定用途的软件。应用软件可以是一个程序,比如 Windows 中的记事本;也可以是一组功能联系紧密的程序的集合,比如 Office 套件。

1. 按照应用对象不同分类

计算机的应用领域广泛,应用软件种类繁多,按照应用对象的不同,可以分为通用软件和专用软件。

- 通用软件:为解决某一类问题而开发的软件,这类问题具有普遍性,如图像处理软件 Photoshop、办公软件 Office 和 WPS 等。
- 专用软件:针对特殊用户设计的软件,如制造业使用的控制系统软件等。

2. 按照授权状态分类

软件是一种知识产品,受法律保护,使用软件需要获得授权许可。按照授权状况,软件分为如下几种:

- 商品软件:此类授权付费获得,通常不允许用户随意地复制、研究、修改或散布该软件。违反此类授权通常要承担法律责任。传统的商业软件公司会采用此类授权,如微软的 Windows 7 和 Office 2016。
- 自由软件:此类授权免费获得,但会有其他限制,赋予用户复制、研究、修改和散布该软件的权利,并提供源码供用户自由使用,如 Linux。
- 共享软件:此类授权是有条件免费,免费版一般有功能或使用时间的限制。完整的软件为商品软件,用户可以从各种渠道免费得到免费版本,也可以自由传播免费版。
- 免费软件:此类授权免费,作者一般不提供源码,也无法修改。部分软件对于免费范围有限制,如 WPS Office 只对个人用户免费。
- 公共软件:原作者已放弃权利,或著作权过期,或作者未知的软件。

软件是一种知识产品,几乎所有软件都存在缺陷,称为 Bug。安装有版权的软件时,应当仔细阅读软件厂商的最终用户许可协议(EULA),了解软件相关约定,确定是否能接受其中的条款。

三、中间件

中间件是分布式应用程序发展的产物,分布式应用程序是指"应用程序分布在不同计算机上,通过网络来共同完成一项任务"。常见中间件的功能一般包括:管理本地计算机资源、申请网络资源和协调网络通信。

中间件处于操作系统和应用软件之间,提供特定的服务,可以看作系统软件的辅助处理程序。随着计算机网络的发展,中间件发展极快,在世界范围内呈现出迅猛发展的势头,已经形成一个巨大的产业。

1.3.2 操作系统

操作系统是计算机中最基本、最重要的系统软件，直接运行在"裸机"上，是对硬件功能的第一次扩充。

操作系统简化了计算机系统的操作步骤，对用户而言，无须了解软硬件的工作细节，只需了解操作系统提供的命令和交互方式，就能够使用计算机。

一、操作系统的作用

操作系统居于计算机系统核心的位置，如图 1-14 所示，其主要功能如下：

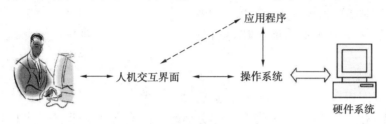

图 1-14 计算机系统交互示意图

1．提供人机交互界面

人机交互界面可以是图形或文字，该界面作为人与计算机之间传递、交换信息的接口，是操作系统的重要组成部分。一般情况下，用户通过 I/O 设备进行人机交互，操作系统侦测设备的状态，"理解"用户的要求，而后运行相关程序实现用户要求。

面向普通用户的操作系统，需要提供友善的人机界面，尽量减少使用系统的记忆负担，使用户能够直观、方便、有效地操作计算机。

2．为软件运行和开发提供一个高效环境

安装操作系统后，几乎所有的硬件细节都被操作系统屏蔽，呈现在应用程序或用户面前的实际上是一台"虚拟计算机"，称为工作环境或工作平台。应用程序的运行自始至终是在操作系统控制下进行的，操作系统为用户提供了高效的工作环境。

3．管理和分配资源

运行软件需要使用计算机系统中的软硬件资源。硬件资源指的是组成计算机的硬件设备，如 CPU、内存、外存储器、显示器等；软件资源指计算机内的各种数据，如文件、系统软件和应用软件等。

在多任务操作系统中，多个程序共用系统中的资源，管理和分配资源是操作系统的核心功能。管理功能包括：进程管理、内存管理、文件管理、网络管理等。

4．具有有效的安全机制

操作系统掌握了计算机中的一切资源，其本身必须足够稳定和安全，能够防止危害系统和用户信息等事件的发生。

二、操作系统中的概念

操作系统的概念主要包括：用户、应用程序、进程、线程、服务、优先级。在 Windows

中,可以启动 Windows 任务管理器查看这些概念的具体情形(图 1-15)。

1. 用户

计算机的合法用户,任务管理器显示当前正在使用计算机的用户,Windows 7 允许多个用户同时使用一台计算机(切换用户或有远程登录客户时,会看到多个用户,Windows 7 支持多用户,但只有一个是活跃的)。

2. 应用程序

应用程序是指可以运行在计算机中的各种软件,任务管理器显示当前正在运行的程序。

3. 进程和线程

进程是程序运行的实体,所有正在运行

图 1-15 "Windows 任务管理器"窗口

的程序都至少有一个进程。线程是比进程更小的运行单位,是进程的一个相对独立的部分。在多任务操作系统中,线程能够加快响应速度。Windows 7 任务管理器中无法查看线程运行状况,因为线程执行时间非常短,如需查看,可使用第三方工具,如 Process Explorer 等。

4. 服务

运行在后台的程序或进程,用于为其他程序运行提供服务。

5. 优先级

进程运行时使用系统资源的优先等级,在任务管理器中可查看和设置各个进程的优先级。

三、现代操作系统的组成

操作系统是硬件和应用软件之间的桥梁,现代操作系统通常包括四个组成部分:

1. 内核

内核是操作系统的核心,负责管理和调度系统资源。

2. 驱动程序

驱动程序是操作系统和硬件设备通信的特殊程序,操作系统通过驱动程序控制硬件设备,假如某设备的驱动程序未能正确安装,则该设备便不能正常工作。

3. 接口库

接口库是指系统资源被包装成特殊的程序或服务,供其他程序调用。

4. 外围

外围是指除以上三类外的部分,通常是用于提供特定服务,如系统时间更新等需要周期性执行的服务。

以上四个组成部分适用于大多数操作系统,尤其是现代操作系统,但并不是所有的操作系统都严格包括这四大部分,早期的操作系统有很多例外。

四、操作系统的发展

最早期的计算机并没有操作系统,那些计算机的性能不足以执行操作系统。随着计算机性能的提升,20 世纪 50 年代开始出现操作系统。

操作系统的发展大致经历了如下四个阶段:

1. 人工操作阶段(20 世纪 40 年代开始)

在这个阶段,以专业操作员、单一控制端的方式操作计算机,操作员使用预先写好的程序管理系统操作硬件。用户将需要计算机完成的任务组织成作业(包括程序、数据和作业说明书)交给操作员,由操作员执行作业,而后,将执行结果反馈给用户。这是操作系统的雏形阶段,在等待操作员操作的过程中,CPU 长时间空闲,资源利用率极低。

2. 批处理操作系统阶段(20 世纪 50 年代开始)

针对操作员人工操作太慢的问题,出现了批处理操作系统。操作员将多个用户的作业组成批处理后输入到计算机中,计算机自动执行每个用户的作业,这样的操作系统称为批处理操作系统。为了区分不同用户的作业,出现了文件的概念。批处理操作系统分为单道批处理与多道批处理,前者是依次执行作业,后者允许切换作业以提高 CPU 使用效率。

3. 分时操作系统和实时操作系统(20 世纪 70 年代开始)

分时操作系统产生于计算机这样的使用方式:一台主机连接了若干个近距离或远距离终端,用户在终端交互式地向系统提出命令请求,并通过终端获得结果。分时操作系统采用时间片轮转方式处理用户请求,由于时间间隔很短,每个用户的感觉就像他独占计算机一样。分时操作系统有效地提高了资源的使用率。

实时操作系统主要应用在工业控制、自动售票、超市贩售机等领域,要求在一定时间内完成特定功能。实时操作系统有硬实时和软实时之分,前者要求在规定的时间内必须完成操作;后者则只要尽可能快地完成操作即可。

4. 现代操作系统(20 世纪 80 年代开始)

现代操作系统的特征是网络化,有网络操作系统和分布式操作系统两种,前者在普通操作系统基础上增加网络功能;后者以网络为核心,将网络上的多台计算机虚拟成一台计算机。分布式操作系统主要用于解决计算机分散而数据需要相互联系的问题,互联的计算机可以互相协调工作,共同完成一项任务。

五、操作系统的分类

操作系统的分类标准很多,常用的有如下几种:

- 按照操作系统的应用领域,可分为桌面操作系统、服务器操作系统和嵌入式操作系统。
- 按照所支持用户数,可分为单用户操作系统和多用户操作系统。
- 按照源码开放程度,可分为开源操作系统和闭源操作系统。
- 按照硬件结构,可分为网络操作系统、多媒体操作系统和分布式操作系统等。
- 按照响应限制,可分为批处理操作系统、分时操作系统和实时操作系统。

- 按照计算机寻址宽度,可分为 8 位、16 位、32 位、64 位、128 位的操作系统。
- 按照操作系统复杂程度,可分为智能卡操作系统、实时操作系统、传感器节点操作系统、嵌入式操作系统、个人计算机操作系统、多处理器操作系统、网络操作系统和大型机操作系统。

目前最常见的分类方式是:单用户操作系统、批处理操作系统、分时操作系统、实时操作系统、网络操作系统。这个分类方式来自操作系统的历史发展顺序,比较清晰地反映了操作系统的使用场合与特征。

六、典型操作系统

1. UNIX

UNIX 是一个强大的多用户、多任务分时操作系统,具有易移植、易伸缩的特征,可以在目前几乎所有的计算机上运行,无论是微机还是超级计算机。UNIX 可靠、稳定、开放性强、网络支持完善,广泛用于网络服务器。UNIX 商标权属于国际开放标准组织,非授权版本称为类 UNIX。类 UNIX 操作系统很多都是开源软件,如 FreeBSD、NetBSD 等。

2. Linux

Linux 是 1991 年推出的一个多用户、多任务的操作系统。Linux 是一个源码公开的操作系统,主要用作个人计算机或服务器操作系统。Linux 在全球计算机爱好者的雕琢下,已经成为全球最稳定的、最有发展前景的操作系统。

3. Android

Android(安卓)是以 Linux 为基础的源码公开的操作系统,主要使用于移动设备,如智能手机和平板计算机,由 Google 公司和开放手机联盟领导及开发。

Android OS 为开源操作系统,于 2008 年在 HTC Dream 上发布。开源意味着开发者的编程代码(也称为源代码)在软件发布时公开。公众可以更改、复制或再分发代码,而无需向软件开发者支付版税。

开源软件允许任何人为软件的开发和发展做贡献。Android 经过定制后可广泛用于各种电子设备。由于 Android 开放而且可以定制,因此程序员可使用它来操作笔记本电脑、智能电视和电子书阅读器之类的设备。Android 甚至已经被安装到摄像机、导航系统和便携式媒体播放器中。

4. Mac OS 和 iOS

Mac OS 和 iOS 是由苹果公司开发的操作系统,前者用于苹果计算机之上,后者用于苹果智能手机。

5. Windows 系列

Windows 系列操作系统是由微软公司开发的操作系统,是目前世界上使用最广泛的操作系统。它有很多版本,适用于服务器、智能手机和个人计算机等。

1.3.3 应用软件

应用软件是和系统软件相对应的软件,用于满足用户的实际应用需求。其来源非常广泛,用户可以自行编写应用程序,可以购买商业软件,可以寻找满足需求的自由、免费或共享软件。

应用软件拓宽了计算机系统的应用领域,放大了硬件的功能,推动着计算机向各个行业蔓延。应用软件类型广泛,数量繁多,普通用户接触最多的类型有以下几种。

1. 办公室软件

办公室软件指用于满足文字处理、表格制作、幻灯片制作、简单数据库的应用等需求的软件,代表软件有 Office、WPS 等。

2. 互联网软件

在计算机网络环境中,用于支持数据通信和各种网络活动的软件,代表软件有 QQ、网页浏览器等。

3. 多媒体软件

多媒体软件是指用于将文、图、声、像等信息组合表现的软件,代表软件有 Windows 媒体播放器、各种计算机游戏等。

4. 分析软件

分析软件是指用于数字统计、计算、分析等的软件,代表软件有社会科学统计软件包(SPSS)、MATLAB、Excel 等。

1.3.4 计算机的应用

计算机的设计初衷是满足计算的需求,但发展至今,计算机的应用领域已渗透到了各行各业,正在改变着传统的工作、学习和生活方式。

1. 科学计算

科学计算也称数值计算,是用计算机解决数学问题。现代科技工作中,需要进行大量的和复杂的计算。利用计算机的高速计算、大存储容量和连续运算的能力,可以计算人工无法解决的各种科学计算问题。

2. 信息处理

信息处理也称数据处理,是用计算机进行的信息收集、存储、整理、分类、统计、加工、利用、传播等活动的统称。这是计算机应用最多的一个领域,包括办公自动化、企事业计算机辅助管理与决策、情报检索、图书管理、电影电视动画设计、会计电算化等各行各业。

3. 计算机辅助技术

计算机辅助技术是指使用计算机帮助实现部分或全部的设计工作,主要包括计算机辅助设计、计算机辅助制造和计算机辅助教学。

• 计算机辅助设计(Computer Aided Design,CAD)是利用计算机系统辅助设计人员进行工程或产品设计,以实现最佳设计效果的一种技术,广泛应用于机械、电子、建筑和轻工等领域。

• 计算机辅助制造(Computer Aided Manufacturing,CAM)是利用计算机系统进行生产设备的管理、控制和操作的过程。

将 CAD 和 CAM 技术集成,称为计算机集成制造系统(CIMS),用于实现设计和生产自动化,这种技术将真正做到工厂(或车间)无人化。

• 计算机辅助教学(Computer Aided Instruction,CAI)是利用计算机进行教学,实现交互教育、个别指导和因人施教。

4. 过程控制

过程控制也称实时控制,是指利用计算机对生产、制造或运行过程进行实时检测和控制。采用计算机进行过程控制,不仅可以大大提高控制的自动化水平,而且可以提高控制的及时性和准确性。目前,计算机过程控制已在机械、石油、纺织、水电、航天等部门得到广泛的应用。

5. 人工智能

人工智能(Artificial Intelligence,AI)是计算机模拟人类的智能活动,诸如感知、判断、理解、学习等。人工智能是目前计算机研究的前沿领域,已取得不少成果,部分已开始走向实用阶段。例如,模拟医学专家进行疾病诊疗的专家系统,具有一定思维能力的智能机器人等。

6. 网络通信

计算机技术与现代通信技术的结合构成了计算机网络。计算机网络使信息传递变得及时和廉价,极大地改变了人们的生活和工作方式。

1.3.5 安装操作系统和应用软件

一、安装操作系统

Windows 系列操作系统是个人计算机使用最多的操作系统,可以通过购买正版软件安装光盘、官网下载安装盘镜像获得安装程序。使用镜像安装需要将安装程序拷贝至光盘、U 盘或移动硬盘,其后的安装过程则非常简单,其一般步骤为:启动设备设置→启动计算机→运行安装程序→设置安装参数。以 U 盘安装为例,安装步骤如下:

① 制作启动盘:启动盘制作软件非常多,一般建议使用微软官方提供的工具软件,按提示制作好 U 盘启动盘。

② 将安装程序拷贝至 U 盘。

③ 开机后调整启动设备,进入安装在 U 盘的简易操作系统。常见的操作过程是:按【Delete】键进入 BIOS,设置从 USB 启动;启动安装程序,按提示设置系统参数。

④ 安装完成后,重启计算机进入新安装的系统,完成剩余参数设置。

使用光盘、移动硬盘等移动存储介质均可安装操作系统,步骤大体相同。目前,还有很多第三方软件可以帮助用户安装操作系统,为了信息安全,不推荐使用这些软件。

二、安装应用软件

安装应用软件的方法基本相同,一般过程如下:

① 执行安装程序,然后按照向导提示,逐步完成安装。安装过程中可能需要指定一些安装参数,如附带安装哪些程序、程序更新等。

② 同意授权协议。运行安装程序后,首先会看到一个欢迎窗口,然后是授权协议窗口,必须同意这个授权协议才能继续安装;如果是商业软件,通常会要求输入序列号,否则无法安装。

③ 选择安装路径。多数软件的缺省安装路径都在 C:\Program Files\下,也可将安装路径改到其他位置。

④ 选择安装方式。软件安装方式通常有典型(Typical)、最小(Minimum)、自定义(Custom)三种,按照用户的功能需求选择合适的安装方式。

三、软件的卸载

软件的卸载是安装的逆过程,正确的卸载可以减少软件的残留和对系统的影响。常用的方法如下:

方法一:使用软件自带的卸载程序卸载软件。

方法二:使用"控制面板"中的"卸载或更改程序"卸载软件,如图 1-16 所示。

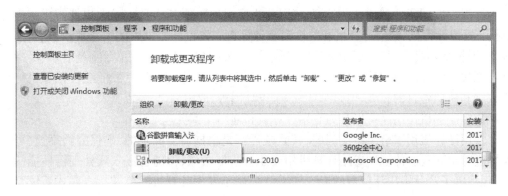

图 1-16 从控制面板卸载

方法三:使用第三方软件卸载。

如遇软件损坏,无法卸载,则需要用户自行删除安装文件夹和相关注册表项,比较简单的解决方案是重新覆盖安装后再删除。对于部分无法以正常方式删除的流氓软件,可进入操作系统的安全模式进行删除。

1.4 计算机的分类和发展方向

计算机应用领域广泛,不同的领域对计算机性能有不同的要求,计算机根据其信息处理需求的不同,可分成不同的类别。

1.4.1 计算机的分类

计算机种类很多,可以按照不同的方式进行分类,常见分类方式如图 1-17 所示。

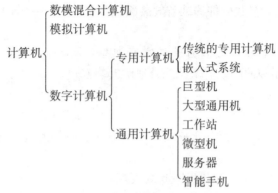

图1-17 计算机的分类

计算机按照所处理信息的类型,可以分为模拟式和数字式两大类别,以此产生三类计算机:模拟计算机、数字计算机和数模混合计算机。模拟计算机用模拟量表示信息,速度极快,但精度不高,并且应用领域狭窄,已经被淘汰;数字计算机使用数字量表示,具有运算速度快、精度高、通用性强的优点,是当今计算机行业中的主流;数模混合计算机综合了数字和模拟各自的长处,但是结构复杂、设计困难、成本高昂,难以普及。

数字计算机按用途可以分为专用计算机和通用计算机。

专用计算机用于解决特定问题,其软硬件都是根据需要配置的,确保能够高速、可靠地解决特定问题。传统的专用计算机用于工业控制领域,但随着嵌入式处理器性能的提升,现代电子产品中广泛使用的嵌入式系统也属于专用计算机的范畴。嵌入式系统是一种以应用为中心、以微处理器为基础、软硬件可裁剪的专用计算机系统。嵌入式系统对功能、可靠性、成本、体积、功耗等有严格要求,广泛应用于各种电子设备,包括数字电视、汽车、微波炉、数字相机、工业自动化仪表与医疗仪器等。

通用计算机是相对于专用计算机而言的,具有一定的运算速度、一定的存储容量,配合通用的外部设备、系统软件和应用软件,能适用于多个应用领域。

通用计算机按照性能、规模和处理能力,分为巨型机、大型通用机、工作站、微型机、服务器和智能手机等。

(1) 巨型机

巨型机也称为超级计算机(Super Computer),指在某个时代中运算速度达到最高级别的大容量计算机。巨型机主要用来承担重大的科学研究、国防尖端技术和国民经济领域的大型计算课题及数据处理任务。例如,核武器设计、航天航空飞行器设计、国民经济的预测和决策、能源开发、中长期天气预报等。

巨型机的研制水平展示了一个国家经济、科技和工业发展的水平,我国超级计算机的核心技术已迈入世界领先行列。

(2) 大型通用机

大型通用机又称大型机、大型主机、主机(Mainframe),是计算机中功能、速度、容量仅次于巨型机的一类计算机。大型机主要用于大型企业、银行、高校、科研院所等,其使用的软件(包括操作系统等)均为专门设计的,具有高可靠性、高可用性和高安全性。相对于巨型机而言,大型机主要用于非数值计算(数据处理),而巨型机主要用于数值计算。

(3)工作站

工作站(Workstation)是一种高档微机,一般使用高分辨率的显示器、大容量的存储器,具有较高的运算速度和较强的网络通信能力,主要用于计算机辅助设计、图像处理领域。

(4)微型机

微型机也称微机、电脑、个人计算机(Personal Computer,PC),是应用最广泛、发展最快的计算机。微型机具有体积小、软件丰富、价格便宜、灵活性好等优势,几乎无处不在。微型机通常分为台式机和便携机两类,台式机性能和可靠性相对强些,但各部件分离,需要专门的电脑桌或工作台;便携机采用一体化技术,可以随身携带,常见的有笔记本电脑、平板电脑和掌上电脑。

(5)服务器

服务器(Server)是一种高性能、用于在网络环境下响应服务请求的计算机,在可靠性、可用性、可扩展性、处理能力、稳定性、安全性、可管理性等方面要求较高。服务器需要运行相关的服务软件,其服务的功能由软件提供。服务器也可泛指用于运行"服务程序"的计算机。

在网络环境中,根据运行的软件类型,服务器大致可以分为文件服务器、数据库服务器、应用程序服务器、Web 服务器。

(6)智能手机

智能手机,是指具有独立操作系统、独立存储空间,可由用户安装、运行程序,并可以连接通信网络的手机,可以看作掌上电脑和手机结合的产物。

1.4.2 计算机的发展方向

随着计算机应用范围越来越广泛,人们对计算机的依赖也越来越大,计算机已经成为人们工作、学习和生活中必不可少的工具。

一、计算机的发展方向

从人们对计算机的需求和计算机技术本身的特点看,计算机技术的发展趋势表现为巨型化、微型化、智能化、网络化。

- 巨型化:速度更快、容量更大、功能更完善、可靠性更高。
- 微型化:计算机在功能变强的同时,体积更小,更便携,同时价格更低廉。
- 智能化:用计算机模拟人类的智力活动,从而具备理解自然语言、声音、文字和图像的能力。
- 网络化:通过网络连接不同计算机,实现计算机间资源共享、信息交换、协同工作。

从巨型机到智能手机,从工业机器人到能下围棋的"AlphaGo",从"云技术"到物联网,信息化社会中,计算机是必不可少的工具。

二、未来的计算机

目前,计算机虽然应用广泛,但当前的计算机还存在着两个最大的不足,无法完全满足人类的需求。一是计算速度依然无法满足核聚变模拟、地震预测等需求;二是电子计算机"智力"不足,"智能"幼稚,无法理解人类的信息,人机通话必须通过程序完成,也无法像人脑那样学习、联想和推理。

受到物理极限的约束,硅芯片的高速发展越来越接近其物理极限,这约束了计算机计算能力的继续提高,世界各国开始研究开发使用新型元器件的计算机。目前可能性最大的新型计算机有四种:量子计算机、光子计算机、生物计算机、纳米计算机。

1. 量子计算机

量子计算机是一类运算、处理和存储量子信息,运行量子算法,遵循量子规律的计算机。量子计算机在处理海量复杂数据和变量的问题方面有着巨大潜力,可用于生命科学、生物测定学、后勤学、变量数据库搜索、计量金融等科学和商业领域。

2019年9月,美国谷歌公司推出53个量子比特的量子计算原型机"悬铃木"(Sycamore)。2020年12月,中国科学技术大学潘建伟等人成功构建76个光子的量子计算原型机"九章"。这两台原型机均只能针对特定问题进行求解,悬铃木只有"通过循环纠错对比特误差或相位误差进行指数抑制"这一个功能,九章只能求解高斯玻色取样问题,在解决这些特定问题时,量子计算原型机均能比使用集成电路所组建的巨型机快千万倍,这样的计算速度充分体现了量子计算的优势。

目前,量子计算机仍处于研发的初期阶段,普及时间无法估计。当前的量子计算原型机更像是一种仪器设备,而不是我们所需要的通用计算机,并且,这些原型机在零下270 ℃左右的环境才能工作,这样的环境也难以普及。

量子计算前景美好,其计算能力比当前第4代计算机强千万倍。目前的超级计算机需要数月或数年时间才能解决的问题,如药物开发、金融建模和气候预报等,量子计算机在较短时间内就能够解决。

2. 光子计算机

光子计算机是一种用光信号进行数字运算、逻辑操作、信息存储和处理的新型计算机。光子计算机由激光器、光学反射镜、透镜、滤波器等光学元件和设备构成,靠激光束进入由反射镜和透镜组成的阵列进行信息处理,以光子代替电子,光运算代替电运算。

光子计算机的各项技术已接近成熟。1990年初,美国贝尔实验室制成世界上第一台光子计算机,但工作条件很苛刻,无法进入实用阶段。

3. 生物计算机

生物计算机又称仿生计算机,是以生物芯片取代半导体芯片制成的计算机。其主要原材料是利用生物工程技术产生的蛋白质分子,利用化学反应工作。

目前的研究方向主要有两个:一是研制分子计算机,即制造有机分子元件去代替目前的半导体逻辑元件和存储元件;二是突破冯·诺依曼结构限制,按照人脑的结构、思维规律,重新组织计算机结构。

4. 纳米计算机

纳米计算机指将纳米技术运用于计算机的一种新型计算机。"纳米"本身是一个计量单位,将计算机基本元器件缩小到纳米级别,这样的计算机就可以称为纳米计算机,实现技术包括机械技术、量子技术、生物技术等。2013年9月26日,在斯坦福大学,人类首台基于碳纳米晶体管技术的计算机已成功测试运行。

1.5 本章小结

计算机是信息社会的基本工具,本章从计算机的发展史开始介绍计算机系统。首先,简单介绍了计算机的硬件系统组成及各个部分的功能。然后,介绍了计算机软件系统的功能和用途。通过这些介绍,可帮助读者简单了解计算机的工作原理。

本章还介绍了计算机分类、发展方向和计算机软硬件安装过程,以帮助读者了解计算机的应用领域,以及不同领域对计算机性能的要求,读者可通过自己动手安装硬件和软件系统,提高动手能力。

通过对本章的学习,读者应当简单了解计算机能做什么、怎么做,以及哪些功能是目前的计算机还不能实现的。

练习题

一、填空题

1. 冯·诺依曼结构的计算机,由输入、存储、运算、_____和输出五个部分组成。
2. 微机实体一般由五部分构成:CPU、内存、主板、硬盘、_____。
3. 通用微处理器主体部分包括三个部分:寄存器、_____和控制器。
4. 内存分为动态随机存储器和_____两种。
5. 硬盘是微机最常用的外存储器,主要有三种类型:机械硬盘、_____和混合硬盘。
6. 计算机软件分为应用软件和_____两大类。
7. 系统软件包括_____、语言处理系统、数据库管理系统和辅助处理程序。
8. 数字计算机按用途可以分为专用计算机和_____。
9. 计算机技术的发展趋势表现为巨型化、_____、智能化、网络化。
10. 计算机按照所处理信息的类型,可以分为模拟式和数字式两个大类别,以此产生三类计算机:模拟计算机、_____和数模混合计算机。

二、选择题

1. 计算机的发展趋势是巨型化、_____、网络化和智能化。
   A. 大型化 B. 小型化 C. 精巧化 D. 微型化
2. 计算机从诞生至今已经经历了四个时代,这种对计算机时代划分的原则是根据_____。
   A. 计算机所采用的电子元器件 B. 计算机的运算速度
   C. 计算机的操作系统 D. 计算机的内存容量

3. 计算机在实现工业生产自动化方面的应用属于_____。
   A. 实时控制　　　　　　　　B. 科学计算
   C. 海量存储　　　　　　　　D. 数据共享
4. CPU、内存和I/O设备是通过_____连接起来的。
   A. 接口　　　B. 内存　　　C. 总线　　　D. 机箱
5. 微型计算机硬件系统最核心的部件是_____。
   A. 主板　　　B. CPU　　　C. 内存　　　D. 外存
6. 操作系统属于_____。
   A. 系统软件　　B. 硬件部件　　C. 应用软件　　D. 外设
7. 下列属于操作系统的是_____。
   A. DBMS　　　B. Linux　　　C. WPS　　　D. CMOS

第 2 章 信 息 技 术

自计算机和互联网普及以来,使用计算机进行生产、处理、交换和传播各种形式的信息的行为日益普遍。信息技术是这些信息行为的计算机处理"模型",其基础包括计算机硬件和软件、网络和通信技术、应用软件开发工具等。大数据、物联网和云计算是当下信息技术发展的新高度和新形态,人工智能则是信息处理的最新模型。

信息技术在全球的广泛使用,不仅深刻地影响着经济结构与经济效率,而且作为先进生产力的代表,对社会文化和精神文明产生了深刻的影响。当前,很多人在谈论大数据、物联网、人工智能,但真正发生了什么,每个人的理解都有些不一样,本章将从信息技术出发,介绍大数据、物联网、云计算和人工智能,帮助读者了解这些新技术的发展趋势。

2.1 信息技术概述

2.1.1 信息技术的含义

构成世界的三大要素是物质、能量和信息,人类社会离不开信息的传递和交换。迄今为止,信息传递和交换技术经历了五个阶段:语言、文字、印刷品、电话/电报和计算机网络。

信息技术包括信息获取技术、信息传递技术、信息处理技术、信息控制技术、信息存储技术。讨论信息技术,主要从广义、中义、狭义三个层面进行讨论:

• 广义层面,信息技术是指能利用与扩展人类信息器官功能的各种方法、工具与技能的总和。该定义强调的是从哲学上阐述信息技术与人的本质关系。

• 中义层面,信息技术是指对信息进行采集、传输、存储、加工、表达的各种技术之和。该定义强调的是人们对信息技术功能与过程的一般理解。

• 狭义层面,信息技术是指利用计算机、网络、广播电视等各种硬件设备及软件工具与科学方法,对文、图、声、像各种信息进行获取、加工、存储、传输与使用的技术之和。该定义强调的是信息技术的现代化与高科技含量。

现代信息技术是一门多学科交叉综合的技术,计算机技术、通信技术和多媒体技术、

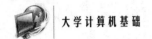

网络技术互相渗透、互相作用、互相融合,形成以多媒体信息服务为特征的、跨越时空的大规模信息网。信息科学和技术促使人类进行更高效率、更高效益、更高速度的社会活动,是国家现代化的一个重要标志。

信息技术(Information Technology,IT),是管理和处理信息所采用的各种技术的总称。现代信息技术包括传感技术、通信技术、计算机技术和控制技术这四项基本技术,分别用于进行信息获取、传输、处理、存储等。其中通信(Communication)技术、计算机(Computer)技术和控制(Control)技术合称为"3C"技术,是信息技术的主体。

2.1.2 信息技术的特点

现代信息技术依托于计算机和网络,其特征表现为:高速化、网络化、数字化、个人化、智能化、虚拟化。

(1) 高速化

计算机和通信的发展追求的均是高速度、大容量。例如,每秒能运算千万次的计算机已经进入普通家庭。在现代技术中,我们迫切需要解决的涉及高速化的问题是,抓住世界科技迅猛发展的机遇,重点在带宽"瓶颈"上取得突破,加快建设具有大容量、高速率、智能化及多媒体等基本特征的新一代高带宽信息网络,发展深亚微米集成电路(0.25 μm 以下)、高性能计算机等。

(2) 网络化

信息网络分为电信网、广电网和计算机网。三网有各自的形成过程,其服务对象、发展模式和功能等有所交叉,又互为补充。信息网络的发展异常迅速,从局域网到广域网,再到国际互联网及有"信息高速公路"之称的高速信息传输网络,计算机网络在现代信息社会中扮演了重要的角色。

(3) 数字化

数字化就是将信息用电磁介质或半导体存储器按二进制编码的方法加以处理和传输。在信息处理和传输领域,广泛采用的是只用"0"和"1"两个基本符号组成的二进制编码,二进制数字信号是现实世界中最容易被表达、物理状态最稳定的信号。

(4) 个人化

信息技术将实现以个人为目标的移动和全球性通信方式,实现个人化通信需要全球性的、大规模的网络容量和智能化的网络功能。

(5) 智能化

在面向 21 世纪的技术变革中,信息技术的发展方向之一是智能化。智能化的应用体现在利用计算机模拟人的智能,如机器人、医疗诊断专家系统、推理证明、智能化的 CAI 教学软件、自动考核与评价系统、视听教学媒体及仿真实验等。

(6) 虚拟化

计算机仿真技术、多媒体技术、虚拟现实技术和远程教育技术及信息载体的多样性,体现出虚拟化的特征——你觉得你站在长城上,但实际上你只是戴了一副 VR 眼镜。

2.1.3 信息技术的分类

信息技术应用广泛,分类方式繁多,常见分类方式如下。

(1) 按表现形态分类

按表现形态的不同,信息技术可分为硬技术(物化技术)与软技术(非物化技术)。前者指各种信息设备及其功能,如显微镜、电话机、通信卫星、多媒体计算机;后者指有关信息获取与处理的各种知识、方法与技能,如语言文字技术、数据统计分析技术、规划决策技术、计算机软件技术等。

(2) 按工作流程中基本环节分类

按工作流程中基本环节的不同,信息技术可分为信息获取技术、信息传递技术、信息存储技术、信息加工技术及信息标准化技术。

- 信息获取技术包括信息的搜索、感知、接收、过滤等,如显微镜、望远镜、气象卫星、温度计、钟表、Internet 搜索器中的技术等。
- 信息传递技术指跨越空间共享信息的技术,又可分为不同类型,如单向传递与双向传递技术,单通道传递、多通道传递与广播传递技术。
- 信息存储技术指跨越时间保存信息的技术,如印刷术、照相术、录音术、录像术、缩微术、磁盘术、光盘术等。
- 信息加工技术是指对信息进行描述、分类、排序、转换、浓缩、扩充、创新等的技术。信息加工技术的发展已有两次突破:从人脑信息加工到使用机械设备(如算盘、标尺等)进行信息加工,再发展为使用电子计算机与网络进行信息加工。
- 信息标准化技术是指使信息的获取、传递、存储、加工各环节有机衔接,与提高信息交换共享能力的技术,如信息管理标准、字符编码标准、语言文字的规范化等。

(3) 按使用的信息设备分类

按使用的信息设备的不同,信息技术可分为电话技术、电报技术、广播技术、电视技术、复印技术、缩微技术、卫星技术、计算机技术、网络技术等。

(4) 按技术的功能层次分类

按技术的功能层次的不同,信息技术可分为基础层次的信息技术(如新材料技术、新能源技术)、支撑层次的信息技术(如机械技术、电子技术、激光技术、生物技术、空间技术等)、主体层次的信息技术(如传感技术、通信技术、计算机技术、控制技术等)、应用层次的信息技术(如文化教育、商业贸易、工农业生产、社会管理中用以提高效率和效益的各种自动化、智能化、信息化应用软件与设备等)。

2.1.4 信息技术的功能

信息技术的应用范围极广,其功能也是多种多样,从宏观上看,主要体现在以下几个方面。

(1) 辅助功能

信息技术能够提高或增强人们的信息获取、存储、处理、传输与控制能力,使人们的素质、生产技能管理水平与决策能力等得到提高。

(2) 开发功能

利用信息技术能够充分开发信息资源,它的应用不仅推动了社会文献大规模的生产,而且大大加快了信息的传递速度。

(3) 协同功能

人们通过信息技术的应用,可以共享资源、协同工作,如电子商务、远程教育等。

(4) 增效功能

信息技术的应用使得现代社会的效率和效益大大提高。例如,通过卫星照相、遥感遥测,人们可以更多更快地获得地理信息。

(5) 先导功能

信息技术是现代文明的技术基础,是高技术群体发展的核心,也是信息化、信息社会、信息产业的关键技术,它推动了世界性的新技术革命。大力普及与应用新技术可实现对整个国民经济技术基础的改造,优先发展信息产业可带动各行各业的发展。

2.1.5 信息技术的发展趋势

信息技术对生产力的推进作用显著,促使世界各国致力于信息化,而信息化的巨大需求又驱使信息技术高速发展。当前信息技术发展的总趋势是以互联网技术的发展和应用为中心,从典型的技术驱动发展模式向技术驱动与应用驱动相结合的模式转变。信息技术的发展趋势主要表现在三个方面:微电子技术、软件技术和网络技术。

(1) 微电子技术

微电子技术是指以集成电路为核心的各种半导体器件技术。集成电路的集成度(单个芯片上所容纳的元件数量,目前已经达到十亿级别)和运算能力、性能价格比继续按每18个月翻一番的速度增长,支持信息技术达到前所未有的水平,并促使整机向轻、小、薄和低功耗方向发展。同时,随着芯片集成度的提高,芯片级系统(SoC,System on Chip,也称片上系统,指一个包含完整系统并有嵌入软件的集成电路芯片)的出现使整机与元器件的界限越来越模糊。

(2) 软件技术

软件技术是信息技术的核心技术,当前,软件技术正从以计算机为中心向以网络为中心转变。嵌入式软件的发展使软件走出了传统的计算机领域,进入各种电子产品中,使多种工业产品和民用产品呈现出智能化的特征。

目前,软件与芯片互相渗透的趋势越来越明显,这种渗透表现为"软件硬化"和"硬件软化"。前者将软件制作为芯片固件,提高软件的运行速度,系统性能更加可靠;后者将硬件的功能以软件来实现,大幅减少功能成本。

(3) 网络技术

网络技术发展使得基于互联网的应用成为持续的热点,主要表现为三个趋势:首先,电视机、手机、个人数字助理(PDA)等家用电器和个人信息设备都向网络终端设备的方向发展,形成了网络终端设备的多样性和个性化,打破了计算机上网一统天下的局面;其次,电子商务、电子政务、远程教育、电子媒体、网上娱乐技术日趋成熟,不断降低对使用者的专业知识要求和经济投入要求;最后,互联网数据中心(IDC)、网门服务等技术的提出和服务体系的形成,构成了对使用互联网日益完善的社会化服务体系,使信息技术日益广泛地进入社会生产、生活各个领域,从而促进了网络经济的形成。

互联网及其网络技术的高速发展,使得其他网络标准逐渐被淘汰,三网融合和宽带化成为网络技术发展的大方向。电话网、有线电视网和计算机网的三网融合是指它们都在数字化的基础上、在网络技术上走向一致,在业务内容上相互覆盖。随着互联网上数据流量的迅猛增加,网络带宽成为阻碍网络发展的瓶颈,增大带宽,是相当长时期内网络技术发展的主题。

2.2 信息的数字化

2.2.1 信息和数

目前,几乎所有的数字式计算机都被设计为二进制计算机,原因在于二进制在物理实现上最为容易、可靠。计算机也可以设计为使用其他进制数,如十进制,但这需要更加复杂的设计和更高的成本。事实上,ENIAC 就是一台十进制计算机,但随着冯·诺依曼体系结构的确立,其他的进制都被淘汰了。二进制并不比十进制先进,也不比其他任何一种数制先进,但二进制比其他数制更容易实现。

计算机中,二进制只有"0"和"1"两个符号(书面和口头表示时,还可以使用其他数学符号,如负号、小数点等)。计算机术语中将一个二进制位包含的信息称为一个比特(bit)。计算机中用具体的元器件表示比特,元器件必须有两个稳定的状态且这两个状态可以转换。一个比特只有两种可能值(状态),两个值之间是没有大小概念的,仅仅说明元器件处于哪种状态中,但使用比特表示的数则可以比较大小。

比特是数字设备处理、存储和传输信息的最小单位(用字母"b"表示)。不同的设备使用不同的元器件表示比特(例如,CPU 寄存器中一般用触发器,内存中常用 CMOS 晶体管,硬盘中用磁介质,总线中使用高低电压)。当设备与设备交换数据时,由接口负责翻译来自两个不同设备的比特表示方式。

日常生活中,信息最常见的表现形式(载体)是文字、声音、图像等,这些表示形式必须转换为数字形式才能够被计算机处理,这个转换过程就称为数字化。数字化的功能就是用数字描述信息。

一、进制数的相互转换

1. 计算机中常用的进制数

计算机中常用的进制数包括二进制数、八进制数、十六进制数和十进制数,如表 2-1 所示。为了避免使用时产生混淆,要求使用下标或字母标识数字的进制,十进制可以不做标识。

表 2-1 计算机中常用的进制数

进制数	基数	数码	数制符号	下标表示	字母表示
十进制数	10	0、1、2、3、4、5、6、7、8、9	D 或 d	$(2015)_{10}$ 或 $(2015)_D$	2015D 或 2015
二进制数	2	0、1	B 或 b	$(1011)_2$ 或 $(1011)_B$	1011B
八进制数	8	0、1、2、3、4、5、6、7	O 或 o	$(2015)_8$ 或 $(2015)_O$	2015o
十六进制数	16	0、1、2、3、4、5、6、7、8、9、A、B、C、D、E、F	H 或 h	$(20A5)_{16}$ 或 $(20A5)_H$	20A5H

数制符号大小写均可,但对八进制,一般建议使用能明显区别的写法,上表字母表示示例中用小写形式,方便区别数字 0。

（1）二进制数转换为十进制数

例如,已知二进制数 11111011111.101,设其第 i 位的位权为 2^i,则位权展开式如下：

$(11111011111.101)_2 = 1 \times 2^{10} + 1 \times 2^9 + 1 \times 2^8 + 1 \times 2^7 + 1 \times 2^6 + 0 \times 2^5 + 1 \times 2^4 + 1 \times 2^3 + 1 \times 2^2 + 1 \times 2^1 + 1 \times 2^0 + 1 \times 2^{-1} + 0 \times 2^{-2} + 1 \times 2^{-3}$
$= 2015.625D$

（2）八进制数转换为十进制数

例如,已知八进制数 3737.5,设其第 i 位的位权为 8^i,则位权展开式如下：

$(3737.5)_8 = 3 \times 8^3 + 7 \times 8^2 + 3 \times 8^1 + 7 \times 8^0 + 5 \times 8^{-1} = 2015.625D$

（3）十六进制数转换为十进制数

十六进制数码中包含 A、B、C、D、E、F,其所对应的十进制等值数为 10、11、12、13、14、15。

例如,已知十六进制数 7DF.A,设其第 i 位的位权为 16^i,则位权展开式如下：

$(7DF.A)_2 = 7 \times 16^2 + 13 \times 16^1 + 15 \times 16^0 + 10 \times 16^{-1} = 2015.625D$

进制之间相互转换时,整数部分必定可以转换为有限位的整数,但小数部分可能会出现有限小数被转换为无限小数的情况,如三进制小数转换为十进制数小数时。

2. 十进制数转换为二进制数

十进制数转换为二进制数时,整数和小数分开转换。整数部分采取"除 2 取余直到 0"法进行转换；小数部分采取"乘 2 取整直到 0"；越先取得的数越靠近小数点。

例 2-1 将十进制数 2016.375 转换为二进制数。

十进制整数	余数	顺序	顺序	取整	十进制小数
2 ⌐ 2016	0	低位	高位		0.375
2 ⌐ 1008	0	↑			× 2
2 ⌐ 504	0			0	.75
2 ⌐ 252	0				× 2
2 ⌐ 126	0			1	.5
2 ⌐ 63	1				× 2
2 ⌐ 31	1		↓	1	.0
2 ⌐ 15	1		低位		到 0 停止
2 ⌐ 7	1				
2 ⌐ 3	1				
2 ⌐ 1	1	高位			
0 ← 到 0 停止					

2016.375D = 11111100000.011B

转换小数部分时,可能会出现无法到 0 的情况,应当在达到精度要求后停止转换。在这种情况下,会有精度损失,若将获得的二进制数重新转换回十进制数,则会有差异。

3. 二进制数和八进制数的互相转换

二进制数与八进制数的互相转换非常简单,因为二进制与八进制间存在特殊关系($2^3=8$),所以二进制的 3 位相当于八进制的 1 位,类似于将十进制数转换为千进制数。

二进制数转换为八进制数的方法如下:

① 从小数点开始,分别向左、右将二进制数字每 3 位一组进行划分,若有不足,则整数部分在最高位前补 0,小数部分在最后不足 3 位后面补 0。

② 每组二进制数转换为八进制对应数码即可。

③ 按原顺序组合八进制数码,小数点保持原位。

二进制数和八进制数对应关系如表 2-2 所示。

表 2-2 二进制数与八进制数对照表

二进制数	八进制数	二进制数	八进制数
000	0	100	4
001	1	101	5
010	2	110	6
011	3	111	7

例 2-2 将二进制数 1010111.01011 转换为八进制数。

对二进制数分组补 0(斜体部分),过程如下:

```
001   010   111  .  010   110
 ↓     ↓     ↓        ↓     ↓
 1     2     7   .    2     6
```

即 $(1010111.01011)_2 = (127.26)_8$。

例 2-3 将八进制数 123.567 转换为二进制数。

一位八进制数对应 3 位二进制数,转换后消去多余的 0(斜体部分),过程如下:

```
 1     2     3   .    5     6     7
 ↓     ↓     ↓        ↓     ↓     ↓
001   010   011  .   101   110   111
```

即 $(123.567)_8 = (1010011.101110111)_2$。

4. 二进制数和十六进制数的互相转换

二进制数与十六进制数的关系类似于二进制数与八进制数。二进制的 4 位等价于十六进制的 1 位,类似于将十进制数转换为万进制数。转换方法如下:

① 从小数点开始,分别向左、右将二进制数字每 4 位一组进行划分,若有不足,则整数部分在最高位前补 0,小数部分在最后不足 4 位后面补 0。

② 每组二进制数转换为十六进制对应数码即可。

③ 按原顺序组合十六进制数码,小数点保持原位。

十六进制数转换为二进制数只需要将十六进制数的每位转换成二进制数的 4 位,按原顺序组合二进制位(去除多余的 0)即可。二进制数和十六进制数对应关系如表 2-3 所示。

表 2-3 二进制数与十六进制数对照表

二进制数	十六进制数	二进制数	十六进制数	二进制数	十六进制数	二进制数	十六进制数
0000	0	0100	4	1000	8	1100	C
0001	1	0101	5	1001	9	1101	D
0010	2	0110	6	1010	A	1110	E
0011	3	0111	7	1011	B	1111	F

例 2-4 将二进制数 1011111.01 转换为十六进制数。

对二进制数分组补 0(斜体部分),过程如下:

$$
\begin{array}{cccc}
0101 & 1111 & . & 010\mathit{0} \\
\downarrow & \downarrow & \downarrow & \downarrow \\
5 & F & . & 4
\end{array}
$$

即$(1011111.01)_2 = (5F.4)_{16} = 5F.4H$。

例 2-5 将十六进制数 19A.A94 转换为二进制数。

一位十六进制数对应 4 位二进制数,转换后消去多余的 0(斜体部分),过程如下:

$$
\begin{array}{ccccccc}
1 & 9 & A & . & A & 9 & 4 \\
\downarrow & \downarrow & \downarrow & \downarrow & \downarrow & \downarrow & \downarrow \\
\mathit{000}1 & 1001 & 1010 & . & 1010 & 1001 & 010\mathit{0}
\end{array}
$$

即 19A.A94H =$(19A.A94)_{16}$=$(110011010.1010100101)_2$。

二、计算机中整数的表示

计算机使用固定数量(8、16、32 或 64)的二进制位表示数字,称为该数的存储空间。数字被分配的存储空间与数本身的大小无关,如果数字较小,则多余的二进制置 0;反之,超出存储空间的二进制被丢弃。

1. 无符号整数

无符号整数没有附加的符号,可以直接转换为二进制数。计算机中一般使用 8、16、32、64 或更多个二进制位存储数字。8 个二进制位表示的无符号数范围为 $0 \sim 2^8 - 1$;16 个二进制位表示的无符号数范围为 $0 \sim 2^{16} - 1$;32 个二进制位表示的无符号数范围为 $0 \sim 2^{32} - 1$;64 个二进制位表示的无符号数范围为 $0 \sim 2^{64} - 1$。超出表示范围的部分将被舍弃。

例 2-6 计算机使用 8 个二进制位表示 10。

二进制转换:10D = 1010B。

计算机 8 位存储:10D = 0000 1010B。

例 2-7 计算机使用 8 个二进制位表示 256。

二进制转换:256D = 1 0000 0000B。

计算机 8 位存储:256D = 0000 0000B(从高位开始舍弃)。

计算机科学中,这种超出表示范围的情况称为溢出,溢出一般舍弃高位。

2. 有符号整数

有符号整数在书面表示时需要"+"和"-"两个符号(其中"+"可以省略),计算机中用分配空间的最高位表示符号(符号位),若是"0",则为正数,若是"1",则是负数。正数的表示法是唯一的,负数有三种表示法,分别称为原码、反码和补码。

"原码"仅仅依靠符号位区分正负数。例如:

$$01100100B = +100D$$
$$11100100B = -100D(原码)$$

"反码"将正数按位取反表示负数(符号位直接置1,不参与取反过程)。例如:

$$01100100B = +100D$$
$$10011011B = -100D(反码)$$

"补码"将正数按位取反加1表示负数。例如:

$$01100100B = +100D$$
$$10011011B = -100D(反码)$$
$$10011100B = -100D(补码)$$

目前的通用计算机都使用补码方式表示负数,原因有二:一是补码比其他两种码制多表示一个数字;二是补码可以统一计算机中的加减运算,简化CPU电路设计。

三、计算机中浮点数的表示

浮点数是指带有小数部分的数,整数和纯小数又被称为定点数,定点的意思是小数点位置固定不变。

由于计算机无法表达小数点,所以需要将浮点数表达为一个整数乘幂和一个纯小数之积,乘幂和纯小数都是定点数。例如:

$$101.101B = 0.101101B \times 2^{11B}$$

其中:0.101101B 称为尾数,是一个纯小数;11B 称为阶码,是一个整数。尾数和阶码均可表示为有符号整数,计算机中将这两个定点数按照固定的格式组合表示一个浮点数,一般用32位、64位或更多的位数,位数越多,则可表示的数的范围越大或小数点后有效数字越多。

以上这种表示法称为"浮点表示法",由美国电气与电子工程师协会(IEEE)制定,目前,绝大多数的CPU均支持这个标准。

2.2.2 文本数字化

一、英文编码

计算机除了可处理数值信息以外,还可处理大量的非数值类型的信息,但须先将这些非数值类型的信息数字化。文本的数字化模型被称为字符编码(字符集)。字符编码的方法非常简单,将所有需要编码的字符排序,序号的大小并无实际意义,仅仅作为识别这些字符的依据。

ASCII(American Standard Code for Information Interchange,美国信息交换标准编码)于1961年被提出,是目前的国际标准。ASCII使用7个二进制位对128个字符编码,见表2-4(a)。

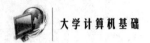

表 2-4　ASCII 表和控制字符

(a) ASCII 表

编码	字符	编码	字符	编码	字符	编码	字符	编码	字符	编码	字符
0	NUL	22	SYN	44	,	66	B	88	X	110	n
1	SOH	23	ETB	45	-	67	C	89	Y	111	o
2	STX	24	CAN	46	.	68	D	90	Z	112	p
3	ETX	25	EM	47	/	69	E	91	[	113	q
4	EOT	26	SUB	48	0	70	F	92	\	114	r
5	ENQ	27	ESC	49	1	71	G	93	]	115	s
6	ACK	28	FS	50	2	72	H	94	^	116	t
7	BEL	29	GS	51	3	73	I	95	_	117	u
8	BS	30	RS	52	4	74	J	96	`	118	v
9	HT	31	US	53	5	75	K	97	a	119	w
10	LF	32	(Space)	54	6	76	L	98	b	120	x
11	VT	33	!	55	7	77	M	99	c	121	y
12	FF	34	"	56	8	78	N	100	d	122	z
13	CR	35	#	57	9	79	O	101	e	123	{
14	SO	36	$	58	:	80	P	102	f	124	|
15	SI	37	%	59	;	81	Q	103	g	125	}
16	DLE	38	&	60	<	82	R	104	h	126	~
17	DC1	39	'	61	=	83	S	105	i	127	DEL
18	DC2	40	(	62	>	84	T	106	j		
19	DC3	41	)	63	?	85	U	107	k		
20	DC4	42	*	64	@	86	V	108	l		
21	NAK	43	+	65	A	87	W	109	m		

(b) ASCII 表中的非图形字符

编码	用途	编码	用途	编码	用途	编码	用途	编码	用途
0	空字符	7	震铃	14	不用切换	21	否定应答	28	文件分隔符
1	头标开始	8	退格	15	启用切换	22	同步空闲	29	分组符
2	正文开始	9	水平制表符	16	数据链路转义	23	结束传输块	30	记录分隔符
3	正文结束	10	换行/新行	17	设备控制1	24	取消	31	单元分隔符
4	传输结束	11	竖直制表符	18	设备控制2	25	媒介结束	32	空格
5	请求	12	换页/新页	19	设备控制3	26	替代	127	删除
6	收到通知	13	回车	20	设备控制4	27	换码(溢出)		

在 ASCII 表中,有 33 个控制字符(编码 0—31 和 127),这些控制字符用于实现控制功能。例如,CR(编码 13)实现回车功能。另外,由于空格字符(编码 32)也属于非图形字符,所以共计 34 个非图形字符[不可打印字符,见表 2-4(b)]。其余的 94 个为图形字符(可打印字符)。需要注意的是,虽然字符的编码值理论上是无意义的,但部分程序中为了实现类似于排序、大小写转换等功能,会将编码值作为数值使用。因而需要记忆一些编码规律:0—9,A—Z,a—z 这些符号都是按照从小到大排列的;从编码上看,数字字符编码小于大写字母编码,大写字母编码小于小写字母编码。另外,码表中的 0—9 均为字符,而非数字。

一般要求能够记忆"0""A""a"这三个字符的编码,其余的常用字符可以通过推算得出。例如,"A"的编码为 65,则"C"的编码为 65 + 2 = 67。

在计算机内部,用一个字节存储字符编码,将表 2-4 中的编码转换为二进制,用 0 补足 8 位,就可以获得计算机中实际存储内容。例如,字符"0"的编码为 48,二进制形式为 110000,补足 8 位后就是"0"在计算机内部的 00110000。由于 ASCII 表只用了 7 个二进制位,所以,在计算机内,存储字符的字节最高位必定是 0。

有了 ASCII 表,就可以数字化 ASCII 支持的字符了。例如,有一个文本文件,其内容为"1a3b5",则文件内容在计算机内以图 2-1 所示的方式存储。

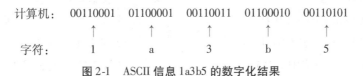

图 2-1　ASCII 信息 1a3b5 的数字化结果

以上 ASCII 表也称为基本 ASCII 表或标准 ASCII 表,由于码表字符容量太小,国际标准化组织又制定了 ISO 2022 标准,规定了在保持兼容的前提下将 ASCII 字符集扩充为 8 位的方法。扩充后的 ASCII 表一般称为扩充 ASCII 表,不同的国家和地区扩充 ASCII 表的字符并不相同,一般只适合在指定的区域内使用。ISO 2022 标准对于汉字这类字符数量极多的情况并不适用,由此又产生了 ANSI 编码方式,即用 2 个字节进行编码,用于扩充 ASCII 编码。

二、汉字编码和输入

1. 汉字编码

为满足在计算机中使用汉字的需要,中国国家标准总局于 1981 年发布了《信息交换用汉字编码字符集　基本集》,标准号为 GB 2312—80,简称国标码。几乎所有的中文系统和国际化的软件都支持 GB 2312 编码。

GB 2312 包含一级汉字 3 755 个、二级汉字 3 008 个和 682 个全角的非汉字字符。编码方式是:首先构造一个 94 行 94 列的表格,每一行称为一个"区",每一列称为一个"位";然后将所有字符填写到表格中(所有的字符都可以用区号、位号表示,称为字符的区位码,符号分布见表 2-5);最后将区位码转换为国标码。

表 2-5　GB 2312 符号分布表

区	类型	区	类型
01 区	中文标点、数学符号及一些特殊字符	08 区	中文拼音字母表
02 区	各种各样的数学序号	09 区	制表符号
03 区	全角西文字符	10—15 区	无字符
04 区	日文平假名	16—55 区	一级汉字（以拼音字母排序）
05 区	日文片假名	56—87 区	二级汉字（以部首笔画排序）
06 区	希腊字母表	88—94 区	无字符
07 区	俄文字母表		

区位码是一个4位十进制数字（前两位为区号，后两位为位号），将区位码的区号和位号换为十六进制后加上 20H（或者先加 32 后转换为十六进制），就获得国标码。

例如，汉字"啊"位于第 16 行第 1 列，则区位码为 1601，区位码转换国标码的过程如下：

十六进制处理过程：

区号进制转换：16D = 10H

位号进制转换：01D = 01H

区号处理：10H + 20H = 30H

位号处理：01H + 20H = 21H

国标码：3021H

十进制处理过程：

区号处理：16 + 32 = 48

位号处理：1 + 32 = 33

区号进制转换：48D = 30H

位号进制转换：33D = 21H

国标码：3021H

由于国标码与 ASCII 有冲突，国标码需要转换为机内码才能进入计算机，转换方式为国标码加 8080H。汉字"啊"在计算机内表示为 B0A1H（3021H + 8080H = B0A1H）。

机内码是计算机内部实际存储、处理汉字的编码。例如，有一个文本文件，其内容为"汉字机内码"，则文件内容在计算机内以图 2-2 所示方式存储。

图 2-2　GB 2312 信息"汉字机内码"的数字化结果

汉字信息以机内码方式进入计算机，每个汉字需要两个字节的存储空间，这两个字节的最高位必定是1，而存储 ASCII 码的字节最高位必定是0，从而避免了两者之间的冲突。从汉字区位码转换到机内码，可以在区号和位号十进制下各加 160 后转换为十六进制，或者在十六进制下加 A0H。

英文字符若以 ASCII 编码，只需要一个字节，若以 GB 2312 编码，则需要两个字节（区位码第 3 区），前者被称为半角英文符号，后者被称为全角英文符号。除了英文字母外，那些两种编码都支持的标点符号均存在半角、全角的区别。

2. 汉字输入

汉字输入方法主要有键盘输入、语音输入、手写输入和印刷体汉字识别输入(OCR)。

键盘输入是目前使用最广泛的汉字输入法。操作系统一般提供了多种中文输入法软件,当需要输入中文时,必须使用一种输入法,常见的汉字输入法有区位码输入法、拼音输入法、五笔字型输入法等。

语音输入是根据操作者的讲话,由计算机识别成汉字的输入方法。语音输入需要数字麦克风支持。

手写输入是将字直接写在触摸屏或类似设备上,由软件进行识别的方法。

印刷体汉字识别输入(OCR)是指用电子设备(如扫描仪或数码相机等)检查纸上的字符,然后用软件识别的方法。

任何输入方式都只是汉字输入的手段,汉字在计算机内部只有机内码。

3. 其他字符编码

GB 2312 编码只是满足了计算机处理汉字的基本需要,不仅收录字符较少,无法处理人名、古汉语中的生僻字,也无法处理台湾、香港等地区使用的繁体字。于是就出现了 Big5、GBK 及 GB 18030 等汉字字符集。

Big5 是 1984 年由台湾 13 家厂商与台湾地区财团法人信息工业策进会所设计的中文内码,是通行于台湾、香港地区的一个繁体字编码方案,共收录 13 060 个符号。Big5 开始只是业界标准,直到 2003 年才成为官方标准,被称为 Big5—2003。

GBK 全称《汉字内码扩展规范》,1995 年 12 月 15 日,由国家技术监督局标准化司、电子工业部科技与质量监督司联合确定为技术规范指导性文件。GBK 是在 GB 2312—80 标准基础上的内码扩展规范,共收入 21 886 个汉字和图形符号,其中汉字(包括部首和构件)21 003 个,图形符号 883 个,完全兼容 GB 2312 标准,支持国际标准 ISO/IEC 10646—1 和国家标准 GB 13000—1 中的全部中日韩汉字,并包含了 Big5 编码中的所有汉字。

GB 2312、GBK、Big5 这类适用于指定语言、地区的编码标准,统称为 ANSI 编码。使用计算机时,根据操作系统版本确定 ANSI 编码类型,在简体中文 Windows 中,ANSI 编码代表 GBK 编码;在繁体中文 Windows 中,ANSI 编码代表 Big5。

GB 18030 有两个版本:GB 18030—2000 和 GB 18030—2005。GB 18030—2000《信息技术 信息交换用汉字编码字符集 基本集的补充》,是由信息产业部和国家质量技术监督局在 2000 年 3 月 17 日发布的,规定了常用非汉字符号和 27 533 个汉字(包括部首、部件等)的编码,并且在 2001 年的 1 月正式强制执行;GB 18030—2005《信息技术 中文编码字符集》,是以汉字为主并包含多种我国少数民族文字(如藏、蒙古、傣、彝、朝鲜、维吾尔文等)的超大型中文编码字符集,其中收入汉字 70 000 余个。

UCS(Universal Character Set,通用字符集)是国际标准化组织(ISO)制定的一个面向全世界现代文字所有字符和符号的编码集,是所有其他字符集标准的一个超集,Unicode 是 UCS 的工业实现,两者的字符集是相同的,但 Unicode 额外附加了一些与字符有关的语义符号。由于字符的 Unicode 编码很大,导致实际使用效率很低。计算机系统中实际使用的大多是中间格式的编码,称为 UTF(Universal Transformation Format,编码转换方案)。UTF 编码是一种变长编码,在节省存储空间、提高运行效率的前提下可以无障碍转换为

Unicode 编码,常用的如 UTF-8 等都属于 UTF。

2.2.3 声音的数字化

声音是计算机的主要媒体之一,计算机科学中称之为音频,计算机对音频的操作包括数字音频的获取、处理、存储、传输和播放。

声音是一种波,主要特征是振幅和频率(单位:Hz)。人主观上感觉声音的大小,俗称"音量",由振幅决定,振幅越大,音量越大;声音的高低(音调,如高音、低音)由频率决定,频率越高,音调越高。

自然界中的声音是连续的波信号,可以用麦克风等设备将波信号转换为在一定范围内连续的电信号(模拟信号)。声音的数字化是将模拟信号转换为数字信号的过程(模/数转换,也称为 A/D 转换),转换过程主要包括采样、量化和编码三个步骤。

① 采样:用一定间隔时间的信号值序列来代替原来在时间上连续的信号的过程。这个过程称为连续信号离散化,连续信号经过采样成为离散信号,其中,每秒钟的采样次数叫作采样频率。

② 量化:把信号的采样值近似表示的过程。计算机中用一定数量的二进制位存储量化值,二进制位的数量称为量化位数,离散信号经过量化即成为数字信号。量化位数决定了每次采用的数据精度。

③ 编码:以一定格式把量化结果记录下来,并加入一些用于纠错、同步和控制的数据,同时,还可以附加冗余处理、数据压缩等行为,编码后获得数字音频文件。

声音的数字化过程如图 2-3 所示。

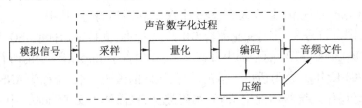

图 2-3 声音的数字化过程

播放数字音频时,需要将数字信号换为模拟信号,这个转换过程称为数/模转换(D/A 转换)或声音重建。声音重建是数字化的逆过程,一般步骤如下:

① 解码:将编码后的数字声音恢复到编码前的量化状态。

② 数/模转换:将散列的量化值转换为模拟波的过程,一般还会对模拟量进行插值处理,目的是提高重建声音的质量,模拟波信号可以传输到扬声器等发声设备。

声音的重建过程可以由计算机完成,也可以由数字设备完成。数字设备是指数字音箱、数字耳机等使用数字接口的设备。

为了让重建的声音尽量恢复模拟信号,依据香农采样定理(又称奈奎斯特采样定理),采样频率应该不小于模拟信号频谱中最高频率的 2 倍。一般而言,采样频率越高,量化位数越多,则声音的质量就越高,同时,需要的存储空间就越多。音频的数据量可以按照以下公式计算:

数据量 = 采样频率(Hz) × 量化位数(bit) × 采样时间(s) × 声道数/8

例如,一首 8 min 的歌曲,采样频率 44.1 kHz,16 位量化位数,双声道,则数据量为

$$数据量 = 44\,100 \times 16 \times 8 \times 60 \times 2/8 \approx 80.75(\mathrm{MB})$$

高品质数字声音的数据量极大,但并不是所有场合都需要高品质的声音。综合权衡声音的听觉需求与音频的数据量大小,将一般性音频需求按照质量分为四个等级,如表 2-6 所示。

表 2-6 数字音频等级

音质名称	采样频率/kHz	量化位数/bit	声道数量
电话语音音质	8	8	1
AM 广播音质	16	14	1
FM 广播音质	22.05	16	2
CD 唱片音质	44.1	16	2

人的语音的频率范围是 300～3 400 Hz,所以 8 kHz 的采样频率和 8 位的量化位数已经足够了。但人耳听觉范围是 20 Hz～20 kHz,音乐或自然音则需要至少 40 kHz 采样频率,才能还原原来声音的频率。

在一些对音质有特殊需求的场合,可以使用更高的采样率、更高的量化位数(16 位以上)和更多的声道数,力求更高的还原音质,但由于音频量化过程中必然会有数据损失,事实上不可能做到与原声一样,只能尽量接近。

在数字设备中,常用比特率间接衡量音质。比特率是每秒实际传输或处理的比特的数量,既可以用以衡量音乐文件,也可以用以衡量数字设备的处理能力。比特率的计算方式为:采样频率(Hz)×量化位数(bit)×声道数。多数情况下,音频文件都经过压缩编码,因而,按表 2-6 的数据计算比特率的结果同实际比特率会有十倍左右的差距。表 2-6 中的音质等级在实际使用中的比特率为:通话音质 8 b/s,AM 广播音质 32 b/s,FM 广播音质 96 b/s,CD 音质 1 411.2 b/s(CD 唱片不压缩)。

声音文件类型很多,常见类型如下:

• WAV 格式,文件扩展名"wav",由微软公司开发,被 Windows 平台及其应用程序广泛支持,是最早的数字音频格式。WAV 文件直接记录音频的量化结果,支持多种音频位数、采样频率和声道。WAV 格式可以实现 CD 音质,但文件很庞大,不便于存储和传输。

• FLAC(Free Lossless Audio Codec)格式,文件扩展名"fla",该格式完全开放,兼容几乎所有的操作系统平台,一般用于高品质数字音乐,可以实现 CD 音质。与 FLAC 格式类似的还有 APE、WMALossless 格式等。

• MP3 格式,文件扩展名"mp3",是目前最流行的有损压缩格式,全称是 MPEG-1 Audio Layer 3。MP3 格式广泛应用于互联网和数字音乐。

• WMA(Windows Media Audio)格式,文件扩展名"wma",由微软公司发布。WMA 可以通过 DRM(Digital Rights Management)防止拷贝、限制播放时间和播放次数,可有效防

止盗版。

除了以上这些格式外,日常生活中还会接触到如下两种比较特殊的音频格式:

- CD 唱片格式,扩展名为"cda",其取样频率为 44.1 kHz,量化位数为 16。CD 存储采用了音轨的形式,记录的是模拟波,而非数字波形,计算机无法直接处理。
- MIDI(Musical Instrument Digital Interface)是乐器数字接口,文件扩展名"midi"。MIDI 文件中存储的不是声音信号,而是音符、控制参数等指令,它指示 MIDI 设备演奏哪个音符、多大音量等。

2.2.4 图像的数字化

数字设备上显示的图像实际是由一个个的点构成的,这些点被称为像素。像素是数字图像的基本单位,可以简单理解为一个纯色的小亮点;像素点所有可用的颜色构成了颜色空间。颜色空间有许多种,常用的有 RGB 等。

RGB 是红(Red)、绿(Green)和蓝(Blue)三种颜色的简写,是目前运用最广的颜色系统之一,红、绿、蓝三个颜色按不同比例的叠加来得到各式各样的颜色。

数字图像中存储的就是像素的信息(位图图像)或者是如何生成像素的(矢量图形),显示时,按从左到右、从上到下的顺序显示每一个像素的信息。

广义上的图像就是所有具有视觉效果的画面,根据图像记录方式的不同可分为两大类:模拟图像和数字图像。模拟图像通过物理量(如光、电等)的强弱变化来记录图像;数字图像则是以记录图像像素点的数据来记录图像的。

图像的数字化是将模拟信号变为像素点的过程,扫描和数字摄影/摄像是目前使用最多的数字化技术。图像像素点的数据可以使用软件计算获得,根据像素的获得方式和图像本身的动静状态,计算机中的数字图像有四种基本形式:位图图像、矢量图形、数字视频和数字动画。其关系如图 2-4 所示。

图 2-4　图像分类

一、位图图像

位图图像也称位图、图像或点阵图,是指以像素方式存储图像,全部像素信息组织成矩阵形式,每个像素均有相应的值表示颜色。矩阵的大小称为分辨率,颜色的描述方案称为颜色空间。例如,像素矩阵水平方向有 640 个像素,垂直方向有 480 个像素,则分辨率为 640×480。位图适合表示自然景物照片或复杂的绘画,一般使用设备(数码相机、扫描仪等)捕捉获得。

模拟图像的数字化过程如图 2-5 所示。

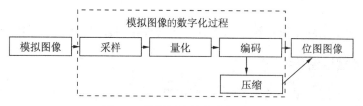

图 2-5 模拟图像的数字化过程

① 采样:将模拟图像在水平和垂直方向上等间距地分割,分割成微小方格,小方格纯色后成为像素点。

② 量化:用一定数量的二进制位按照颜色空间规定描述每一个像素的颜色信息,所用二进制位的数量称为像素深度。

③ 编码:以一定格式把量化结果记录下来,由于量化产生的数据非常大,因此一般需要使用压缩技术处理。

一般而言,图像分辨率越高,像素深度越大,则位图图像就越接近模拟图像,但图像的数据量会越大。图像量化数据量可由以下公式计算(单位:字节):

数据量 = 水平分辨率 × 垂直分辨率 × 像素深度/8

例如,使用千万像素级的数码相机拍摄一张高分辨率照片,照片分辨率为 4 160 × 3 120,使用 32 位色,则

数据量 = 4 160 × 3 120 × 32/8 = 51 916 800 B ≈ 49.5 MB

使用数码相机或扫描仪可以很方便地获得位图图像,但位图图像放大后会失真。

二、矢量图形

矢量图形用几何特征描述图形中的对象,这些对象包括点、线、多边形、圆弧等,每个对象都有颜色、形状、轮廓、大小和屏幕位置等属性。

显示矢量图形时,通过计算获得具体像素。矢量图形只能靠软件生成,放大后图像不会失真,适用于图形设计、文字设计和一些标志设计、版式设计等。

矢量图形文件数据量很小,但图形色彩呆板,缺乏位图图像的色彩层次,同时,人物逼真程度很低。

三、数字视频

视频是根据视觉残留现象产生的。所谓视觉残留现象,是指物体在快速运动时,当人眼所看到的影像消失后,人眼仍能继续保留其影像 0.1~0.4 s。将静态图像以每秒 25 幅(25 帧)以上的速度播放,人眼看到的就是连续的画面(视频)。若视频是以数字方式记录的,就是数字视频。数字视频一般使用数码摄像机等设备捕捉,在不引起混淆的场合,可简称为视频。

四、数字动画

动画和视频类似,原理相同,都属于"动态图像"的范畴。其差别主要在于:动画的帧图像是由软件制作或生成的;视频的帧图像是通过实时摄取自然景象或者活动对象获

得的。

广义上的数字动画是以计算机为工具制作的视觉内容,包括数字建模、游戏等。

2.2.5 数据压缩及编码

数据压缩是缩减数据量的一种技术,用以提高传输、存储和处理效率。数据压缩包括无损压缩和有损压缩两种。需要说明的是,对于依靠采样数字化的媒体类型,是不存在绝对无损的,所谓无损是相对于量化结果而言的,而非原本的自然界的信号。

一、无损压缩

无损压缩是指使用压缩后的数据进行还原(解压缩),还原后的数据与原来的数据完全相同,也就是压缩不会丢失信息,能够完全恢复到压缩前的原样,适用于文本、程序等数据。无损压缩的压缩率较低,压缩比一般为 1/4~1/2(文件压缩后占用的磁盘空间与原文件的比率称为压缩比)。

无损压缩中有代表性的编码技术有:哈夫曼编码、字典编码、行程编码。

- 哈夫曼编码:变长编码,依据字符出现频率构造平均长度最短编码,减少信息的冗余长度,简而言之,出现频率高的字符用短编码,频率低的用长编码,从而实现数据压缩。
- 字典编码:其原理是构建一个字典,用字符串在字典中的索引替代重复出现的字符串,字符串可以是有意义的,也可以是无意义的,当字符串长度小于索引长度时,就实现了数据的压缩。
- 行程编码:适用于位图图像压缩,其原理在于模拟信号量化过程中会出现大量相邻且相同的像素,行程编码记录像素值和其后相邻且相同的像素个数,而不用反复记录相同的像素,从而实现图像数据的压缩。

WinRAR 是目前流行程度最高的无损压缩工具,其界面友好,使用方便,在压缩率和速度方面都有很好的表现。该软件比其他同类 PC 压缩工具拥有更高的压缩率,尤其是对可执行文件、对象链接库、大型文本文件等。除了 WinRAR 之外,常用的还有 7-zip、360 压缩等压缩软件。

二、有损压缩

有损压缩是无法将数据完全还原的压缩,也称为破坏性压缩,广泛应用于语音、图像和视频处理领域。有损压缩利用人类对图像或声波中的某些信息不敏感的特性,以损失这些信息为代价,获得比无损压缩大得多的压缩比(从几十到几百)。

典型的有损压缩有预测编码、变换编码、矢量量化编码和分形编码等。

- 预测编码:其理论基础是现代统计学和控制论。预测编码主要是减少了数据在时间和空间上的相关性。压缩基本过程为:基于已有样本数据建立模型→对下一个值进行预测→编码预测值与实际值的差值(若差值为零或很小,就不需要记录了),从而实现数据压缩。
- 变换编码:其理论基础是信号在不同信号空间相关性不同,减小相关性后,能得到较大的压缩比。基本过程为:变换域→变换域采样→量化和编码。

- 矢量量化编码:在图像、语音信号编码技术中研究得较多的新型量化编码方法。将若干数据组成一个矢量,然后在矢量空间给以整体量化,从而实现压缩数据且不损失多少信息。
- 分形编码:以碎形为基础,通过图像处理技术,将一幅图像分成一些子图像,然后查找相似的子图像。这些相似的子图像只需要存储一个,剩下的只需要存储相似系数,从而实现数据压缩。

有损压缩允许损失部分信息,但要求解压后的数据非常接近原数据,被损失的数据应当不影响数据原本的用途。一般情况下,压缩的越多,则损失的数据也就越多,有损压缩需要在满足质量的前提下寻求高压缩比。

2.2.6 算法概述

算法(Algorithm)是指解题方案的准确而完整的描述,是一系列解决问题的清晰指令。算法代表着用系统的方法描述解决问题的策略机制。也就是说,能够对一定规范的输入,在有限时间内获得所要求的输出。如果一个算法有缺陷,或不适合于某个问题,执行这个算法将不会解决这个问题。不同的算法可能用不同的时间、空间或效率来完成同样的任务。一个算法的优劣可以用空间复杂度与时间复杂度来衡量。

算法中的指令描述的是一个计算,当其运行时能从一个初始状态和初始输入(可能为空的)开始,经过一系列有限而清晰定义的状态,最终产生输出并停止于一个终态。一个状态到另一个状态的转移不一定是确定的。包括随机化算法在内的一些算法,包含了一些随机输入。

一、算法的特征

一个算法应该具有以下五个重要的特征。

1. 有穷性(Finiteness)

算法的有穷性是指算法必须能在执行有限个步骤之后终止。

2. 确定性(Definiteness)

算法的每一步骤必须有确切的定义。

3. 输入项(Input)

一个算法有 0 个或多个输入,以刻画运算对象的初始情况。所谓 0 个输入是指算法本身定出了初始条件。

4. 输出项(Output)

一个算法有一个或多个输出,以反映对输入数据加工后的结果。没有输出的算法是毫无意义的。

5. 能行性(Effectiveness)

算法中执行的任何计算步骤都是可以被分解为基本的可执行的操作步骤的,即每个计算步骤都可以在有限时间内完成(也称之为有效性)。

二、算法的评价

同一问题可用不同算法解决,而一个算法的质量优劣将影响到算法乃至程序的效率。算法分析的目的在于选择合适算法和改进算法。一个算法的评价主要从时间复杂度和空间复杂度来考虑。

① 时间复杂度:算法的时间复杂度是指执行算法所需要的计算工作量。
② 空间复杂度:算法的空间复杂度是指算法需要消耗的内存空间。
③ 正确性:算法的正确性是评价一个算法优劣的最重要的标准。
④ 可读性:算法的可读性是指一个算法可供人们阅读的容易程度。

三、算法举例

例题:给定两个正整数 a 和 b,求它们的最大公因子。
算法:欧几里得算法。
输入:正整数 a、b。
输出:a 和 b 的最大公因子。
S1:求余数。令 r = a mod b(a/b 的余数)。
S2:判断余数 r 是否为 0。如果 r 是 0,则输出结果,a 为答案,否则转 S3。
S3:置换。即 a←b,b←r,转 S1。
算法举例流程图如图 2-6 所示。
算法与特定的语言无关,可用任何语言实现,甚至可以用自然语言实现,它是处理和解决问题的思路及方法。
程序则与某种语言有关,它能直接在机器上运行,按照一定语法把算法表达出来。

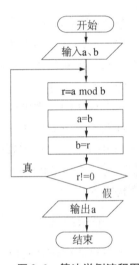

图 2-6 算法举例流程图

2.3 大数据

2.3.1 大数据产生的背景

随着互联网技术的不断发展,我们所生活的世界正在被数据所淹没,而这些经过精心的系统整合所形成的大数据,开始展现出其从量变到质变的时代价值,并且以显性或者隐性的方式存在于世界的各个角落,通过蝴蝶效应对全社会的各个领域变革产生深远的影响。

各种业务数据正以几何级数的形式爆发,其格式、收集、储存、检索、分析、应用等诸多问题,不再能以传统的信息处理技术加以解决。

互联网迎来了大数据时代,如图 2-7 所示,就像一位学者指出的"数据是信息化时代的'石油',大数据产业将成为未来新的经济增长点"。

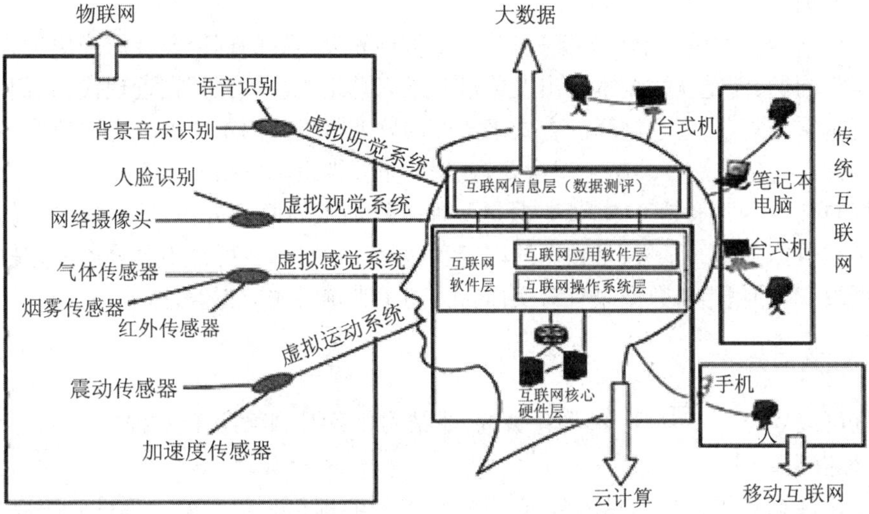

图 2-7 大数据时代的互联网

2.3.2 大数据的概念

一、数据单位

数据最小的基本单位是 bit,按顺序给出所有单位:bit、Byte、KB、MB、GB、TB、PB、EB、ZB、YB、BB、NB、DB。

它们按照进率 1 024(2^{10})来计算:

1 Byte = 8 bit

1 KB = 1 024 Bytes = 8 192 bit

1 MB = 1 024 KB = 1 048 576 Bytes

1 GB = 1 024 MB = 1 048 576 KB

1 TB = 1 024 GB = 1 048 576 MB

1 PB = 1 024 TB = 1 048 576 GB

1 EB = 1 024 PB = 1 048 576 TB

1 ZB = 1 024 EB = 1 048 576 PB

1 YB = 1 024 ZB = 1 048 576 EB

1 BB = 1 024 YB = 1 048 576 ZB

1 NB = 1 024 BB = 1 048 576 YB

1 DB = 1 024 NB = 1 048 576 BB

二、数据与信息

什么是数据? 数据(Data)在拉丁文里是"已知"的意思,在英文中的一个解释是"一组事实的集合,从中可以分析出结论。"笼统地说,凡是用某种载体记录下来的、能反映自

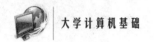

然界和人类社会某种信息的,就可称之为数据。数字是数据,文字是数据,图像、音频、视频等都是数据。

许多科学活动本质上都是数据挖掘,不是从预先设定好的理论或者原理出发,或通过演绎来研究问题,而是从数据本身出发通过归纳来总结规律。尤其在近现代,我们面临的问题变得越来越复杂,通过演绎的方式来研究问题变得极其困难或根本无法研究,这就使得研究数据本身的方法变得越来越重要,数据的重要性也越发凸显出来。

数据与信息本质上是一体的,数据是一种未经加工的原始资料,是客观对象的表示;而信息则是数据内涵的意义,是数据的内容和解释。信息与数据是不可分离的,脱离了信息的数据没有任何意义,数据只有对实体行为产生影响时才成为信息。

三、数据的分类

数据可以划分为三大类:结构化数据、非结构化数据、半结构化数据。

1. 结构化数据

结构化数据是指描述信息的数据有固定的结构,即信息经过分析后可分解成多个互相关联的组成部分,各组成部分间有明确的层次结构,且每个部分有固定或可固定数据长度。结构化数据可以用二维表结构进行逻辑表达,一般使用数据库系统进行管理、使用和维护。

2. 非结构化数据

非结构化数据是指描述信息的数据可拆分,但至少有一部分的数据结构不规则或不完整,无法预定义数据结构,最常见的不规则结构是数据长度不规则。常见非结构化数据如文本、图像、声音、影视、超媒体等。

3. 半结构化数据

所谓半结构化数据,就是介于完全结构化数据和完全非结构化数据(如声音、图像文件等)之间的数据。半结构化数据一般是自描述的,数据的结构和内容混在一起,没有明显的区分,常见的如 HTML、XML 文档等。

四、大数据的概念

似乎一夜之间,大数据(Big Data)变成一个 IT 行业中最时髦的词汇。大数据不是什么完完全全的新生事物,Google、Baidu 的搜索服务就是一个典型的大数据运用。根据客户的需求,Google、Baidu 实时从全球海量的数字资产中快速找出最可能的答案,呈现给客户,就是一个大数据服务。随着全球数字化、网络宽带化、互联网应用于各行各业,累积的数据量越来越大,为了能够充分利用这些数据服务客户、发现商业机会、扩大市场及提升效率,逐步形成了大数据这个概念。

2015 年 8 月 31 日,国务院印发《促进大数据发展行动纲要》,系统部署我国大数据发展工作。纲要对大数据做出了明确定义:大数据是以容量大、类型多、存取速度快、价值密度低为主要特征的数据集合,正快速发展为对数量巨大、来源分散、格式多样的数据进行采集、存储和关联分析,从中发现新知识、创造新价值、提升新能力的新一代信息技术和服务业态。

2.3.3 大数据4V特征

业界通常用4个V(Volume、Variety、Value、Velocity)来概括大数据的特征。具体来说,大数据具有以下4个基本特征:

① Volume(大量):数据体量巨大,从TB级别跃升到PB级别。通过各种设备产生的海量数据体量巨大,远大于目前互联网上的信息流量。

② Variety(多样):数据类别大和类型多样,即数据类型繁多,在编码方式、数据格式、应用特征等多个方面存在差异。

③ Value(价值):价值真实性高和密度低,即商业价值高,但价值密度低。

④ Velocity(高速):处理速度快,实时在线。数据以非常高的速率到达系统内部,这就要求处理数据段的速度必须非常快。

2.3.4 大数据的采集、存储与分析处理

一、大数据的采集

采集是大数据价值挖掘最基础、最重要的一环,其后的分析挖掘都建立在采集的基础上。数据的采集有基于传感器的采集,基于网络信息的数据采集,也有基于软件厂商所提供的数据汇集。例如,在智能交通中,有基于交通摄像头的视频采集,基于交通卡口的图像采集,基于路口的线圈信号采集等;互联网搜索引擎、新闻网站、论坛、微博、博客、电商网站等的各种页面信息和用户访问信息的采集等;软件厂商开放的数据库较少,常见于科研测试平台产品。数据采集的内容主要有文本信息、URL、访问日志、日期和图片等,而后需要对数据进行清洗、过滤、去重等各项预处理并分类归纳存储。

二、大数据的存储

结构化、半结构化和非结构化海量数据的存储和管理,轻型数据库无法满足对其存储及复杂的数据挖掘和分析操作,通常使用分布式文件系统、NoSQL数据库、云数据库等。

分布式系统包含多个自主的处理单元,通过计算机网络互联来协作完成分配的任务,其分而治之的策略能够更好地处理大规模数据分析问题。

NoSQL泛指非关系型的数据库,它的产生就是为了解决大规模数据集合多重数据种类带来的挑战,尤其是大数据应用难题。

云数据库是基于云计算技术发展的一种共享基础架构的方法,是部署和虚拟化在云计算环境中的数据库。

三、大数据的分析与处理

大数据技术的意义不在于掌握规模庞大的数据信息,而在于对这些数据进行智能处理,从中分析和挖掘出有价值的信息。现实世界中的大数据处理问题复杂多样,难以有一种单一的计算模式能涵盖所有不同的大数据计算需求。目前,有三种比较成熟的大数据计算框架:离线批处理计算、流计算、实时交互计算。不同的框架适用于不同的应用场

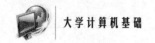

景,离线批处理计算框架关注运算的结果和运行效率,流计算框架关注计算结果的实时性,实时交互计算框架关注类似 SQL 语言的交互式查询。

2.3.5 大数据的应用

大数据的应用越来越广泛,以下五个是目前大数据应用的主要领域。

1. 业务流程优化领域

优化业务流程是大数据应用最常见的领域。例如,通过地理定位和无线电频率的识别追踪货物和货车,利用大数据计算实时交通路线数据,从而制定人力、物力、耗时或这些因素综合的最优化的路线,可极大地提高企业、部门的工作效率或极大地降低成本。

2. 商业零售领域

了解客户、满足客户需求是零售业最基本的需求,大数据能够帮助企业了解客户及客户的需求,这是大数据应用最广为人知的应用领域。企业非常喜欢收集客户的数据,通过对这些数据的分析,能够更好地了解客户的需求及其产品最合适的利润。例如,通过大数据分析客户的喜好及其经济水平,超市能够预测哪些产品在哪个价格会热卖,保险公司则会了解客户可能需求哪些方面的保障及最适合的保费。

3. 金融交易领域

大数据在金融行业主要应用于金融交易。高频交易是大数据应用较多的领域,通过对社交媒体和网站新闻等数据进行计算,决定未来几秒内是买入还是卖出。

4. 安全领域

大数据现在已经广泛应用到国家、企事业单位安全领域。通过遍布城市的摄像头,交通部门应用大数据保障交通安全和通行效率,警察应用大数据搜捕罪犯,甚至可利用大数据防范、打击恐怖主义;企业同样可以受益于大数据技术,通过应用大数据技术可以防御网络攻击,保障自身的信息安全;银行应用大数据工具来监察非法金融交易,防范信用卡诈骗等。

5. 机械设备领域

对大数据进行分析还可以使机械设备更加智能。例如,自动驾驶技术能够使我们更加舒适和安全地使用交通工具,"聪明"的机器人能够更加"自动"地进行工业生产。

2.3.6 大数据的发展趋势

大数据时代下,未来几乎我们每一个举动都会被记录,并变成数据被存储起来,无数的数据就组合成了一个信息库。通过这个信息库,你的一言一行,你的思想都变得可预测。大数据是云计算、物联网之后 IT 行业又一大颠覆性的技术革命。

最早提出"大数据"时代到来的是全球知名咨询公司麦肯锡:"数据已经渗透到当今每一个行业和业务职能领域,成为重要的生产因素。人们对于海量数据的挖掘和运用,预示着新一波生产率增长和消费者盈余浪潮的到来。""大数据"在物理学、生物学、环境生态学等领域,以及军事、金融、通信等行业存在已有时日,只是因为近年来互联网和信息行业的发展而引起人们广泛的关注。

云计算主要为数据资产提供了保管、访问的场所和渠道,而数据才是真正有价值的资产。企业内部的经营交易信息,互联网世界中的商品物流信息,互联网世界中人与人的交互信息、位置信息等,其数量将远远超越现有企业IT架构和基础设施的承载能力,实时性要求也将大大超越现有的计算能力。如何盘活这些数据资产,使其为国家治理、企业决策乃至个人生活服务,是大数据的核心议题,也是云计算内在的灵魂和必然的升级方向。

(1) 趋势一:数据的资源化

资源化是指大数据成为企业和社会关注的重要战略资源,并已成为大家争相抢夺的新焦点。因而,企业必须要提前制订大数据营销战略计划,抢占市场先机。

(2) 趋势二:与云计算的深度结合

目前,大数据技术和云计算技术已经紧密结合在一起,云计算是大数据的基础设备,为大数据的处理和分析提供了最佳的技术解决方案。除此之外,物联网、移动互联网等新兴计算形态,也将一齐助力大数据革命,让大数据发挥出更大的影响力。

(3) 趋势三:科学理论的突破

随着大数据的快速发展,就像计算机和互联网一样,大数据很有可能引领新一轮的技术革命。随之兴起的数据挖掘、机器学习和人工智能等相关技术,可能会改变数据世界里的很多算法和基础理论,实现科学技术上的突破。

(4) 趋势四:数据科学的发展

未来,数据科学将成为一门专门的学科,被越来越多的人所认知。目前,各大高校将设立专门的数据科学类专业,也会催生一批与之相关的新的就业岗位。

2.4 物 联 网

物联网是新一代信息技术的重要组成部分,也是"信息化"时代的重要发展阶段。其英文名称是"Internet of Things(IoT)"。顾名思义,物联网就是物物相连的互联网。这有两层意思:其一,物联网的核心和基础仍然是互联网,是在互联网基础上的延伸和扩展的网络;其二,其用户端延伸和扩展到了任何物品与物品之间,进行信息交换和通信,也就是物物相息。物联网通过智能感知、识别技术与普适计算等通信感知技术,广泛应用于网络的融合中,也因此被称为继计算机、互联网之后世界信息产业发展的第三次浪潮。物联网是互联网应用的拓展,与其说物联网是网络,不如说物联网是业务和应用。因此,应用创新是物联网发展的核心,以用户体验为核心的创新是物联网发展的灵魂。

2.4.1 物联网的概念

物联网是指通过各种信息传感设备,实时采集任何需要监控、连接、互动的物体或过程等信息,与互联网结合形成的一个巨大网络,其目的是实现物与物、物与人、所有的物品与网络的连接,以方便识别、管理和控制。

物联网的概念最初在1999年被提出，即通过射频识别（RFID）（RFID+互联网）、红外感应器、全球定位系统、激光扫描器、气体感应器等信息传感设备，按约定的协议，把任何物品与互联网连接起来，进行信息交换和通信，以实现智能化识别、定位、跟踪、监控和管理的一种网络。简而言之，物联网就是"物物相连的互联网"。

中国物联网校企联盟将物联网定义为：当下几乎所有技术与计算机、互联网技术的结合，实现物体与物体之间关系、环境及状态信息的实时共享，以及智能化的收集、传递、处理、执行。广义上说，当下涉及信息技术的应用，都可以纳入物联网的范畴。

国际电信联盟（ITU）发布的ITU互联网报告，对物联网做了如下定义：通过二维码识读设备、射频识别（RFID）装置、红外感应器、全球定位系统和激光扫描器等信息传感设备，按约定的协议，把任何物品与互联网相连接，进行信息交换和通信，以实现智能化识别、定位、跟踪、监控和管理的一种网络。

根据国际电信联盟（ITU）的定义，物联网主要解决物品与物品（Thing to Thing，T2T）、人与物品（Human to Thing，H2T）、人与人（Human to Human，H2H）之间的互联。但是与传统互联网不同的是，H2T是指人利用通用装置与物品之间的连接，从而使得物品连接更加简化，而H2H是指人与人之间不依赖于PC而进行的互联。因为互联网并没有考虑到对于任何物品连接的问题，故我们使用物联网来解决这个传统意义上的问题。

2.4.2 物联网技术

在物联网应用中有三项关键技术。

（1）传感器技术

这也是计算机应用中的关键技术，到目前为止绝大部分计算机处理的都是数字信号。自从有计算机以来就需要传感器把模拟信号转换成数字信号。传感技术主要是研究关于从自然信源获取信息，并对其进行处理（变换）和识别的一门多学科交叉的现代科学与工程技术，涉及传感器、信息处理和识别的规划设计、开发、制造、测试、应用及评价改进等活动，常见传感器如图2-8所示。

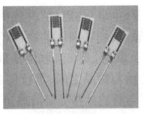
湿度传感器

振动传感器

压力传感器

CCD传感器

图2-8 常见传感器

(2) 射频识别技术(Radio Frequency Identification,RFID)

射频识别技术又称电子标签、无线射频识别,是20世纪90年代开始兴起的一种非接触式自动识别技术。它通过射频信号等一些先进手段自动识别目标对象并获取相关数据,有利于人们在不同状态下对各类物体进行识别与管理。射频识别系统通常由电子标签和阅读器组成,目前主要应用于汽车防盗和无钥匙开门系统、自动停车场收费和车辆管理系统、自动加油系统、酒店门锁系统、门禁和安全管理系统。RFID技术是融合了无线射频技术和嵌入式技术的综合技术,RFID在自动识别、物品物流管理领域有着广阔的应用前景。

(3) 嵌入式系统技术

嵌入式系统技术是集计算机软硬件、传感器技术、集成电路技术、电子应用技术于一体的复杂技术。经过几十年的演变,以嵌入式系统为特征的智能终端产品随处可见,小到人们身边的MP3,大到航天航空的卫星系统。嵌入式系统正在改变着人们的生活,推动着工业生产及国防工业的发展。物联网不仅仅提供了传感器的连接,其本身也具有智能处理的能力,能够对物体实施智能控制,这就是嵌入式系统所能做到的。如果把物联网用人体做一个简单比喻,传感器相当于人的眼睛、鼻子、皮肤等感官,网络就是神经系统,用来传递信息,嵌入式系统则是人的大脑,在接收到信息后要进行分类处理。这个例子很形象地描述了传感器、嵌入式系统在物联网中的位置与作用。

物联网集合了各种感知技术,是一种建立在互联网上的泛在网络。物联网不仅仅提供了传感器的连接,其本身也具有智能处理的能力,能够对物体实施智能控制。

2.4.3 从互联网到物联网的演进

互联网缩短了人与人之间的时空距离,物联网是在互联网基础上的进一步延伸和发展,二者既有相同之处,又有不同之处。物联网连接了人与人、人与物、物与物。

1. 互联网是物联网的基础

互联网的产生是为了人通过网络交换信息,其服务的主体是人;而物联网是为物而生,主要是为了管理物,让物自主地交换信息,服务于人。物联网比互联网技术更复杂、产业辐射面更宽、应用范围更广,对经济社会发展的带动力和影响力更强。

2. 互联网和物联网的终端连接方式不同

互联网用户通过终端系统的服务器、台式机、笔记本电脑和移动终端访问互联网资源,物联网中的传感器节点需要通过无线传感器网络的汇聚节点接入互联网,或通过RFID系统接入互联网。

3. 物联网涉及的技术范围更广

物联网运用的技术主要包括无线技术、互联网、智能芯片技术、软件技术,几乎涵盖了信息通信技术的所有领域;而互联网只是物联网的一个技术方向。

2.4.4 物联网的应用

物联网用途广泛,遍及智能交通、环境保护、政府工作、公共安全、智能家居、智能消防、工业监测、环境监测、路灯照明管控、老人护理、个人健康、花卉栽培、水系监测、食品溯源、敌情侦查和情报搜集等多个领域,如图 2-9 所示。

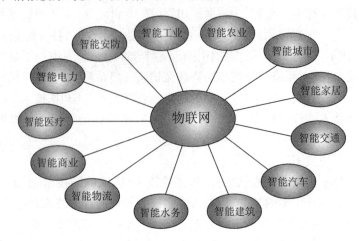

图 2-9　物联网的应用

物联网把新一代 IT 技术充分运用在各行各业之中,具体地说,就是把感应器嵌入和装备到电网、铁路、桥梁、隧道、公路、建筑、供水系统、大坝、油气管道等各种物体中,然后将"物联网"与现有的互联网整合起来,实现人类社会与物理系统的整合。在这个整合的网络当中,存在能力超级强大的中心计算机群,能够对整合网络内的人员、机器、设备和基础设施实施实时的管理和控制。在此基础上,人类可以以更加精细和动态的方式管理生产和生活,达到"智慧"状态,提高资源利用率和生产力水平,改善人与自然间的关系。

1. 智能农业

农业环境智能监控系统,可实时远程获取温室大棚及大田的空气温湿度、土壤/水分温度、二氧化碳浓度、光照强度及视频图像,通过模型分析,可以自动控制温室湿帘风机、喷淋滴灌、内外遮阳、顶窗侧窗、加温补光等设备;同时,通过手机、PDA、计算机等信息终端向管理者推送实时监测信息、报警信息,实现温室大棚信息化、智能化远程管理。

2. 食品安全溯源

利用 RFID 无线射频技术实现食品的安全质量溯源系统,可以全过程追溯产品所有环节详细信息,消费者使用手机终端可直接查看该产品环节信息,并且保证出现群体性食品安全事故后,农产品等原材料可全程追溯,从根本上解决并防止食品安全事故的发生。

先进的传感及无线传输技术,可以通过专业设备采集农产品贮藏冷库环境信息,并可以远程智能控制冷库设备,确保冷库环境适合农产品的储藏,提升产品质量,提高人民生活品质。

农产品物联网平台深度集成环境监控系统、产品溯源系统、冷库环境监控系统,将农产品实时环境信息直观呈现到平台,并提供统一平台查询接口,随时随地知晓产品全过程溯源信息;同时平台集结农业专家为农业领域常见农作物疾病等信息进行快速、远程诊断,真正实现全面感知、智能农业的最终目标。

3. 智能家居

将物联网运用于家居生活其实就是智能家居。没有什么比在炎热的夏季进入凉爽的室内再惬意的事情了,但如果家中无人,如何实现自动温控?答案就是智能空调或是恒温器。可以通过手机实现远程温控操作,甚至还能学习用户使用习惯,能够通过 GPS 定位用户位置实现完全自动的温控操作。如果不想更换空调,其实还有更简单的解决方案。温控器能够兼容如海尔等主流品牌空调,只要将它连接到空调上,就可以方便地组建智能温控系统,通过手机控制每个房间的温度、定制个性化模式,同样也支持基于位置的全自动温控调节功能。

智能家居中最特别的又最重要的是照明系统,灯光是生活中最不可缺少的,智能灯光照明系统在控制上有多种模式,让我们的生活舒适方便,享受智能家居带来的生活改变。

4. 智慧城市

智慧城市理念一提出,便得到了全球众多国家和城市的响应。2009 年,美国艾奥瓦州的迪比克市宣布,建设美国第一个智慧城市。2010 年,欧盟委员会公布了未来十年经济发展计划,明确提出要走"智慧增长、包容增长、可持续增长"的道路;中国、澳大利亚、日本、韩国等国家也纷纷出台智慧城市建设计划。

简单来说,智慧城市就是运用信息和通信技术手段感测、分析、整合城市运行核心系统的各项关键信息,从而对包括民生、环保、公共安全、城市服务、工商业活动在内的各种需求做出智能响应。其实质是利用先进的信息技术,实现城市智慧式管理和运行,进而为城市中的人创造更美好的生活,促进城市的和谐、可持续成长。

随着智慧城市建设的飞速发展,云计算、物联网、人工智能等信息技术在我们的日常生活和工作中起到越来越重要的作用。智慧城市建设加速落地,城市信息资源大量集中,共享度越来越高,未来城市将承载越来越多的人口。目前,我国正处于城镇化加速发展的时期,部分地区"城市病"问题日益严峻。为解决城市发展难题,实现城市可持续发展,建设智慧城市已成为当今世界城市发展不可逆转的历史潮流。

5. 智慧交通

智慧交通是在整个交通运输领域充分利用物联网、空间感知、云计算、移动互联网等新一代信息技术,综合运用交通科学、系统方法、人工智能、知识挖掘等理论与工具,以全面感知、深度融合、主动服务、科学决策为目标,通过建设实时的动态信息服务体系,深度挖掘交通运输相关数据,形成问题分析模型,实现行业资源配置优化能力、公共决策能力、行业管理能力、公众服务能力的提升,推动交通运输更安全、更高效、更便捷、更经济、更环保、更舒适地运行和发展,带动交通运输相关产业转型、升级。智慧交通平台发布交通管制、道路施工、突发事件、交通天气等信息,无论是开车出行还是公共交通出行,都能通过该平台获取相关信息。

6. 智慧物流

智慧物流是指通过物联网、大数据等技术手段,实现对物流各环节精细化、动态化和可视化管理,从而提升物流运作效率。智慧物流能够降低物流成本,提高企业利润,并为企业的物流、生产、采购与销售的智能融合打下基础。同时,智慧物流所提供的货物自助查询和动态跟踪等服务,能够增加消费者的购买信心并在一定程度上促进消费,从而对整体市场产生良性影响。

7. 可穿戴设备

2012年因谷歌眼镜的亮相,被称作"智能可穿戴设备元年"。在智能手机的创新空间逐步收窄和市场增量接近饱和的情况下,智能可穿戴设备作为智能终端产业下一个热点已被市场广泛认同。

可穿戴设备多以具备部分计算功能、可连接手机及各类终端的便携式配件形式存在,主流的产品形态包括以手腕为支撑的Watch类(包括手表和腕带等产品),以脚为支撑的Shoes类(包括鞋、袜子或者将来的其他腿上佩戴产品),以头部为支撑的Glass类(包括眼镜、头盔、头带等),以及智能服装、书包、拐杖、配饰等各类非主流产品形态。

以往人们会将"医疗"和"健康"作为两个不同的领域,但因为大数据的存在,它们将会相通。一个理想化的状态是:由"可穿戴设备"或其他终端收集到人体生理数据,自动传入云端,进行数据分析与处理,再将结果发送给医生,后者给出诊断或康复建议。而这个"闭环"完全可以在每日进行,如日常的健康监督、运动及饮食指导,或对高血压、糖尿病等慢性病进行日常管理,甚至有望为每个人定制出自己的健康全记录。

2.5 云 计 算

云计算(Cloud Computing)是将计算分布到分布式计算机集群上,而非本地计算机的一种计算方式,其使用方式类似于互联网服务。本地计算机与云计算的关系类似于家庭织布机与纺织厂,计算能力的集中提供意味着计算能力也可以作为一种商品,像水、电一样方便流通。

云计算是一种通过互联网进行的服务模式,按美国国家标准与技术研究院(NIST)定义:云计算是一种按使用量付费的模式,这种模式提供可用的、便捷的、按需的网络访问,进入可配置的计算资源共享池(资源包括网络、服务器、存储、应用软件、服务),这些资源能够被快速提供,只需投入很少的管理工作,或与服务供应商进行很少的交互。

2.5.1 云计算产生的背景

云计算是分布式计算(Distributed Computing)、并行计算(Parallel Computing)、效用计算(Utility Computing)、网络存储(Network Storage Technologies)、虚拟化(Virtualization)、负载均衡(Load Balance)、热备份冗余(High Available)等传统计算机和网络技术发展融合的产物。云计算产生的原因可归结为:

① 互联网中的数据量高速增长,需要更多的"计算"资源。

② 互联网上存在着大量处于闲置状态的计算设备和存储资源。

云计算实现了资源和计算能力的分布式共享,能够很好地应对当前互联网数据量高速增长的趋势。

世界各国竞相发展云计算产业,美国政府成立了云计算工作组,日本建立了云计算社区,我国的云计算产业也同样处于高速发展中,阿里巴巴、金山、腾讯等IT企业竞相发展云计算平台。

2.5.2 云计算与大数据的关系

大数据分析的目的是获取数据背后隐藏的信息,云计算是大数据处理的基础,大数据是云计算的延伸。研究大数据,或是利用大数据技术,其意义并不在于掌握了数据本身,而在于能否将那些含有一定意义的数据通过专业化处理,变成数据信息资产。云计算技术可以实现IT资源的自动化管理和配置,降低IT管理的复杂性,提高资源利用效率;大数据技术主要解决大规模的数据承载、计算等问题。云计算代表着一种数据存储、计算能力,大数据代表着一种数据规模,计算需要数据来体现其效率,数据需要计算来体现其价值。

研究大数据离不开云计算技术,云计算的资源共享、高可扩展性、服务特性可以用来搭建大数据平台,进行数据管理和运营。没有云计算技术,就不会有大数据产业,因为分析和处理大数据所需要的计算能力不是某一台单独的计算机能提供的,必定需要使用计算机集群提供所需要的计算能力。

2.5.3 云计算的特点

云计算使计算能力成为商品,这使得用户能够根据需求购买计算能力和存储空间。云计算具有如下特点。

1. 超大规模

"云"具有相当的规模,Google云计算已经拥有100多万台服务器,Amazon、IBM、微软、Yahoo等的"云"均拥有几十万台服务器。企业私有云一般拥有数百上千台服务器。"云"能赋予用户前所未有的计算能力,极限情况下,用户能够使用整个"云"的计算能力。

2. 虚拟化

云计算支持用户在任意位置、使用各种终端获取应用服务。所请求的资源来自"云",而不是固定的有形的实体。应用在"云"中某处运行,但实际上用户无须了解也不用担心应用运行的具体位置。只需要一台笔记本电脑或者一个手机,就可以通过网络服务来实现我们需要的一切,甚至包括超级计算这样的任务。

3. 高可靠性

"云"使用了数据多副本容错、计算节点同构可互换等措施来保障服务的高可靠性,使用云计算比使用本地计算机可靠。

4. 通用性

云计算不针对特定的应用,在"云"的支撑下可以构造出千变万化的应用,同一个"云"可以同时支撑不同的应用运行。

5. 高可扩展性

"云"的规模可以动态伸缩,满足应用和用户规模增长的需要。

6. 按需服务

"云"是一个庞大的资源池,可按需购买、按用计费。

7. 极其廉价

由于"云"的特殊容错措施,可以采用极其廉价的节点来构成"云"。"云"的自动化集中式管理使大量企业无须负担日益高昂的数据中心管理成本,"云"的通用性使资源的利用率较之传统系统大幅提升,因此用户可以充分享受"云"的低成本优势。

8. 潜在的危险性

云计算服务除了提供计算服务外,还必然提供了存储服务。云计算中的数据对于数据所有者以外的其他云计算用户是保密的,但是对于提供云计算的商业机构而言毫无秘密可言。这些潜在的危险,是商业机构和政府机构选择云计算服务,特别是国外机构提供的云计算服务时,不得不考虑的一个重要的前提。

2.5.4 云计算核心服务

云计算的核心部分是数据中心,它使用的硬件设备主要是成千上万的工业标准服务器。企业和个人用户通过高速互联网得到虚拟的软硬件,从而避免了大量的软硬件投资。

目前,云计算的主要服务形式有:SaaS(Software as a Service,软件即服务)、PaaS(Platform as a Service,平台即服务)、IaaS(Infrastructure as a Service,基础设施即服务),如图 2-10 所示。

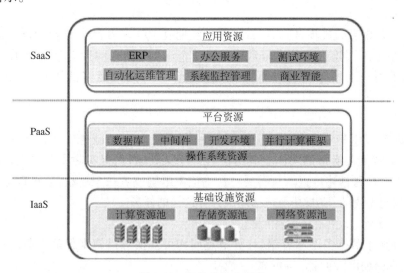

图 2-10 云技术核心服务

1. 软件即服务(SaaS)

SaaS 服务提供商将应用软件统一部署在自己的服务器上,用户根据需求通过互联网向厂商订购应用软件服务,服务提供商根据客户所定软件的数量、时间的长短等因素收费,并且通过浏览器向客户提供软件的模式。

这种服务模式的优势是,由服务提供商维护和管理软件、提供软件运行的硬件设施,用户只需拥有能够接入互联网的终端,即可随时随地使用软件。

这种模式下,客户不再像传统模式那样花费大量资金在硬件、软件、维护人员上,只需要支出一定的租赁服务费用,通过互联网就可以享受到相应的硬件、软件和维护服务,这是网络应用最具效益的营运模式。对于小型企业来说,SaaS是采用先进技术的最好途径。以企业管理软件来说,SaaS模式的云计算可以让客户根据并发用户数量、所用功能多少、数据存储容量、使用时间长短等因素不同组合按需支付服务费用,既不用支付软件许可费用,也不需要支付采购服务器等硬件设备费用,以及购买操作系统、数据库等平台软件费用,又不用承担软件项目定制、开发、实施费用,以及IT维护部门开支费用。

2. 平台即服务(PaaS)

PaaS即把开发环境作为一种服务来提供。这是一种分布式平台服务,厂商提供开发环境、服务器平台、硬件资源等服务给客户,用户在其平台基础上定制开发自己的应用程序,并通过其服务器和互联网传递给其他客户。

PaaS能够给企业或个人提供研发的中间件平台,提供应用程序开发、数据库、应用服务器、试验、托管及应用服务。

3. 基础设施即服务(IaaS)

IaaS即把厂商的由多台服务器组成的"云端"基础设施,作为计量服务提供给客户。它将内存、I/O设备、存储和计算能力整合成一个虚拟的资源池为整个业界提供所需要的存储资源和虚拟化服务器等服务。这是一种托管型硬件方式,用户付费使用厂商的硬件设施。

2.5.5 云计算的应用

云计算技术在生活中的应用越来越广泛,目前比较成熟的云计算应用如下。

1. 在线办公

可能人们还没发现,自从云计算技术出现以后,办公室的概念已经很模糊了。在任何一个有互联网的地方都可以同步办公所需要的办公文件。即使同事之间的团队协作,也可以通过基于云计算技术的服务来实现,而不用像传统那样,必须在一个办公室里才能够完成合作。将来,随着移动设备的发展及云计算技术在移动设备上的应用,办公室的概念将会逐渐消失。

2. 云存储

在日常生活中,备份文件就和买保险一样重要。个人数据的重要性越来越突出,为了保护你的个人数据不受各种灾害的影响,移动硬盘就成了每个人手中必备的工具之一。但云计算的出现彻底改变了这一格局。利用云计算服务提供商提供的云存储技术,只需要一个账户和密码,就可以以远远低于移动硬盘的价格,在任何有互联网的地方使用比移动硬盘更加快捷方便的服务。随着云存储技术的发展,移动硬盘也将慢慢地退出存储的舞台。

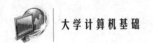

3. 地图导航

在没有 GPS 的时代,每到一个地方,我们都需要一个新的当地地图。以前经常可见路人拿着地图问路的情景。现在我们只需要一部手机,就可以拥有一张全世界的地图,甚至还能够得到地图上得不到的信息,如交通路况、天气状况等。正是基于云计算技术的 GPS 带给了我们这一切,地图、路况这些复杂的信息并不需要预先装在我们的手机中,而是储存在服务提供商的"云"中,我们只需在手机上按一个键,就可以很快地找到我们所要找的地方。

4. 云音乐

音乐已成为每个人生活中必不可少的一部分。随着用户的需求,用来听音乐的设备容量也越来越大。不管是手机还是其他数码设备,存储问题一直是用户纠结的一个问题,用户总是会因为容量不够导致不能听到想听的音乐而苦恼。云音乐的出现解决了这一问题。我们终于可以不用再下载音乐文件就可以享受到我们想要的任何音乐了,云计算服务提供商的"云"为我们承担了存储的任务。

5. 电子商务

电子商务现在已经进入了生活中的每一个角落,对于那些不爱逛街的人来说,不用忍受逛街带来的劳累,就可以买到喜欢的东西。电子商务不仅仅应用在了生活中,企业之间的各种业务往来也越来越喜欢通过电子商务来进行。这些表面简单的操作过程其实背后涉及大量数据的复杂运算。当然,我们看不到这些,这些计算过程都被云计算服务提供商带到了"云"中,我们只需要进行简单的操作,就可以完成复杂的交易。

6. 搜索引擎

如今的搜索,已经不仅仅是一个提供信息的工具。云计算技术赋予了搜索引擎强大的信息处理能力,我们的生活已经离不开搜索引擎了。当我们遇到解决不了的问题时,可以去询问搜索引擎;当我们想要买东西时,搜索引擎会告诉我们去哪里买;当我们要去旅游时,搜索引擎也会帮我们安排好一切。搜索引擎越来越像一个生活管家,让我们的生活更有质量,更加高效。

2.6 人工智能

人工智能(Artificial Intelligence,AI)是研究、开发用于模拟、延伸和扩展人的智能的理论、方法、技术及应用系统的一门新的技术科学。它试图了解智能的实质,并生产出一种拥有人类智能的机器,该领域的研究包括机器人、语言识别、图像识别、自然语言处理和专家系统等。

未来人工智能会成为人们生活中不可分割的一部分。家居控制、车辆导航甚至代驾、信息的检索,都可以依赖人工智能语音服务。也许将来,键盘和遥控器都将成为历史,我们会习惯于和自己的人工智能管家说话,通过向它下达指令或者询问来达到我们的目的,而不是手动操作。

目前为止最成功的人工智能案例是谷歌围棋人工智能 AlphaGo，AlphaGo 与韩国棋手李世石进行的人机大战，最终 AlphaGo 以 4∶1 大获全胜。该案例证明，针对特定领域的人工智能是能够实现的，围棋领域能够成功，那么其他领域就有成功的可能。

机器学习是目前人工智能的核心，其智能体现在对数据的归纳、综合和分类方面。机器学习的本质是通过数据或以往的经验自动改进优化算法，该过程称为训练，训练的数据越多，机器就越智能。因而，人工智能的发展离不开海量的数据和高速计算，其本质就是大数据、云计算、人工智能算法理论。

2.6.1 人工智能的应用领域

人工智能是一门极富挑战性的科学，从事这项工作的人必须懂得计算机知识，以及心理学、概率论、统计学、逼近论、凸分析和哲学等。目前，人工智能应用较成熟的领域有如下几个方面。

1. 问题求解（人机对弈）

目前的人工智能的下棋水平已达到常见棋类国际锦标赛水平，但只能下棋，尚不具有人类棋手所具有的表达、洞察棋局的能力。

在人机对弈类问题中，人工智能知道如何考虑它们要解决的问题，并会将困难的问题分解成一些较容易的子问题，使用搜索和问题归纳这样的人工智能基本技术生成解答，并通过搜索解答空间，寻找较优解答。

2. 逻辑推理与定理证明

2017 年 6 月 7 日晚，人工智能机器人 AI-Maths 进行数学高考卷答题，分别花了 22 分钟和 10 分钟，答完北京文科卷和全国Ⅱ卷，得了 105 分和 100 分。该项测试表明，使用人工智能进行逻辑推理和定理证明已经接近实用阶段。

逻辑推理与定理证明是人工智能中最持久的研究领域之一，该领域不仅仅针对数学证明，许多非形式的工作，包括医疗诊断和信息检索都包含在这个领域中。

3. 自然语言处理

自然语言处理的典型范例是聊天机器人，如微软小娜、苹果 Siri、百度小度等，这一领域已获得了大量令人注目的成果。

自然语言处理的目的是实现人机间自然语言通信——文本或语音，这意味着要使计算机既能理解自然语言的意义，又能以自然语言来表达给定的意图、思想等。前者称为自然语言理解，后者称为自然语言生成。

4. 智能信息检索技术

随着数据库技术和人工智能的迅猛发展，信息获取和精化技术已成为当代计算机科学与技术中迫切需要研究的课题，将人工智能技术应用于这一领域的研究是人工智能走向广泛实际应用的契机与突破口。

5. 专家系统

人类专家由于具有丰富的特定领域知识，所以能够解决特定领域的问题。那么计算机程序如果能存储和应用这些知识，就能够像人类专家那样解决问题，或者帮助人类专家发现推理过程中出现的差错。成功的例子如：PROSPECTOR 系统发现了一个钼矿沉积，

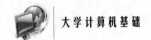

价值超过 1 亿美元；DENDRL 系统的性能已超过一般专家的水平,可供数百人在化学结构分析方面的使用；MYCIN 系统可以对血液传染病的诊断治疗方案提供咨询意见。

专家系统是目前人工智能中一个非常活跃的研究领域,在矿物勘测、化学分析、规划和医学诊断方面,专家系统已经达到了人类专家的水平。

6. 机器翻译

随着互联网的普及,IT 企业纷纷成立机器翻译研究组,研发机器翻译系统,如"百度翻译""谷歌翻译"等。近年来,随着人工智能技术的发展,机器翻译质量已经达到可实用的阶段。

机器翻译是建立在语言学、数学和计算机科学这三门学科的基础之上的。语言学提供适合于计算机的词典和语法规则,数学把语言学提供的材料形式化和代码化,计算机科学提供软硬件。机器翻译质量的好坏,取决于这三个方面的共同努力。就目前的成果而言,机器翻译的质量基本达到可用水平,但译文质量与人工翻译相差甚远。

7. 模式识别

模式识别是研究如何使机器具有感知能力,主要研究视觉模式和听觉模式的识别,如识别物体、地形、图像、字体(如签字)等。模式识别是一个不断发展的新学科。它的理论基础和研究范围也在不断发展。随着生物医学对人类大脑的初步认识,模拟人脑构造的计算机实验即人工神经网络方法早在 20 世纪 50 年代末和 60 年代初就已经开始,在日常生活各方面及军事上都有广泛的用途。至今,在模式识别领域,神经网络方法已经成功地用于手写字符的识别、汽车牌照的识别、指纹识别、语音识别等方面。

8. 机器人学

机器人学是在社会对机器人的需求和机器人技术的迅速发展的基础上,形成的一个多学科高度交叉的前沿学科。它所导致的一些技术可用来模拟世界的状态,用来描述从一种世界状态转变为另一种世界状态的过程。它对于怎样产生动作序列的规划及怎样监督这些规划的执行有较好的理解。目前研制出来的机器人一般是针对具体领域的,如工业机器人、井下机器人、宇宙机器人等,特别应用在一些环境比较危险、人们难以胜任的工作场合。

机器人与人工智能是相辅相成的课题,两者有非常多的技术是通用的。机器人技术除机械手和步行机构外,还要研究机器视觉、触觉、听觉、机器人语言、智能控制软件等技术,这些技术的研究极大地推动了人工智能技术的发展。例如,关于机器人动作规划生成和规划监督执行等问题的研究,推动了规划方法的发展。

2.6.2 人工智能与虚拟现实

人工智能和虚拟现实是当前两个极具发展前景的领域,这两个领域的密切结合可应用于多个场景。这两者中,前者创造一个接受感知的事物,后者创造一个被感知的环境,随着人工智能和虚拟现实技术的逐步融合,尤其是在交互技术子领域的融合,人工智能创造的事物可以在虚拟现实环境中被感知。

虚拟现实设备或产品,或将成为手机的下一个移动设备替代品,像当年手机取代台式计算机一样。虚拟现实和人工智能(尤其是弱人工智能)很多的应用场景只是在娱乐消遣上,所以经过长期的发展,人们会花费同样多的娱乐时间在体验虚拟现实和人工智能上。

即使在其他领域,虚拟现实和人工智能的结合也有着广泛的使用场景,以教育领域的应用举例,随着技术的进步,尤其是人工智能技术的突破,有可能会出现高水平的机器人教师,它们会根据你在教学中的提问和解题中出现的问题,构建出一个学生学习优势、弱势的模型,从而能够实现因材施教,而且这种具备较高人工智能水平的机器人教师程序可以批量地生产和复制。借助于虚拟现实技术的进步,如果能将部分游戏的人机互动模式引入在线教育中,孩子们在线接受机器人教师的授课过程,将变得更加真实和有趣,孩子们可以选择自己喜欢的虚拟教师形象、声音和性别,那时在线教育的低成本、高质量优势或许才能真正发挥出来。

可以预言的是,未来几十年内虚拟现实与人工智能这两项技术将会为科学界开启一扇"超现实之门",并引领下一波科技变革。虚拟现实与每一个传统行业的结合,都是一次美轮美奂的革命。这种革命,将丝毫不逊色于"互联网+"所带来的革命。考虑到人工智能技术的进一步成熟,一个新的"虚拟现实+人工智能+传统行业"时代正在到来。

2.7 本章小结

在"互联网+"的大背景下,大数据、物联网和云计算代表了IT领域最新的技术发展趋势。新一代信息技术分为六个方面,分别是下一代通信网络、物联网、三网融合、新型平板显示、高性能集成电路和以云计算为代表的高端软件。

如果说物联网将万物相联,那么大数据就是这看不见的网上万物沟通交流的核心。物联网、云计算和大数据三者互为基础,物联网产生大数据,大数据需要云计算。物联网将物品和互联网连接起来,进行信息交换和通信,以实现智能化识别、定位、跟踪、监控和管理在这过程中产生的大量数据,云计算解决万物互联带来的巨大数据量,所以三者互为基础又相互促进,如图2-11所示。

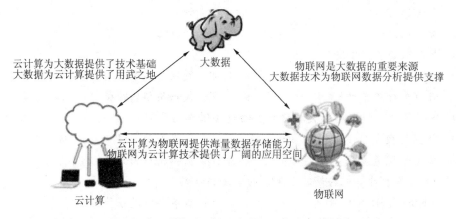

图2-11 云计算、物联网、大数据三者之间的关系

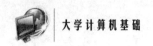

练习题

一、填空题

1. 十进制数 –6 的补码为_____B。
2. "A"的编码为 65,则"E"的编码为_____。
3. 一个汉字的区位码是"1603",它的十六进制的机内码是_____。
4. 在数字设备中,比特率用于间接衡量_____。
5. 数据压缩包括无损压缩和_____两种。

二、选择题

1. 将十进制数 255 转换成十六进制数是_____。
   A. 12H   B. 102H   C. FFH   D. 102
2. 一个汉字的区位码是"1603",它的十六进制的国标码是_____。
   A. 1023H   B. 3623H   C. 3023H   D. 2023H
3. 当前大数据技术的基础是由_____首先提出的。
   A. 微软   B. 百度   C. 谷歌   D. 阿里巴巴
4. 大数据的起源是_____。
   A. 金融   B. 电信   C. 互联网   D. 公共管理
5. 数据清洗的方法不包括_____。
   A. 缺失值处理   B. 噪声数据清除
   C. 一致性检查   D. 重复数据记录处理
6. 智能健康手环的应用开发,体现了_____的数据采集技术的应用。
   A. 统计报表   B. 网络爬虫
   C. API 接口   D. 传感器
7. 智慧城市的构建,不包含_____。
   A. 数字城市   B. 物联网
   C. 联网监控   D. 云计算
8. 大数据的最显著特征是_____。
   A. 数据规模大   B. 数据类型多样
   C. 数据处理速度快   D. 数据价值密度低
9. 下列关于舍恩伯格对大数据特点的说法错误的是_____。
   A. 数据规模大   B. 数据类型多样
   C. 数据处理速度快   D. 数据价值密度高
10. 下列关于计算机存储容量单位的说法错误的是_____。
    A. 1 KB < 1 MB < 1 GB   B. 基本单位是字节(Byte)
    C. 一个汉字需要一个字节的存储空间   D. 一个字节能够容纳一个英文字符

11. 大数据时代,数据使用的关键是_____。
A. 数据收集　　　　　　　　B. 数据存储
C. 数据分析　　　　　　　　D. 数据再利用
12. 下列不属于典型大数据常用单位的是_____。
A. MB　　　　B. ZB　　　　C. PB　　　　D. EB
13. 下列不属于云计算特点的是_____。
A. 高可靠性　　　　　　　　B. 按需服务
C. 高可扩展性　　　　　　　D. 非网格化

三、问答题

1. 什么是大数据?大数据有哪些特点?
2. 列举身边的大数据。
3. 简述大数据、云计算和物联网三者之间的关系。

第 3 章 Windows 7 操作系统

Windows 7 是微软公司 2009 年推出的操作系统,核心版本号为 Windows NT 6.1。Windows 7 可供家庭及商业工作环境、笔记本电脑、平板计算机、多媒体中心等使用。

本章主要介绍如下内容:
- Windows 7 的基本概念;
- Windows 7 的基本操作;
- Windows 7 的系统设置;
- 系统工具的使用。

3.1 Windows 7 的基本概念和操作

3.1.1 基本概念和术语

一、桌面

启动 Windows 7 操作系统后,首先展现给用户的就是桌面,包括桌面背景、桌面图标、"开始"按钮和任务栏四个部分。

1. 桌面背景

桌面背景是指 Windows 7 的背景图案,又称为墙纸,用户可以更换自己喜欢的背景图案。

2. 桌面图标

桌面图标是由一个形象的小图片和说明文字组成的,图片是标识,文字是名称,说明它的功能。如图 3-1 所示是"计算机"桌面图标。

在 Windows 7 中,所有的文件、文件夹及应用程序都用图标形象地表示,双击这些图标就可以快速地打开文件、文件夹或者应用程序。例如,双击"回收站"图标,即可打开"回收站"窗口。

图 3-1 "计算机"桌面图标

3．"开始"按钮

单击"任务栏"左侧的"开始"按钮,即可弹出"开始"菜单。

4．任务栏

任务栏是位于桌面最下方的一个水平长条,桌面可以被打开的窗口覆盖,而任务栏几乎始终可见,若被隐藏,可以用键盘上的 Windows 键呼出。任务栏显示了系统正在运行的程序和打开的窗口、当前的时间等内容。它主要由"开始"菜单(屏幕)、应用程序区、语言选项带(可解锁)和托盘区组成,右侧为"显示桌面"按钮。用户通过任务栏可以完成许多操作,也可以对它进行设置。

二、窗口

窗口是 Windows 7 系统里最常见的图形界面,也是最重要的用户界面,其外形是一个矩形的屏幕显示框。通过窗口,用户可以对文件、文件夹及程序等进行操作,用户与计算机的大部分交互都是在窗口中完成的。窗口为每一个计算机程序都规定了一个区域,在这个区域用户能够直观地看到程序的内容。

窗口由 Windows 系统或应用程序创建,前者创建应用程序窗口和文件夹窗口,后者创建的窗口一般称为文档窗口。文件夹窗口有"计算机"窗口、"网络"窗口等;应用程序窗口是各个应用程序所使用的执行窗口;文档窗口是由应用程序创建的,如记事本窗口。对话框和提示框由于功能简单,不能算作一个完整的窗口。

文件夹窗口的组成部分大致相同,主要由控制按钮区、地址栏、搜索栏、菜单栏、工具栏、导航窗格、工作区、细节窗格和状态栏等几部分组成,如图 3-2 所示的是"计算机"窗口。

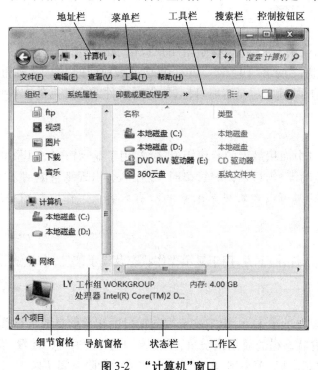

图 3-2　"计算机"窗口

Windows 7 窗口由多个部分组成,各部分的功能如下。

1. 控制按钮区

通过标题栏可以进行移动窗口、改变窗口的大小和关闭窗口操作,标题栏最右端的控制按钮区显示"最小化""最大化""关闭"三个按钮,当窗口最大化时,"最大化"按钮变为"向下还原"按钮。

2. 地址栏

用于显示和输入当前浏览位置的详细路径,也可以输入网址,以方便用户访问因特网。

3. 搜索栏

用于在计算机中搜索各种文件。用户将要查找的目标名称输入搜索栏,然后按【Enter】键或者单击 按钮即可查找。窗口搜索栏与"开始"菜单中搜索框的功能相似,只不过搜索范围被限制在当前窗口内。添加搜索筛选器,可以达到更精确、更快速的搜索效果。

4. 菜单栏

菜单栏由多个包含命令的菜单组成,而每个菜单又由多个菜单项组成。单击某个菜单按钮便会弹出相应的菜单,用户可以选择其中的菜单项进行操作。

如果菜单栏是隐藏的,用户可以将其显示出来,方法如下:单击工具栏里的"组织"菜单,在弹出的下拉菜单中选择"布局"菜单项里的"菜单栏"。

5. 工具栏

工具栏位于菜单栏的下方,提供了一些常用的命令按钮,相当于 Windows XP 系统里的菜单栏和工具栏的结合。

6. 导航窗格

导航窗格位于工作区的左边区域,给用户提供了树状结构文件夹列表,主要分成"收藏夹""库""计算机""网络"四大类。单击每项列表前面的"箭头"按钮可以打开相应的列表,从而方便用户快速定位至所需目标,使得对文件或文件夹的查找、复制和移动等操作相当方便。

7. 工作区

工作区是窗口中面积最大的一块矩形区域,用于显示窗口的主要内容,如多个不同的文件夹、磁盘驱动等,当显示内容过多时,工作区会出现垂直滚动条或者水平滚动条,用户通过拖动滚动条可以查看显示出来的所有内容。工作区是窗口中最主要的组成部分。

8. 细节窗格

细节窗格位于窗口的下方,用于显示操作状态及提示信息,或者显示用户当前选定对象的详细信息。

9. 状态栏

状态栏位于窗口的最下方,用于显示当前窗口的相关信息或者被选定对象的状态信息。用户可以设置状态栏的显示或隐藏,单击窗口菜单栏中的"查看"菜单,在弹出的菜单中第一项就是"状态栏"菜单项,单击之可以在显示和隐藏间切换。

若 Windows 7 资源管理器窗口界面布局过多，也可以通过设置变回简单界面。单击"组织"按钮旁的向下箭头，弹出快捷菜单，单击"布局"子菜单中的任一项，就能去掉相应的窗格，如"细节窗格""预览窗格"等。

三、文件、文件夹和库

在 Windows 7 操作系统中，数据是以文件的形式保存的。文件就是具有某种相关信息的集合，是最基础的存储单位。在计算机中，文件可以是一个应用程序、一篇文稿、一首歌曲、一段视频或者一张图片等。文件夹是用来组织和管理磁盘文件的一种结构，是用来协助人们管理计算机文件的。库与文件夹概念雷同，但库可以包含多个文件夹。

文件夹相当于文件的容器，对文件的保存起到分门别类的作用。通常每个文件夹被存放在一个磁盘空间里，文件夹的路径表明它在磁盘中的位置。例如，"C：\Program Files \Microsoft Office"，该路径表示名称为"Microsoft Office"的文件夹所在位置属于"C"盘根目录下的"Program Files"文件夹。一个文件夹被打开时，将以窗口的形式显示它所存储的文件和子文件夹；被关闭时，则收缩为一个带有名称的黄色资料夹图标。

同一个文件夹中不能存放同名的文件，也不能存放同名的子文件夹。例如，同一文件夹中不能出现两个名为"x.docx"的文件，也不能出现两个名为"y"的子文件夹，同时，文件与文件夹也不能同名。

在 Windows 7 操作系统中，每个文件都有自己的文件名，文件名的格式为"主文件名.扩展名"，主文件名表示文件的名称，扩展名体现文件的类型。例如，名为"ok.exe"的文件，"ok"为主文件名，"exe"为扩展名，扩展名说明了该文件是一个可执行文件。

文件的类型不同，它们的扩展名也不同，操作系统是通过文件扩展名来识别文件类型的，因此，为了更好地管理和操作文件，有必要了解一些常见文件的扩展名。表 3-1 列出了常见文件的扩展名、对应的文件类型及相应的运行软件。

表 3-1 常见文件的扩展名、对应的文件类型及相应的运行软件

扩展名	类型说明	打开、编辑方式
docx	Word 文档	微软的 Word 等软件
xlsx	Excel 电子表格	微软的 Excel 软件
pptx	PowerPoint 演示文稿	微软的 PowerPoint 等软件
txt	文本文档	记事本、网络浏览器等软件
wps	WPS 文字编辑系统文档	金山公司的 WPS 软件
rar	WinRAR 压缩文件	WinRAR 等
html	网络页面文件	网页浏览器、网页编辑器
pdf	可移植文档格式	PDF 阅读器、PDF 编辑器

续表

扩展名	类型说明	打开、编辑方式
dwg	CAD 图形文件	AutoCAD 等软件
exe	可执行文件、可执行应用程序	Windows 视窗操作系统
jpg	普通图形文件	各种图形浏览软件、图形编辑器
png	便携式网络图形	各种图形浏览软件、图形编辑器
bmp	位图文件	各种图形浏览软件、图形编辑器
swf	Adobe Flash 动画文件	各种影音播放软件
fla	Flash 的源文件	Adobe Flash

四、菜单

Windows 操作系统中的菜单可以分为两类：一类是普通菜单，即下拉菜单；另一类是右键快捷菜单。

1. 普通菜单

Windows 7 操作系统将菜单统一放在窗口的菜单栏中，单击菜单栏中的某个菜单即可弹出普通菜单。如图 3-3 所示的是"工具"菜单。

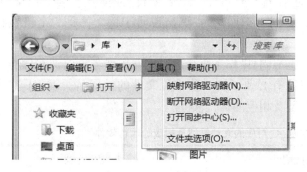

图 3-3　"工具"菜单　　　　　图 3-4　桌面的右键快捷菜单

2. 右键快捷菜单

在 Windows 7 操作系统中还有一种菜单被称为快捷菜单，用户只要在文件或文件夹、桌面空白处、窗口空白处等区域单击鼠标右键，即可弹出一个快捷菜单，其中包含对选中对象的一些操作命令。如图 3-4 所示的是桌面的右键快捷菜单。

3. 菜单的标识符号

在 Windows 7 的菜单上有一些特殊的标识符号，如图 3-5 所示，注明了它们分别代表的含义。除了图 3-5 中出现的四种菜单标识符号之外，还有灰色菜单标识，如果某菜单项呈现灰色，说明该菜单项目前无法使用，如图 3-6 所示。

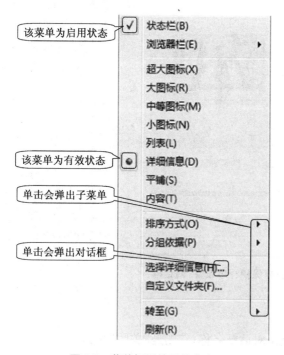

图 3-5 菜单标识符号的含义

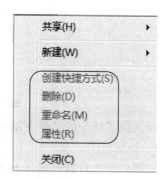

图 3-6 菜单灰色标识

五、对话框

对话框是 Windows 操作系统里的辅助窗口,包含按钮等交互部件,但没有"最大化"和"最小化"按钮,一般不能调整大小。

对话框中的可操作元素主要包括标题栏、选项卡、文本框、列表框、下拉列表框、单选按钮、复选框、命令按钮和微调框等,如图 3-7、图 3-8 所示。

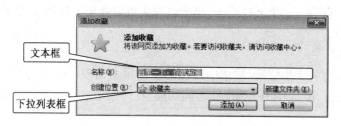

图 3-7 "添加收藏"对话框

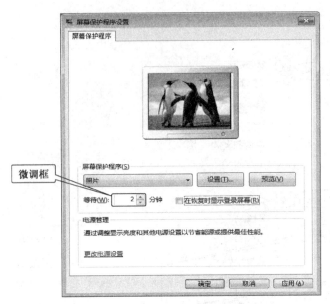

图 3-8 "屏幕保护程序设置"对话框

对话框各部分的功能介绍如下。

1．标题栏

标题栏位于对话框的最上方,左侧是对话框名称,右侧是"关闭"按钮。

2．选项卡

选项卡一般位于标题栏的下方,通过选择不同的选项卡可以切换到相应的设置页面。

3．文本框

文本框主要用来接收用户输入的信息。

4．列表框

列表框在对话框里以矩形框形状显示,框中列出多个选项以供用户选择。当列表项过多不能完全显示时,列表框右侧会出现垂直滚动条,方便用户查看所有列表项。

5．下拉列表框

下拉列表框右侧有一个下拉箭头,单击该箭头可以弹出下拉列表,用户可以根据需要选择目标列表项。

6．单选按钮

单选按钮前有一个小圆圈,被选中按钮的圆圈里会出现一个实心小圆点。通过单击鼠标可以在"选中"和"非选中"两个状态间切换,在一组单选按钮中只能选中一个。

7．复选框

复选框前有一个小正方形,被选中后正方形里会出现一个"√"符号。通过单击鼠标可以在"选中"和"非选中"两个状态间切换,在一组复选框中可以选中多个。

8．命令按钮

命令按钮是凸出的矩形框,表面的文字可以说明它具有的功能,被单击后执行相应的命令。

9. 微调框

微调框由文本框和微调按钮组成,用于输入或选中一个数值,也可以称为数值框。

3.1.2 基本操作

一、设置文件夹的显示方式

在 Windows 7 中,文件或文件夹有多种显示方式,用户可以选择自己习惯的显示方式。下面介绍几种设置方法。

1. 通过"查看"菜单进行设置

① 单击菜单栏里的"查看"菜单,弹出如图 3-9 所示的下拉菜单,其中列出了多种显示方式,可以看出当前显示方式为"平铺"。用户可以任意选择其他显示方式,如果用户选择了"列表"菜单项,当前窗口的显示方式由平铺显示立刻变为列表显示。

② 在"窗口工作区"空白处单击右键,在弹出的快捷菜单中选择"查看"菜单项,如图 3-10 所示,列出了多种显示方式供用户选择。

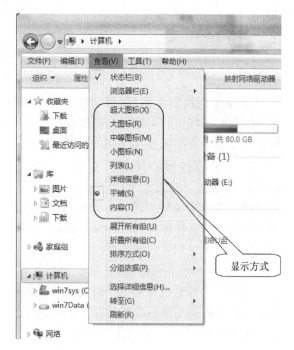

图 3-9 "查看"菜单设置显示方式

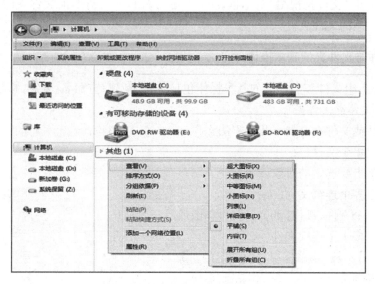

图 3-10 "查看"快捷菜单

2. 通过"更改您的视图"按钮设置

在工具栏右侧有一个"更改您的视图"按钮,如图 3-11 所示。当用户将鼠标移动到该按钮时,会弹出提示信息"更改您的视图"。

图 3-11 "更改您的视图"按钮

① 单击该按钮左侧,即可切换窗口工作区的文件夹显示方式,相应地,该按钮的图标也会随即改变为当前显示方式的图标,比如当前为中等图标显示,则按钮图标变为 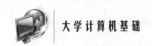。

② 单击该按钮右侧的下拉箭头,则有更多选项,弹出如图 3-12 所示的下拉列表,列出 8 个视图选项,用户可以单击任意一个视图来改变文件夹的显示方式,也可以拖动下拉列表左侧的滑块任意微调文件和文件夹的显示图标大小。随着滑块的移动,工作区的显示图标尺寸同步更改。

3. 设置所有文件或文件夹的显示方式

上述方法都是设置某一个确定文件夹的显示方式,要设置所有文件和文件夹的显示方式,则需要进入"文件夹选项"对话框设置。单击"工具栏"上的"组织"按钮,从弹出的下拉列表中选择"文件夹和搜索选项",弹出"文件夹选项"对话框,切换到"查看"选项卡,单击"应用到文件夹"按钮,弹出"文件夹视图"对话框,单击"是"按钮,即可将当前文件夹的显示方式应用到所有同类型的文件夹。

图 3-12 "更改您的视图"下拉列表

二、文件与文件夹的基本操作

Windows 7 中文件和文件夹的基本操作包括选定、新建、重命名、复制、移动、删除等。

1. 选定文件或文件夹

选定文件或文件夹有如下几种方法:

(1) 选定单个文件(夹)

用鼠标单击要选定的对象。

(2) 选定多个连续文件(夹)

单击第一个文件,按住【Shift】键,再单击最后一个文件。

(3) 选定多个不连续文件(夹)

按住【Ctrl】不放,用鼠标单击要选定的对象。

(4) 全部选定

菜单栏:单击菜单栏里的"编辑"菜单,选择"全选(A)"命令。

快捷键:按下【Ctrl】+【A】组合快捷键。

(5) 反向选定

单击菜单栏里的"编辑"菜单,选择"反向选择(I)"命令。

2. 新建文件或文件夹

新建文件或文件夹有多种方法,不论采用哪种方法均需要首先确定建立位置,然后启用 Windows 资源管理器打开目标位置窗口,下面列出三种方法。

(1) 快捷菜单

在窗口工作区的空白处单击右键,在弹出的快捷菜单中选择"新建"菜单中的目标文件类型或"文件夹"。

(2) 菜单栏

单击菜单栏里的"文件"菜单,选择"新建"子菜单中的目标文件类型或"文件夹"。

(3) 工具栏

单击工具栏里的"新建文件夹"按钮。

3. 重命名文件或文件夹

重命名文件或文件夹就是给文件或文件夹修改一个新的名称,使其更符合用户的要求。需要注意的是,同一路径下不能有同名的文件或文件夹。重命名有多种方法,不论采用哪种方法,均需要首先选中要重命名的文件或文件夹。下面列出四种方法。

(1) 快捷菜单

单击鼠标右键,在弹出的快捷菜单中选择"重命名"命令。

(2) 鼠标单击

用鼠标左键单击原来的名称直接进行编辑。

(3) 菜单栏

单击菜单栏里的"文件"菜单中的"重命名"命令。

(4) 工具栏

单击工具栏里的"组织"菜单中的"重命名"命令。

4. 复制文件或文件夹

复制文件或文件夹是指在不删除原文件或文件夹的前提下,在另一个位置存放它的副本。以下几种方法的操作前提都是先选中要复制的文件或文件夹。

(1) 快捷菜单

单击鼠标右键,在弹出的快捷菜单中选择"复制"命令,然后打开目标位置窗口,在空白处单击鼠标右键,从弹出的快捷菜单中选择"粘贴"命令。

(2) 组合快捷键

按下【Ctrl】+【C】组合键进行复制,然后在目标位置按下【Ctrl】+【V】组合键进行粘贴。

(3) 菜单栏

- 单击菜单栏里的"编辑"菜单,选择"复制"命令,然后打开目标位置窗口,选择"编辑"菜单中的"粘贴"命令。
- 单击菜单栏里的"编辑"菜单,选择"复制到文件夹"命令,在弹出的如图 3-13 所示的"复

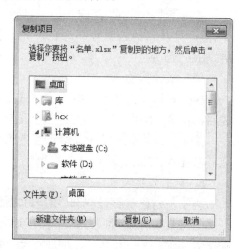

图 3-13 "复制项目"对话框

制项目"对话框中选择目标位置即可。

（4）工具栏

单击工具栏里的"组织"菜单，选择"复制"命令，然后打开目标位置窗口，选择"组织"菜单中的"粘贴"命令。

（5）鼠标拖动

按住【Ctrl】键和鼠标左键，将要复制的文件或文件夹拖至目标位置，此时会出现"复制到 X"（X 代表目标位置）的提示信息，然后松开鼠标左键即可。

5．移动文件或文件夹

移动文件或文件夹是指将文件或文件夹从原来的位置转移到另一个位置，同时原来位置的文件或文件夹消失，即改变文件或文件夹在磁盘上的存放位置。以下几种方法的操作前提都是先选中要移动的文件或文件夹。

（1）快捷菜单

单击鼠标右键，在弹出的快捷菜单中选择"剪切"命令，然后打开目标位置窗口，在空白处单击鼠标右键，从弹出的快捷菜单中选择"粘贴"命令。

（2）组合快捷键

按下【Ctrl】+【X】组合键进行剪切，然后在目标位置按下【Ctrl】+【V】组合键进行粘贴。

（3）菜单栏

• 单击菜单栏里的"编辑"菜单，选择"剪切"命令，然后打开目标位置窗口，选择"编辑"菜单里的"粘贴"命令。

• 单击菜单栏里的"编辑"菜单，选择"移动到文件夹"命令，在弹出的如图 3-14 所示的"移动项目"对话框中选择目标位置即可。

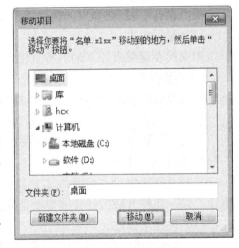

图 3-14　"移动项目"对话框

（4）工具栏

单击工具栏里的"组织"菜单，选择"剪切"命令，然后打开目标位置窗口，选择"组织"菜单中的"粘贴"命令。

（5）鼠标拖动

按住鼠标左键将要复制的文件或文件夹拖至目标位置，此时会出现"移动到 X"（X 代表目标位置）的提示信息，然后松开鼠标左键即可。

注意：如果原位置和目标位置不属于同一驱动器，需要同时按住【Shift】键才可以实现移动操作，否则完成的是复制操作。

6．删除文件或文件夹

为了节省磁盘存储空间，用户可以删除不需要的文件或文件夹。删除操作分为两类：一类是将其暂存到"回收站"中，而"回收站"里的对象可以被还原到原来的位置，也可以被彻底删除；另一类是直接彻底删除，被彻底删除的对象不会经过"回收站"，而是永久性地被删除了，所以不可能被还原。

删除文件或文件夹到"回收站"有以下几种方法，操作前提同样都是先选中要删除的文件或文件夹。

（1）快捷菜单

单击鼠标右键，在弹出的快捷菜单中选择"删除"命令。

（2）【Delete】快捷键

选中需要删除的文件或文件夹，按下【Delete】键，在打开的"删除文件"对话框中单击"是"按钮。

（3）菜单栏

- 单击菜单栏里的"文件"菜单，选择"删除"命令。
- 单击菜单栏里的"编辑"菜单，选择"移动到文件夹"命令，目标位置确定为"回收站"，单击"移动"按钮。

（4）工具栏

单击工具栏里的"组织"菜单，选择"删除"命令。

（5）鼠标拖动

按住鼠标左键将要删除的对象直接拖入"回收站"。

前面几种方法都会弹出"删除文件"对话框，提示用户是否真的需要执行"删除"操作。单击"是"按钮，即可将删除对象放入回收站；单击"否"按钮，则撤消删除操作。第五种方法不会出现对话框提示。

彻底删除文件或文件夹的方法也很简单，只需在执行前四种删除操作的同时按住【Shift】键，即可实现彻底删除。

三、对话框的基本操作

对话框的基本操作包括对话框的移动和关闭，以及对话框中各选项卡之间的切换。

1. 移动对话框

移动对话框有两种方法，分别是手动移动和利用快捷菜单移动。

（1）手动移动对话框

将鼠标指针移动到对话框的标题栏上，按下鼠标左键将对话框拖到指定位置释放即可。

（2）利用快捷菜单移动对话框

将鼠标指针移动到对话框的标题栏上单击鼠标右键，或者将鼠标移动到对话框标题栏左侧的"控制"图标上单击鼠标左键，从弹出的快捷菜单中选择"移动"菜单项，然后按下鼠标左键拖动对话框，移动到合适的位置后释放鼠标左键即可。

2. 关闭对话框

关闭对话框的方法有下面几种：

方法一：单击对话框标题栏右端的"关闭"按钮。

方法二：单击"确定"或者"应用"按钮，关闭对话框的同时保存了用户在对话框中所做的修改。

方法三：单击"取消"按钮，只关闭对话框，不保存用户所做的修改。

方法四：用与上面移动对话框同样的方法弹出快捷菜单，选择"关闭"菜单项。

方法五：通过键盘上的【Esc】键退出对话框。

方法六：按下【Alt】+【F4】组合键，快速关闭对话框。

3．切换选项卡

一个对话框通常由几个选项卡组成，用户可以通过鼠标和键盘在各选项卡之间进行切换。

方法一：通过鼠标切换，只需用鼠标单击要切换的选项卡即可。

方法二：按【Ctrl】+【Tab】组合键，再按从左到右的顺序切换各个选项卡。

方法三：按【Ctrl】+【Shift】+【Tab】组合键，则反向切换。

四、文件属性设置

Windows 7 中可以设置文件、文件夹为只读或隐藏，选中文件或文件夹后，在右键快捷菜单中选择"属性"命令，弹出如图 3-15 所示的对话框，选中"只读"或"隐藏"复选框即可。

只读文件不可修改，但可以复制和移动；隐藏文件在常规情况下不可见，查看隐藏文件需要设置 Windows 查看选项。

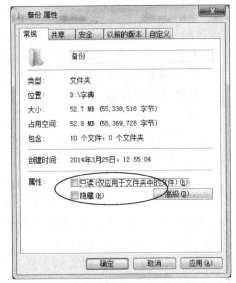

图 3-15　"备份 属性"对话框

3.2　Windows 7 系统设置

3.2.1　外观设置

桌面上的所有可视元素和声音统称为 Windows 桌面主题，用户可以随心所欲地设置属于自己的个性桌面。

一、桌面外观设置

右击桌面空白处，在弹出的快捷菜单中选择"个性化"菜单项，打开"个性化"界面，如图 3-16 所示，可以选择"我的主题"，也可以单击"Aero 主题"下的任意主题改变当前桌面外观。

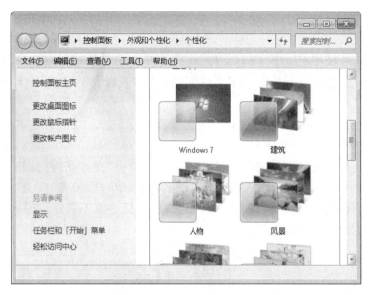

图 3-16 "个性化"设置界面

二、桌面背景设置

Windows 7 操作系统中自带了很多精美、漂亮的图片,包括建筑、人物、风景和自然等。用户可以挑选自己喜欢的图片作为自定义的桌面背景,具体步骤如下:

在"个性化"界面下方单击"桌面背景",这时,可以看到如图 3-17 所示的界面。默认显示的是微软提供的图片,我们也可以选择自己喜欢的图片,单击"图片位置"下拉列表框,显示系统默认的图片存放文件夹,可以选择其中任意选项,也可以单击旁边的"浏览"按钮,选择用户存放图片的地址。此外,还可以选择多张图片实现定时自动切换桌面背景的效果。勾选旁边的"无序播放"复选框,可以实现壁纸随机播放,最后单击"保存修改"按钮。

图 3-17 选择桌面背景界面

三、桌面图标设置

在 Windows 7 操作系统中，所有文件、文件夹及应用程序都可以用形象化的图标表示，将这些图标放置在桌面上就叫作"桌面图标"。下面介绍设置个性化桌面图标的方法。

进入"个性化"界面后，单击左侧的"更改桌面图标"选项，在弹出的界面中便可以设计个性化桌面图标了。

首先选中需要改变的图标，例如"计算机"，然后单击"更改图标"按钮，弹出"更改图标"对话框，如图 3-18 所示，可以选择系统提供的图标，也可以单击"浏览"按钮选择本机存储的图片，实现更换个性化的图标。如果更改的图标令人不满意，可以单击图 3-19 中"还原默认值"按钮还原系统默认图标。

图 3-18　"更改图标"对话框

图 3-19　"桌面图标设置"对话框

3.2.2　网络设置

当用户在计算上安装了新系统后，最重要的一件事就是连接到互联网。在 Windows 7 中，网络的连接变得更易于操作，几乎所有与网络相关的向导和控制程序都聚合在"网络和共享中心"面板中，通过可视化的视图和网络设置向导，用户可以轻松连接到网络。下面就来看看 Windows 7 如何使用有线和无线网络连接互联网。

一、连接到宽带网络

在桌面上选中"网络"图标并单击鼠标右键，在弹出的快捷菜单中选择"属性"菜单项，弹出如图 3-20 所示的"网络和共享中心"界面。在该界面中，我们可以通过形象化的映射图了解到自己的网络状况，当然更重要的是在这里可以进行各种网络相关的设置。

图 3-20 "网络和共享中心"界面

Windows 7 会自动将网络协议等配置妥当,基本不需要手工介入,一般情况下只需要把网线插入接口,系统将自动检测网络连接情况。设置过程如下:

在"网络和共享中心"界面中单击"更改网络设置"下的"设置新的连接或网络",然后在"选择一个连接选项"列表中选择"连接到 Internet",单击"下一步"按钮,弹出"您想如何连接?"界面,选择"宽带(PPPoE)(R)"选项,弹出"键入您的 Internet 服务提供商(ISP)提供的信息"界面,从中输入用户名和密码及自定义的连接名称等信息,然后单击"连接"按钮(图3-21),弹出"正在连接到宽带连接…"界面,稍等片刻,显示连接成功,此时就可以上网了。

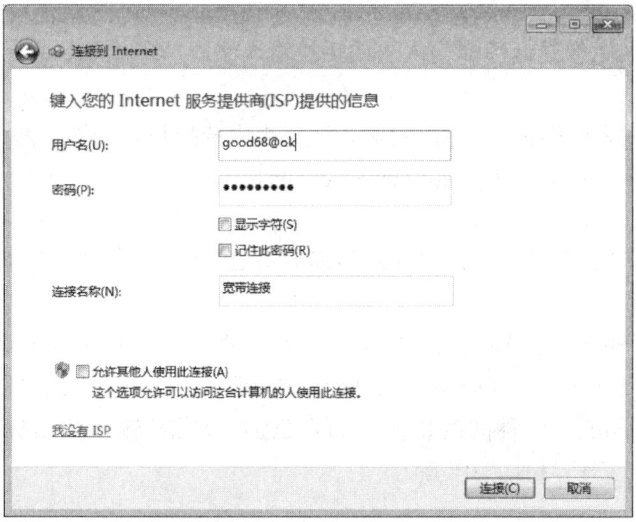

图 3-21 用户名、密码输入界面

二、连接到无线网络

以传统的方式查看网络连接,也许会注意到这里的连接类型可以选择"无线",不过不推荐在这里进行配置,因为 Windows 7 操作系统提供了更加方便的无线连接方式。

将焦点回到桌面上,当启用无线网卡后,用鼠标左键单击系统任务栏托盘区域的"无线连接"图标,系统就会自动搜索附近的无线网络信号,所有搜索到的可用无线网络就会显示在一个小窗口中,如图3-22 所示。每一个无线网络信号都会显示信号强度,将鼠标移动上去,还可以查看更具体的信息,如名称、安全类型等。如果某个网络是未加密的,则会多一个带有感叹号的安全提醒标志。在搜索到的无线网络信号中选择要连接的无线网络,然后单击"连接"按钮,弹出"连接到网络"对话框,稍等片刻,就可以开始上网了。如果要连接的是加密的网络,输入密码即可。

图 3-22 可用无线网络界面

3.2.3 输入法设置

输入法类型众多,不同的用户有不同的使用习惯。在 Windows 7 操作系统中,用户可以根据需要对输入法进行各种管理和设置,如切换到当前最习惯的输入法,设置最习惯的输入法为默认输入法,添加自己喜欢的输入法,或者安装第三方输入法,也可以删除不常用的输入法等。

一、选择、切换输入法

用户可以用鼠标和键盘选择输入法或切换输入法。

1. 使用鼠标

用鼠标单击输入法图标,在弹出的输入法列表中选择想要的输入法即可切换,同时语言栏的显示图标会自动更改为当前所选输入法的指示按钮。

2. 使用键盘

相对于鼠标切换输入法,键盘快捷键切换显得更快捷、更高效。通常使用以下几种组合快捷键。

- 【Ctrl】+【Shift】:按输入法列表中由上到下的顺序依次切换输入法。
- 【Ctrl】+【Space】:在英文输入法与上一次使用的中文输入法之间进行切换。
- 【Alt】+【Shift】:语种间的切换。如果添加了外语,输入法图标前就会有一个图标,图标上标识为"CH""EN""JP"等。

二、设置输入法

1. 设置默认输入法

右键单击语言栏,在弹出的快捷菜单中选择"设置"菜单项,如图 3-23 所示,打开如图 3-24 所示的"文本服务和输入语言"对话框。如果任务栏没有语言图标,可以打开"控制面板",单击"时钟、语言和区域"设置块中的"更改键盘或其他输入法"或"更改显示语言",都会弹出"区域和语言"对话框,然后单击"更改键盘"按钮,同样进入"文本服务和输入语言"对话框。在"常规"选项卡中的

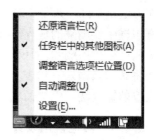

图 3-23　输入法设置快捷菜单

"默认输入语言"下拉列表中,用户可以选择自己习惯的输入法为默认输入法,然后单击"确定"或者"应用"按钮使得设置生效。

2. 添加输入法

除了英文输入法与微软拼音输入法之外,Windows 7 操作系统还提供了全拼、郑码等多种中文输入法,用户可以根据需要随意添加。同样是在如图 3-24 所示的"文本服务和输入语言"对话框中单击"添加"按钮,打开如图 3-25 所示的"添加输入语言"对话框,将滚动条拉到最下方,展开"中文(简体,中国)"选项,选择需要添加的输入法,依次单击"确定"按钮,关闭所有对话框即可。添加完成后,即可在输入法列表中查看并选择新添加的输入法。

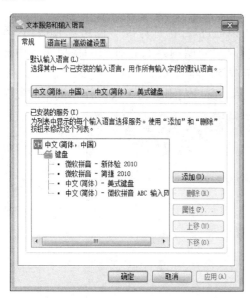

图 3-24　"文本服务和输入语言"对话框

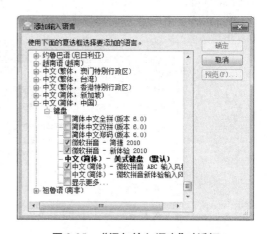

图 3-25　"添加输入语言"对话框

用户还可以安装第三方输入法,这类输入法很多,如搜狗拼音输入法、五笔输入法等,用户只要将其安装到计算机中即可使用。

3. 删除输入法

用户可以从输入法列表中删除不常用的输入法，这样可以提高切换输入法的效率。操作方法是：打开如图 3-24 所示的"文本服务和输入语言"对话框，在"已安装的服务"列表框中选中要删除的输入法，然后单击右侧的"删除"按钮。不过这里的操作并不是将输入法从计算机中删除，而仅仅是从输入法列表中删除；如果需要，用户可以通过添加方法再次将其加入输入法列表。第三方输入法一般自带卸载程序，能够彻底从计算机中删除，而内置的输入法则无法彻底删除。

3.2.4 其他常用设置

Windows 7 中，通过"控制面板"可查看和操作系统基本设置，比如添加/删除软件、控制用户帐户、更改辅助功能选项等。控制面板可通过"开始"菜单进入。

除了控制面板之外，还可以使用注册表对系统进行配置，但对用户的要求较高，进入方式为：单击"开始"菜单，在"搜索程序和文件"文本框中输入"regedit"运行 regedit.exe。

3.3 系统工具的使用

3.3.1 使用资源管理器

打开 Windows 7 资源管理器有多种方法，可以通过双击"计算机""网络""回收站"等桌面图标来快速启动资源管理器，也可以通过右击"开始"按钮，在弹出的快捷菜单中选择"打开 Windows 资源管理器"菜单项来运行资源管理器。

Windows 7 中资源管理器界面如图 3-26 所示。窗口左侧的列表区将计算机中的资源

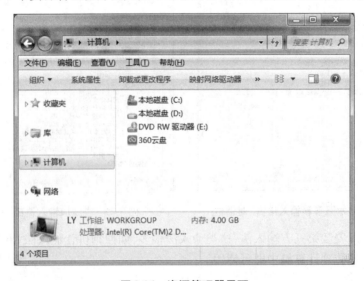

图 3-26 资源管理器界面

分为"收藏夹""库""计算机""网络"四大类,使得用户可更方便、更高效地组织、管理及应用资源。

利用 Windows 7 资源管理器,能够更快捷地进行文件夹的查看管理。当用户查看文件夹时,上方地址栏会清晰显示当前目录,目录级别之间还有向右的小箭头。当用户单击其中某个小箭头时,箭头变为向下,列出该目录下所有文件夹名称,单击其中任一文件夹,即可快速切换至该文件夹访问页面,非常方便。此外,当用户单击地址栏时,可以显示该文件夹所在的当前路径。

在 Windows 7 资源管理器收藏夹栏中,增加了"最近访问的位置",以方便用户快速查看最近访问文件夹的信息,如名称、修改日期、类型及大小等。"最近访问的位置"并不存储文件夹本身,而仅保存文件夹的快捷方式,单击某一文件夹信息便会快速跳转到该文件夹窗口。

3.3.2 使用搜索工具

一、搜索文件和文件夹

搜索功能用于帮助用户查找需要的文件或文件夹,Windows 7 操作系统提供了多种搜索方法,不同情况可以使用不同的方法,非常灵活方便。

二、使用"开始"菜单中的搜索框

用户可以使用"开始"菜单中的"搜索框"来查找存储在计算机上的文件、文件夹、程序等。方法很简单,只要单击"开始"按钮,然后在搜索框中输入关键词或关键词的一部分即可。

在搜索框中键入内容后,与所键入文本相匹配的项将立刻出现在"开始"菜单中,并按照项目种类进行分门别类。搜索结果基于文件名中的文本、文件中的文本、标记及文件属性。随着输入关键词的逐字完善,搜索结果也会同步发生相应改变,如图 3-27 所示是搜索"计算器"的过程。

图 3-27 搜索"计算器"的过程

当搜索结果充满"开始"菜单时,还可以单击搜索框上方的"查看更多结果"菜单项,打开一个新窗口,在细节窗格中显示搜索结果的总数量,窗口工作区列出更多的搜索结果及更详细的信息。

在 Windows 7 中还设计了再次搜索功能,首次搜索结果太多时,可以对上一次搜索结果进行再次搜索;也可以限定搜索范围,如库、计算机、文件大小、创建日期等。

三、使用"资源管理器"的搜索框

如果用户需要在某个特定文件夹或库中查找目标文件,可以使用 Windows 资源管理器中的搜索框。该搜索框基于输入的关键词对当前路径下的所有资源进行筛选,包括其中所有文件夹及它们的子文件夹。搜索原理与"开始"菜单上的"搜索框"类似,搜索结果将直接呈现在当前窗口的工作区,以高亮形式显示与检索关键词匹配的记录,使得用户更容易锁定目标对象,如图 3-28 所示。

图 3-28　"资源管理器"的搜索框

通过添加搜索筛选器能够进一步缩小搜索范围,单击搜索框会弹出"添加搜索筛选器"列表,如图 3-29 所示,包括"修改日期"(图 3-30)和"大小"(图 3-31),可以进行组合筛选以提升搜索效率。需要说明的是,库的搜索筛选器包括更多选项,除此之外,还有"种类""类型""标记""名称"等。

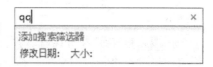

图 3-29　添加搜索筛选器

图 3-30　筛选器"修改日期"列表　　图 3-31　筛选器"大小"列表

四、将搜索扩展到特定库或文件夹之外

如果在特定库或文件夹中没有找到要查找的内容,则可以扩展搜索,以便包括其他位置,如任何一个磁盘驱动器或文件夹。

在搜索结果列表底部,有"在以下内容中再次搜索:"列表:
- 单击"库",将在每个库中进行搜索。
- 单击"计算机",将在整个计算机中进行搜索。
- 单击"自定义",将搜索特定位置。
- 单击 Internet,使用默认浏览器及默认搜索程序进行联机搜索。

3.3.3 其他常用工具

一、桌面小工具

1. 添加小工具到桌面

Windows 7 操作系统自带了很多漂亮实用的小工具,如时钟、天气、日历等。下面介绍如何选择桌面小工具:右击桌面空白处,从弹出的快捷菜单中选择"小工具"菜单项,弹出如图 3-32 所示的"小工具库"窗口,其中列出了多个自带的小工具。用户可以直接双击小工具,或者选择小工具并右击,在弹出的快捷菜单中选择"添加"菜单项,或者选中小工具并将之直接拖曳到桌面上,以上方法都可以将小工具添加到桌面上。此外,用户还可以通过联机获取更多的小工具。

图 3-32 "小工具库"窗口

图 3-33 时钟设置界面

2. 设置小工具属性

用户可以通过手动方式设置小工具的显示效果,以时钟小工具为例:将鼠标移到小工具上便会出现操作提示图标,单击"选项"按钮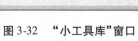,打开"时钟"对话框,如图 3-33 所示,可以设置时钟外观、时区及是否显示秒针等。

二、画图工具

"画图"程序是 Windows 7 操作系统自带的用于绘制图形的程序,使用该程序不仅可以进行简单的绘制和编辑图片,还可以将文本和设计图案添加到其他图片中。Windows 7 的画图工具采用了全新的界面布局,使用起来更加简单方便。

1. "画图"程序的启动和退出

若要启动画图程序,在 Windows 7 操作系统桌面左下角单击"开始"按钮,选择"所有程序"菜单项中的"附件"菜单,打开其中的"画图"程序;也可以在"开始"菜单的搜索框中直接输入"画图"关键词进行搜索,单击搜索到的"画图"程序,同样会启动"画图"工具。

退出时,可以单击"画图"程序标题栏右侧的"关闭"按钮;也可以双击标题栏左端的"画图"程序图标;或者单击"画图"程序图标,在弹出的菜单中选择"关闭"菜单项;也可以按下【Alt】+【F4】组合快捷键。

2. 基本图形的绘制

启动"画图"程序后,用户可以绘制简单的几何图形,如直线、曲线及各种多边形等,也可以利用工具组中的"铅笔"或"刷子"随心所欲地绘制各种图形。下面以绘制几何图形为例来介绍绘图的基本操作步骤。

(1)选择要绘制的形状

在"形状"组中选择要绘制的形状,除了传统的矩形、椭圆、三角形、箭头和各种多边形之外,还包括一些有趣的形状,如五角星形、心形、闪电形等。

(2)设置线条粗细

在"粗细"组中选择要绘制形状边框的粗细,默认有四种选择。

(3)设置颜色

在"颜色"组中选择"颜色1"或者"颜色2"选项,并在右侧的颜色列表中选择要绘制形状的边框颜色。

(4)绘制形状

在绘图区域中,按下鼠标拖动即可绘制形状。所绘形状的大小由鼠标拖动范围决定。拖动时若按左键,所绘形状的颜色由"颜色1"决定;若单击右键,所绘形状的颜色由"颜色2"决定。

(5)进行颜色填充

形状绘制完成后,在"工具"组中选择"油漆桶"工具并单击所绘形状,将对形状内部进行颜色填充。若单击左键,将以"颜色1"填充;若单击右键,将以"颜色2"填充。

(6)编辑图形

"画图"程序还具有简单的图片编辑功能,如图片的复制、移动、裁剪、旋转、扭曲及图片大小的调整等。用户还可以为图片添加文字、增加图片效果等。

因为使用"画图"工具对图片进行编辑并保存后,原图像不能再恢复,所以在使用"画图"工具对图像编辑之前,应该先保留一份原件副本作为备份。

三、计算器

Windows 7 操作系统中的"计算器"工具除了可以进行简单的加、减、乘、除运算外,还可以进行各种复杂的函数与科学运算。一般使用鼠标单击计算器界面的按钮来输入数据和运算符号等,当然,只要键盘上有的符号也可以使用键盘上的按键来输入,有些运算符或函数键盘上没有的,那就只能用鼠标单击计算器界面输入了。

1. 计算器的启动和退出

若要启动计算器程序时,在 Windows 7 操作系统桌面左下角单击"开始"按钮,选择"所有程序"菜单项中的"附件"菜单,打开其中的"计算器"程序;也可以在"开始"菜单的搜索框中直接输入"计算器"关键词进行搜索,单击搜索到的"计算器"程序,同样会启动"计算器"工具。启动后的"计算器"程序界面如图 3-34 所示。

退出时,可以单击"计算器"程序界面标题栏右侧的"关闭"按钮;也可以双击标题栏左端的"计算器"程序图标;或者单击"计算器"程序图标,在弹出的菜单中选择"关闭"菜单项;也可以按下【Alt】+【F4】组合快捷键。

2. 专业计算

计算器有多种计算模式,除了默认的"标准型"以外,还有"科学型""程序员""统计信息"三种针对不同用途的计算模式。单击"查看"菜单,弹出如图 3-35 所示的菜单项列表,其中前四项就是计算模式,单击某一模式的菜单项就会切换到相应计算模式的计算器界面。例如,单击"科学型"菜单项,便切换到了科学型计算模式界面,如图 3-36 所示。

图 3-34 标准型计算器界面

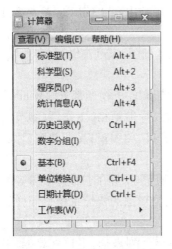

图 3-35 计算器"查看"菜单

图 3-36 科学型"计算器"窗口

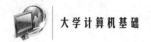

(1)"标准型"模式

计算器工具打开之后的默认界面就是标准型界面,"标准型"计算模式下可以进行加、减、乘、除等简单的四则混合运算。

(2)"科学型"模式

"科学型"模式提供了各种方程、函数和几何计算等功能,可以进行比较复杂的运算,如幂、开方、三角函数等,运算结果可以精确到32位数。

(3)"程序员"模式

使用"程序员"模式的计算器不仅可以实现不同进制数之间的转换,还可以进行与、或、非等逻辑运算。在"程序员"模式下,计算结果可以精确到64位数。

(4)"统计信息"模式

使用"统计信息"模式的计算器可以进行平均、平方值、标准偏差及总体标准偏差等统计运算。

3.4 本章小结

安装Windows 7的硬件基本要求如下:
- 1 GHz或更快的32位或64位处理器;
- 1 GB物理内存(32位)或2 GB物理内存(64位);
- 16 GB可用硬盘空间(32位)或20 GB硬盘空间(64位);
- DirectX 9图形设备(WDDM 1.0或更高版本的驱动程序);
- 屏幕纵向分辨率不低于768像素。

Windows 7操作系统一般要求CPU主频2 GHz以上、系统内存2 GB以上、硬盘分区25 GB以上,才能达到更好的使用效果。

Windows 7操作系统有6个版本,分别是简易版、家庭基础版、家庭高级版、专业版、企业版和旗舰版。不同版本提供的功能有所不同。

Windows 7的桌面包括桌面背景、桌面图标、"开始"按钮和任务栏四部分。Windows 7的窗口主要由控制按钮区、地址栏、搜索栏、菜单栏、工具栏、导航窗格、工作区、细节窗格和状态栏等几部分组成。窗口的基本操作主要包括打开窗口、关闭窗口、调整窗口大小、移动窗口、排列窗口和切换窗口等。

Windows操作系统中的菜单可以分为两类:一类是普通菜单,即下拉菜单;另一类是右键快捷菜单。在不同的窗口,下拉菜单有所不同,不同类型对象的快捷菜单也同样有所不同。

对话框中的可操作元素主要包括标题栏、选项卡、文本框、列表框、下拉列表框、单选按钮、复选按钮、命令按钮和微调框等。对话框的基本操作包括对话框的移动和关闭,以及对话框中各选项卡之间的切换。

Windows 7的系统设置包括桌面外观设置、桌面背景设置和桌面图标设置等,桌面小工具的设置包括添加小工具到桌面和设置小工具属性等。Windows 7 网络设置中介绍了连接到宽带网络和连接到无线网络的设置方法。文件和文件夹管理介绍了文件名与扩展名，使用资源管理器查看文件与文件夹，设置文件夹的显示方式等。Windows 7 中文件和文件夹的基本操作包括文件和文件夹的选定、新建、重命名、复制、移动、删除等。

搜索文件和文件夹可以使用"开始"菜单上的搜索框，也可以使用"资源管理器"的搜索框，还可以将搜索扩展到特定库或文件夹之外。

练 习 题

一、选择题

1. 下列选项不是 Windows 7 安装的最低需求的是_____。
   A. 1 G 或更快的 32 位(X86)或 64 位(X64)处理器
   B. 4 G(32 位)或 2 G(64 位)内存
   C. 16 G(32 位)或 20 G(64 位)可用磁盘空间
   D. 带 WDDM 1.0 或更高版本的 DirectX 9 图形处理器

2. 如果在对话框中要进行各个选项卡之间的切换，可以使用的组合快捷键是_____。
   A.【Ctrl】+【Tab】   B.【Ctrl】+【Shift】
   C.【Alt】+【Shift】   D.【Ctrl】+【Alt】

3. 若想直接删除文件或文件夹，而不将其放入"回收站"中，可在拖到"回收站"时按住_____键。
   A.【Ctrl】   B.【Shift】   C.【Alt】   D.【Delete】

4. 下列各项不在"查看"视图中显示的是_____。
   A. 平铺   B. 详细信息   C. 图标   D. 列表

5. 操作系统中的文件管理系统为用户提供的功能是_____。
   A. 按文件作者存取文件   B. 按文件名管理文件
   C. 按文件创建日期存取文件   D. 按文件大小存取文件

6. 同时选择某一位置下全部文件或文件夹的组合快捷键是_____。
   A.【Ctrl】+【C】 B.【Ctrl】+【V】 C.【Ctrl】+【A】 D.【Ctrl】+【S】

二、简答题

1. Windows 7 操作系统包括哪些不同的版本？
2. Windows 7 的桌面主要包括哪些内容？
3. 对话框与窗口的标题栏有何不同？
4. Windows 7 操作系统中，文件和文件夹的基本操作有哪些？

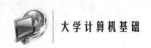

第 4 章

Word 2016 文字处理软件

Microsoft Office 2016 是微软的一个庞大的办公软件集合,其中包括了 Word、Excel、PowerPoint、OneNote、Outlook、Skype、Project、Visio 及 Publisher 等组件和服务。Office 2016 可支持 Windows 7(RTM)、Windows 7 SP1、Windows 8.1、Windows 10,但不适用于 Windows Vista 及 Windows XP 以下系统。Microsoft Office 2016 有多个版本,界面略有差异,本文以学生版为主进行讲解。

Word 2016 是 Microsoft Office 2016 办公编辑软件中最重要和基础的组件之一,主要用于日常办公和文字处理。由于其具有功能的完善性、界面的简明性等特点,可以说它在文字处理软件市场中拥有绝对的统治份额。

本章从 Word 的启动和退出出发,介绍 Word 2016(以下简称 Word)的主要界面、功能区及各种功能的实现方法。

通过本章的学习,应该主要掌握以下基本内容:
➢ Word 的运行环境、启动和退出。
➢ Word 的工作界面和功能区。
➢ Word 的基础操作,包括文档的创建、打开、关闭和保存,文本的输入和编辑等。
➢ Word 文档文本、段落和页面的基本格式设置。
➢ Word 表格的创建、编辑和简单数据处理方法。
➢ Word 图文混排及格式设置。
➢ Word 其他操作,诸如设置文档页面背景,插入脚注、尾注和题注及统计字数等。

4.1 Word 2016 简介

4.1.1 Word 的启动和退出

一、Word 的启动

启动 Word 和启动其他应用软件基本相同,常用的有以下几种方法。

方法一:在 Windows 10(Windows 7 中类似)中,单击 Windows 任务栏左侧的"开始"

按钮,在所安装的程序中找到并单击"Word"图标,如图4-1所示。

方法二:快捷方式图标也是一种链接,双击同样可以打开其所对应的应用程序,双击桌面上 Word 应用程序的快捷方式图标即可打开,如图 4-2 所示。

图 4-1　开始菜单方式　　　　　图 4-2　双击快捷方式

方法三:如果 Word 是最近经常使用的应用程序之一,则在 Windows 7 操作系统下,单击屏幕左下角的"开始"菜单按钮后,"Word 2016"会出现在"开始"菜单中,直接单击即可打开。

使用以上三种方法,启动 Word 后,都将进入 Word 开始界面,在此可新建 Word 文档或打开最近打开过的文档。

方法四:若已经存在已创建的 Word 文件(默认扩展名为.docx),双击该文件即可启动 Word 应用程序,并打开该文档——这个方法要求 docx 类型文件关联 Word 2016。

需要注意的是,Word 2016 具有兼容的功能,使用 Word 可以打开以前版本(如 Word 2010/2017 等)所创建的各种文档文件。

二、Word 的退出

退出 Word 和退出其他应用软件的方法基本相同,常用的有以下几种方法。

方法一:单击 Word 窗口右上角的"关闭"按钮。

方法二:右键单击 Word 窗口标题栏,在其弹出的菜单中选择"关闭"命令,如图 4-3 所示。

方法三:单击"文件"菜单下的"关闭"命令,不同的是若选择图 4-4 中的"关闭"命令,只关闭当前打开的文档,而不是退出 Word 2016。

需要注意的是,若启动 Word 后对文档进行过任何编辑,在使用上述任何一种方法退出时,系统都会出现一个如图 4-5 所示的提示保存对话框,提示用户是否对新建文档进行保存。若需要保存,单击"保存"按钮进行存盘;若不需要,单击"不保存"按钮直接退出;若还需要进一步编辑,则单击"取消"按钮放弃退出。

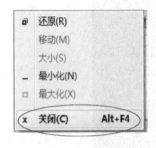

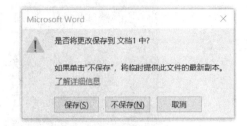

图 4-3　退出 Word　　图 4-4　文件菜单退出 Word　　图 4-5　提示保存对话框

4.1.2　界面介绍

Word 的工作界面如图 4-6 所示,其主要由"文件"选项卡、快速访问工具栏、标题栏、功能区、"编辑"窗口、滚动条、状态栏、视图栏和比例控制栏等部分组成。各部分的主要功能如下:

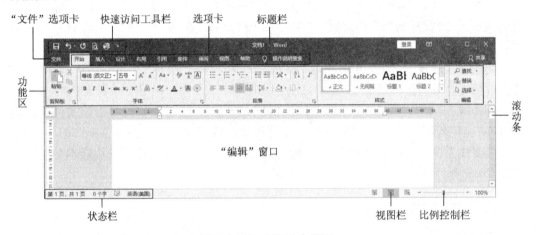

图 4-6　Word 2016 主界面

1. "文件"选项卡

位于界面的左上角,包括打开、保存、打印、新建和关闭等功能,如图 4-4 所示。

2. 快速访问工具栏

用户可以使用其实现常用的功能,如保存、撤消、恢复、打印预览和快速打印等。用户可以根据需要增减常用命令。

3. 标题栏

标题栏显示正在编辑的文档的文件名及文件类型,同时为用户提供了"功能区显示选项""最小化""最大化""关闭"四个常用按钮。

4. 选项卡和所对应的功能区

将控件对象划分为多个选项卡,在选项卡中又将控件细化为不同的组。它与其他软件中的"菜单"或"工具栏"作用相同。

Word 功能区默认有 9 个选项卡,分别是"开始""插入""设计""布局""引用""邮件""审阅""视图""帮助"。若当前有活动的"加载项",则会有更多的选项卡。"加载项"是 Word 的一项用于提供附加的功能。

5. "编辑"窗口

位于窗口的中央,是 Word 中最重要的组成部分,所有的文本操作都将在该区域进行,用于显示正在编辑的文档内容或对文字、图片、图形及表格等对象进行编辑。

6. 滚动条

包括垂直和水平两种滚动条,可以根据用户的需求调整正在编辑的文档的垂直和水平显示位置。

7. 状态栏

显示当前正在编辑的文档页数、字数等相关信息。

8. 视图栏

Word 中主要有 5 种视图模式,如图 4-7 所示,分别为阅读视图、页面视图、Web 版式视图、大纲视图和草稿视图可在视图选项卡的视图部分选择。用户可以根据需要更改当前正在编辑文档的显示模式,这个时候虽然文档的显示方式不同,但是文档的内容是不变的。同时在 Word 中,由于视图模式不同,其操作界面也会发生变化。下面分别对各种视图模式做一简单介绍。

图 4-7 视图模式

(1) 阅读视图

这种视图模式是模拟书本阅读方式,以图书的分栏样式显示 Word 文档,也就是将两页文档同时显示在一个视图窗口中,但不显示文档的页眉和页脚。

(2) 页面视图

此视图模式为 Word 的默认视图模式,该视图模式是按照文档的打印效果来显示文档,因此,文档中的页眉、页脚、页边距、图片等其他元素均会显示其正确的位置,具有"所见即所得"的效果。

(3) Web 版式视图

这种视图模式是以网页的形式来显示所编辑的 Word 文档,而且这种模式可以看到背景和为适应窗口而换行显示的文本,且图形位置与在 Web 浏览器中的位置一致。

(4) 大纲视图

使用这种视图模式可以方便地查看和调整文档的结构,因为它可以显示文档中标题的层次结构,所以多用于长文档的快速浏览和设置。

(5) 草稿视图

这种视图模式取消了页面设置、分栏、页眉/页脚和图片等元素,仅显示标题和正文,是最节省计算机系统硬件资源的一种视图方式。

9. 比例控制栏

可用于更改正在编辑的文档的显示比例。

4.1.3 功能区介绍

Word 功能区用于帮助用户编辑文档,默认有 8 个选项卡,每个选项卡根据功能的不同又分为若干个组,每个组包含一个或多个功能。当程序窗体较小时,使用标题栏"功能区显示选项"可以设置功能区的显示或隐藏。

1. "开始"选项卡

"开始"选项卡中包括"剪贴板""字体""段落""样式""编辑"等五个组,该选项卡主要用于帮助用户对 Word 文档进行文字编辑和格式设置,是用户最常用的选项卡,如图 4-8 所示。

图 4-8 "开始"选项卡

2. "插入"选项卡

"插入"选项卡中包括"页面""表格""插图""加载项""媒体""链接""批注""页眉和页脚""文本""符号"等十个组,主要用于在 Word 文档中插入各种元素,如图 4-9 所示。

图 4-9 "插入"选项卡

3. "设计"选项卡

"设计"选项卡中包括"文档格式""页面背景"等两个组,用于帮助用户设置 Word 文档页面样式,如图 4-10 所示。

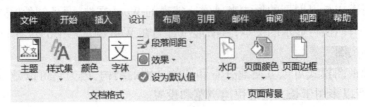

图 4-10 "设计"选项卡

4. "布局"选项卡

"布局"选项卡中包括"页面设置"、"段落"和"排列"等三个组,用于帮助用户设置 Word 2016 文档页面样式,如图 4-11 所示。

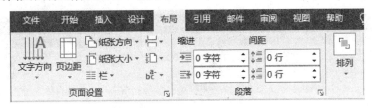

图 4-11 "布局"选项卡

5. "引用"选项卡

"引用"选项卡中包括"目录""脚注""引文与书目""题注""索引""引文目录"等六个组,用于实现在 Word 文档中插入目录等高级功能,如图 4-12 所示。

图 4-12 "引用"选项卡

6. "邮件"选项卡

"邮件"选项卡中包括"创建""开始邮件合并""编写和插入域""预览结果""完成"等五个组,该选项卡的作用比较专一,专门用于在 Word 文档中进行邮件合并方面的操作,如图 4-13 所示。

图 4-13 "邮件"选项卡

7. "审阅"选项卡

"审阅"选项卡中包括"校对""辅助功能""语言""中文简繁转换""批注""修订""更改""比较""保护""墨迹"等十个组,主要用于对 Word 文档进行校对和修订等操作,适用于多人协作处理 Word 的长文档,如图 4-14 所示。

图 4-14 "审阅"选项卡

8. "视图"选项卡

"视图"选项卡中包括"视图""页面移动""显示""缩放""窗口""宏""SharePoint"等七个组,主要用于帮助用户设置 Word 操作窗口的视图类型,以方便操作,如图 4-15 所示。

图 4-15 "视图"选项卡

4.1.4 Word 2016 制作文档的过程

使用 Word 可以制作出诸如通知、字帖和日历等不同类型的文档,不管哪种类型的文档,其制作流程都大体相似。制作文档的过程一般可分为以下几步:

① 运行 Word 应用程序,选择合适的模板并创建一个新文档,或者打开已存在的文档。

② 将插入点定位到 Word 编辑窗口中适当位置,插入文本。

③ 文本输入完毕后,选择要进行设置的文本,按照需求对其进行格式化设置,如设置字体、段落、边框和底纹等。

④ 根据制作文档的类型和需求,在文档适当位置插入图片、艺术字、表格和图标等多种对象。

⑤ 完成文档基本编辑操作后,在文档中插入封面和目录等内容,并对文档的页面进行设置,包括页眉/页脚和插入页码等操作。

⑥ 制作完成后,将编辑好的文档按要求的文件类型进行保存,并打印预览其效果。

4.2 Word 2016 基础操作

在使用 Word 编辑处理各种文档之前,首先应该先掌握文档的基本操作,如文档的创建、保存和在此基础之上的一些基本编辑和设置。只有了解和掌握了这些基本操作,才能更好地使用 Word 编辑文档。

4.2.1 文档的创建

启动 Word 应用程序后,创建 Word 文档,常用的方法有以下两种。

方法一:选择"文件"选项卡,或使用组合键【Alt】+【F】,在弹出的菜单中单击"新建"命令,紧接着在右侧显示的"可用模板"选项面板中单击"空白文档"图标,如图 4-16 所示。

空白文档是最简单、最常用的一种文档,文档一片空白,没有额外的布局信息。编辑有特定用途的文档,建议使用 Word 为用户提供的模板,用户只需要以模板为基础进行修改和编辑,即可以得到一个漂亮、工整的文档。图 4-17 所示的"快照日历"模板可方便地定制日历。若未下载模板,则需要单击图 4-17 中的创建按钮,此时,将下载并按模板创建新文档。

图 4-16　新建文档　　　　　　　　图 4-17　创建"快照日历"模板

方法二:使用组合键【Ctrl】+【N】,可以快速新建一个空白文档。

以上任意一种方法所创建的文档,都将用"文档 X"进行命名,并且每一个新建的 Word 文档都以一个独立的窗口和界面出现。

4.2.2　文档的保存

新建文档以后,需要及时地将其存储在计算机中,以便后续的编辑处理。保存文档分为保存新建的文档、保存已保存过的文档、另存为其他格式的文档、自动保存四种方法。

一、保存新建的文档

当新建的文档第一次进行保存时,需要指定文件名、文件类型和保存位置。保存新建文档的方式有多种,常用的有以下几种。

方法一:单击快速访问工具栏上的"保存"按钮。

方法二:使用组合键【Ctrl】+【S】,若是未曾保存过的新建文档,则会弹出保存对话框。

方法三:单击 Word 主界面左上角的"文件"选项卡,在弹出如图 4-18 所示的菜单中单击"保存"命令。

方法四:单击图 4-18 中的"另存为"命令。若是新建的文档,方法四与方法三效果完全一致;若原文件已经存在,这种保存方法将按照文件当前内容创建新的文件。

使用上述四种方法都可以弹出如图 4-19 所示的对话框,在此对话框中,用户可以根据实际需求,分别在相应位置通过输入或者右侧的下拉列表中就"文件保存位置""文件名""文件类型"进行设置。如需创建新的保存位置,可使用工具栏中的"新建文件夹",或使用鼠标右键菜单,可在"另存为"对话框中创建新的文件夹。

设置完毕后,单击图 4-19 中的"保存"按钮即可,Word 文档的默认类型为".docx"。

图4-18 保存文档　　　图4-19 "另存为"对话框

二、保存已保存过的文档

对于已经保存过的文件且不需要更改文件位置、文件名和文件类型时，直接单击界面左上角"文件"选项卡中的"保存"命令，或者单击快速访问工具栏上的"保存"按钮即可。若需要更改其中任何一项，则需要单击左上角"文件"选项卡中的"另保存"命令，在图4-19对话框中重新设置文件保存的路径和名称或文件类型。

三、另存为其他格式的文档

若需要将已保存的文档保存为其他诸如PDF或网页等多种格式的文件，则只需要在图4-19所示"另存为"对话框中单击"保存类型"右侧的下拉箭头，在下拉列表框中选中需要的文件格式即可，如图4-20所示。

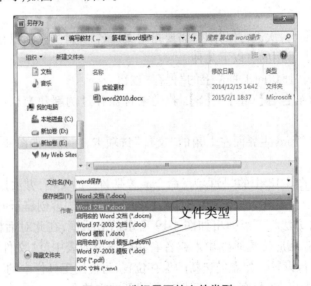

图4-20 选择需要的文件类型

另存为其他格式文档后,可使用其他程序查看或编辑文档。例如,若文件保存为".pdf"文件,则可以使用PDF阅读器打开另存后的文档查看其效果。

四、自动保存

用户在编辑文档的过程中,为了避免突发意外而未保存文档所造成的困扰,可以将文档设置为自动保存,一旦设置为自动保存,系统会根据设置的时间间隔在指定的时间自动对文档进行保存,而不管文档是否进行过修改。这项功能可以有效地避免用户在编辑过程中遇到停电、死机等意外情况造成的损失。

默认状态下,Word每隔10分钟自动为用户保存一次文档,如果需要修改时间间隔,则操作步骤为:首先,单击左上角的"文件"选项卡;其次,单击左下角的"选项"命令;最后,在如图4-21所示的"Word选项"对话框中,单击"保存"选项卡,在"保存文档"选项区域中选中"保存自动恢复信息时间间隔"复选框,并在其后的微调框中输入需要设置的时间,这样便完成了自动保存时间的设置。

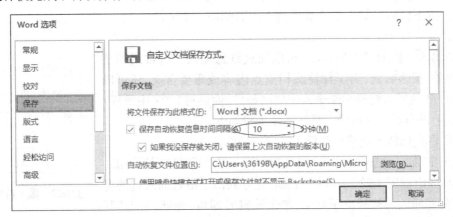

图4-21 设置文档的自动保存

4.2.3 文本的输入和编辑

上节主要就如何创建和保存文档文件进行了介绍,一旦创建了新文档,就可以选择合适的输入法,在文档中按需求输入文本内容,并进行进一步的编辑。

一、输入文本

当新建一个文档后,在文档的开始位置便出现一个闪烁的光标,这个光标称为"插入点",它表明输入字符将出现的位置。一旦这个位置确定,输入的文本都将在插入点处出现,而且每输入一个字符,此插入点会自动后移。

1. 输入普通文本

所谓普通文本,是指日常工作生活中常用的由中文汉字、英文字母及数值等组成的文本。输入普通文本的方法很简单,用户只需要找好"插入点",便可以选择一种输入法,开始普通文本的输入。

在文本输入过程中,Word将遵循以下原则:

① 当一行文本的输入完成后,系统会自动换行。

② 如果要另起一行,而不是另起一个段落,这个时候可以输入换行符,其方法为:单击"布局"选项下的"页面设置"组中的"分隔符"按钮,在下拉列表中单击"自动换行符"即可。这个时候会在本行末尾出现一个换行符"↓",而插入点顺利移至下一行。

需要注意的是,换行符显示为"↓",与回车符"↵"不同。回车是一个段落的结束,意味着将开始新的段落,而换行只是另起一行显示文档的内容。

③ 按下键盘上的【Enter】键,将在插入点的下一行重新创建一个新的段落,并在上一个段落的结尾显示一个"↵"符号,这个符号叫回车符。

④ 若需要合并两个自然段,则只需要删除它们之间的回车符"↵"即可。

⑤ 在输入文本的过程中,一旦按下空格键,将会在插入点的左侧插入一个空格符号,而这个空格在文档中所占的宽度不但与字体和字号大小有关,也与输入法当前的全半角状态有关。

⑥ 按下【Backspace】键,将会删除插入点左侧的一个字符。

⑦ 按下【Delete】键,将会删除插入点右侧的一个字符。

2. 输入特殊符号

在输入文档的过程中,除了可以通过键盘输入一些常用的基本符号外,很多时候,为了标注文档重点内容或重要含义,还可以通过 Word 的插入符号功能输入一些诸如™(商标符)、®(注册符)等键盘上没有的特殊符号。具体操作步骤如下:

① 将光标插入点移至要插入特殊符号的位置。

② 在"插入"选项卡下的"符号"组中,单击"符号"下拉按钮。

③ 弹出如图 4-22 所示的列表框,上方列出了最近插入过的符号,若需要插入的符号位于其中,单击该符号即可;否则,单击"其他符号"命令按钮,打开如图 4-23 所示的"符号"对话框。

图 4-22 插入特殊符号

④ 在其中按需求选择需要插入的符号,最后单击"插入"按钮,完成符号的插入。

需要注意的是,诸如™(商标符)、®(注册符)等特殊符号,需要在"符号"对话框中选择"特殊字符"选项卡,然后选择相应的字符即可,如图 4-24 所示。

图 4-23 "符号"对话框

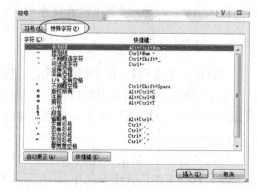

图 4-24 特殊符号的插入

3. 输入公式

某些文档中按照需要可能要输入公式,对于一些简单的公式可以直接使用键盘输入(如"a＋b"等),但是公式中的符号与使用键盘直接输入的符号有时候会有所不同,如公式"a∗b",一般在文档中要求采用"a×b"形式来表示,或者是需要输入一些比较复杂的数学公式,这个时候就需要借助 Word 的插入公式功能来实现。具体操作步骤如下:

① 将光标插入点移至要插入公式的位置。

② 在"插入"选项卡下的"符号"组中,单击"公式"下拉按钮,弹出如图 4-25 所示的列表框。

③ 在图 4-25 所示的列表中单击"插入新公式"命令。

④ 此时在文档中出现 在此处键入公式。

⑤ 在"公式工具—设计"选项卡下有"工具"、"符号"(图 4-26)和"结构"(图 4-27)三个组。根据用户需求,在"符号"和"结构"组中,选择需要的符号和结构进行插入即可。

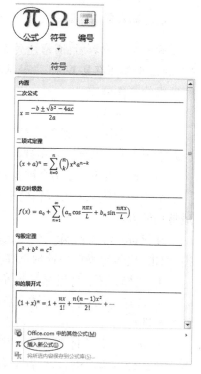

图 4-25　插入公式

图 4-26　公式中的"符号"组

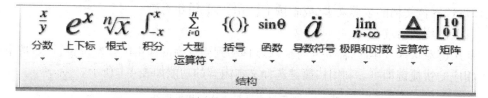

图 4-27　公式中的"结构"组

这里需要注意以下几点:
- 当完成公式编辑后,单击公式编辑器外的任意位置,即可退出公式的编辑状态。
- 有的公式由于其结构复杂,插入后需要设置所在段落行间距,以防止显示不完整。
- 输入公式的过程中,可以通过键盘输入任意的汉字和字符,且可以通过"开始"选项卡下的"字体"组来调整字体的格式。

二、编辑文本内容

输入文本内容后,通常还会需要对文本进行选取、复制、移动、删除、查找和替换等操作,而这些操作都是 Word 中最基本和常用的操作,熟练掌握这些操作,可以有效地提高文档编辑的工作效率。

1. 文本的选择

在 Word 中,若要编辑文档中的内容,首先应该选择文本。选择文本即可以使用鼠标(或结合键盘),也可以使用键盘。

(1) 使用鼠标(或结合键盘)选择

由于使用鼠标能够很轻松地改变插入点的位置,因此,使用鼠标选择文本是最基本、最常用的方法。

在 Word 文档中,除了使用鼠标左键拖动选择任意长度的文本外,还可以使用鼠标单击、双击、连击等操作快速地选择文档中的词、句、段等,具体方法如下:

- 选择词语:将鼠标指针置于要选择词语的文本处,双击鼠标左键即可。
- 选择一句:将光标插入点置于要选择句子的任意位置,按住【Ctrl】键,同时单击鼠标左键即可。
- 选择一段:将光标插入点置于要选择段落中,连续三击鼠标左键,或是将鼠标指针置于要选择段落左侧,待指针呈右向箭头时双击即可。
- 选择一行:将鼠标指针置于要选择行的左侧,待指针呈右向箭头时,单击鼠标左键即可。
- 选择块文本:如果要选择某个矩形块区域中的文本,可以将插入点置于要选择文本的首字符左侧,按住【Alt】键,同时按住鼠标左键拖动至要选择文本块的末字符即可。
- 选择不连续的文本:如果要选择不连续的文本,则需要按住【Ctrl】键不放,然后拖动鼠标,依次经过要选择的文本即可。
- 选择全部文本:将鼠标指针置于文档左侧,待指针呈右向箭头时,连击三次鼠标左键,即可选择该文档的全部文本,或者按下【Ctrl】+【A】组合键。

(2) 使用键盘选择

使用键盘选择文本时,需要先将插入点移动到要选择的文本的开始位置,然后按下键盘上相应的快捷键即可。利用快捷键选择文本内容的功能如表 4-1 所示。

表 4-1 常用键盘选择文本快捷键说明

快捷键	功　　能
【Shift】+【→】	选择光标右侧的一个字符
【Shift】+【←】	选择光标左侧的一个字符
【Shift】+【↑】	选择光标位置至上一行相同位置之间的文本
【Shift】+【↓】	选择光标位置至下一行相同位置之间的文本
【Shift】+【Home】	选择光标位置至行首

续表

快捷键	功　能
【Shift】+【End】	选择光标位置至行尾
【Shift】+【PageDown】	选择光标位置至下一屏之间的文本
【Shift】+【PageUp】	选择光标位置至上一屏之间的文本
【Ctrl】+【Shift】+【Home】	选择光标位置至文档开始之间的文本
【Ctrl】+【Shift】+【End】	选择光标位置至上文档结束之间的文本
【Ctrl】+【A】	选中整篇文档

2．文本的修改和删除

在文本的编辑过程中，有时需要对多余或者错误的文本进行修改和删除操作。

（1）修改文本内容

文档中，若需要修改文本内容，首先按照上面所介绍的选择文本的方法，拖动鼠标或者快捷键选择要修改的文本，再选择合适的输入法或者通过特殊符号方法输入新的文本即可。

（2）删除文本内容

在文本编辑过程中，删除文本内容有以下几种方法。

方法一：按下【Backspace】键，删除插入点左侧文本。

方法二：按下【Delete】键，删除插入点右侧文本。

方法三：选择需要删除的文本，按下【Backspace】或【Delete】键，均可删除所选文本。

方法四：选择需要删除的文本，在"开始"选项卡下的"剪贴板"组中，单击"剪切"按钮即可删除所选文本。

3．文本的移动和复制

在文本编辑过程中，如果文本内容较为混乱，可以借助 Word 中的"剪切"命令或鼠标移动来调整文本先后顺序。若要在文档其他位置重复输入特定文本内容，则可以使用各种复制功能，将现有文本直接拷贝到目标位置。利用这种操作方法，可以很大程度地提高编辑文本的效率。

（1）移动文本

所谓移动文本，是指将当前位置的文本移动到需要的位置，在移动的同时，会删除原来位置上的原版文本。移动文本，有以下几种方法。

方法一：选择需要移动的文本，按下【Ctrl】+【X】组合键，然后在目标位置处按【Ctrl】+【V】组合键。

方法二：选择需要移动的文本，在"开始"选项卡下的"剪贴板"组中，单击"剪切"按钮，然后在目标位置处单击"粘贴"按钮。

方法三：选择需要移动的文本，单击鼠标右键，在弹出的快捷菜单中选择"剪切"命令，然后在目标位置处单击鼠标右键，在弹出的快捷菜单中选择"粘贴"命令。

方法四：选择需要移动的文本，按下鼠标右键拖动至目标位置，松开鼠标后弹出一个快捷菜单，然后选择"移动到此位置"命令。

方法五：选择需要移动的文本，按下鼠标左键不放，到达目标位置处释放鼠标左键。

(2) 复制文本

所谓复制文本，是指将要复制的文本移动到需要的位置，在移动的同时，原版文本仍然保留。同样，复制文本的方法也有很多种。

方法一：选择需要复制的文本，按【Ctrl】+【C】组合键，然后把插入点移动到目标位置，按【Ctrl】+【V】组合键。

方法二：选择需要复制的文本，在"开始"选项卡下的"剪贴板"组中，单击"复制"按钮，然后在目标位置处，单击"粘贴"按钮。

方法三：选择需要复制的文本，单击鼠标右键，在弹出的快捷菜单中选择"复制"命令。然后在目标位置处，单击鼠标右键，在弹出的快捷菜单中选择"粘贴"命令即可。

方法四：选择需要复制的文本，按住【Ctrl】键，并使用鼠标左键拖动至目标位置。

方法五：选择需要复制的文本，按下鼠标右键拖动至目标位置，松开鼠标后弹出一个快捷菜单，然后选择"复制到此位置"命令。

4. 文本内容的查找和替换

在编辑篇幅比较长的文档时，使用 Word 提供的查找功能，可以快速地定位指定字符的位置，替换功能可以批量替换文档中的某个字、词语或句子。如果手工修改或查找指定内容，用户就需要对整篇文档从头至尾进行人工搜索和替换，不但费时费力，而且容易出错或遗漏。

(1) 查找文本

在 Word 中，查找文本就是借助于导航窗格和查找功能，让系统帮助用户在文档中快速找出指定的字符、格式等。同时，在设置查找条件时，还可以通过通配符"?""*"等实现字符的模糊查找。

查找文本的常用方法有以下两种。

方法一：简单查找。

在"开始"选项卡下的"编辑"组中，单击"查找"下拉按钮，在下拉列表中选择"查找"命令；这时在界面左侧弹出如图 4-28 所示的"导航"窗格；随后在文本框中输入搜索内容，并单击"搜索"按钮；这个时候，搜索的结果便会在文档中以黑字黄底的形式显示出来。

方法二：高级查找。

具体操作步骤如下：

① 和简单查找类似，在"开始"选项卡下的"编辑"组中，单击"查找"下拉按钮，在下拉列表中选择"高级查找"命令，弹出如图 4-29 所示的"查找和替换"对话框。

② 切换到"查找"选项卡，随后在"查找内容"文本框中输入需要查找或搜索的文本，并单击"查找下一处"按钮，这时查找或搜索的符合条件的文本便会在文档中以黑字蓝底的形式显示出来。

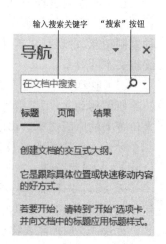

图 4-28 简单查找

③ 随后继续单击"查找下一处"按钮,系统将会在文档后续内容中继续查找符合条件的文本。

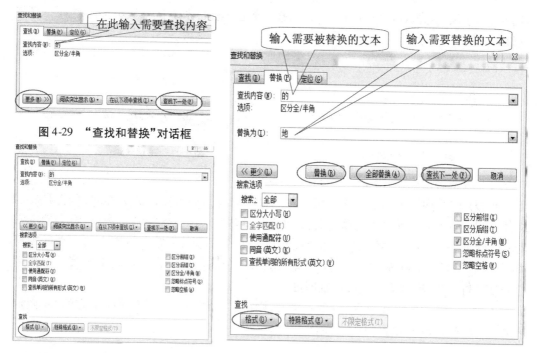

图 4-29　"查找和替换"对话框

图 4-30　特殊格式文本内容查找　　　　图 4-31　替换对话框

需要注意的是,如果需要查找的文本具有特殊的格式,只需要在图 4-29 的对话框中单击"更多"按钮,弹出如图 4-30 所示的对话框,这时,或在"搜索选项"选项组中按要求进行设置,或单击"格式"按钮,在随后打开的菜单中选择需要的命令,并在随后弹出的对话框中按照用户要求进行设置。

(2) 替换文本

按上述方法查找到文本后,若还需要对文档中所有出现的某个字、词或者句子进行替换,同样可以利用"查找和替换"功能来实现。替换的操作和查找类似,具体操作步骤如下:

① 在"开始"选项卡下的"编辑"组中单击"替换"按钮,弹出如图 4-30 所示的"查找和替换"对话框。

② 切换到"替换"选项卡,在"查找内容"文本框中输入需要被替换的文本,然后在"替换为"文本框中输入需要替换的文本。

③ 在如图 4-31 所示的对话框中,常用的有"替换""全部替换""查找下一处"三个按钮,不同的按钮具有不同的使用方式:

● 单击"查找下一处"按钮,其实就是查找文本,系统会将文档中符合条件的文本以黑字蓝底的形式显示出来。

● 单击"替换"按钮,系统会自动按照用户设置的形式进行替换,并自动查找下一处,若在系统中查找完(找不到),会弹出如图 4-32 所示的对话框,提示已经完成对文档的搜索,此时按"确定"按钮,便完成了整个文档指定内容的替换。
- 单击"全部替换"按钮,系统会一次性全部替换完毕,弹出如图 4-33 所示的对话框,并在上面显示完成替换的总次数,此时按"确定"按钮,系统将会从头至尾复查一遍完成整个替换。

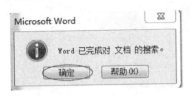

图 4-32　完成替换

图 4-33　全部替换

对于查找替换操作,需要注意的有以下几点:
- 执行"替换"操作,不但可以将查找的文本内容替换为指定的文本内容,而且可以将某一文本格式和特殊格式替换为另外指定的目标格式和特殊格式。例如,将文档中带着重号的某一个字符,替换成红色带下划线的另一个字符等。这时操作方法和替换字符类似,只需要在图 4-31 所示的对话框中单击"格式"按钮,然后在弹出的下拉菜单中按用户需求进行字体、段落等格式的设置即可。
- 若不小心给"查找内容"设置了格式,则单击"查找和替换"对话框下方的"不限定格式"按钮,便可以将设置的格式取消。

4.3　Word 2016 文档格式设置

本小节将在上一节文档基本编辑的基础上,完成文档的基本格式设置,其中包括设置文本格式、设置段落格式等内容。在 Word 文档排版中,除了需要对文档内容的字体、段落等格式进行设置外,有时候还需要对文档进行一些特殊的排版,如设置首字下沉、边框底纹、文档段落分栏排版等。这些特殊的排版方式可以很好地改善文档的外观,使得文档更美观、更引人注目。

4.3.1　文本格式设置

文本格式包括字体、字号、颜色和字符间距、文本效果等,为不同类型的文本格式设置不同的格式,可以使文本变得美观而规范。

一、设置字体基本格式

在 Word 中设置字体格式的方法有以下三种:
1. 使用"字体"功能区工具栏设置

选中要进行设置的文本,选中"开始"选项卡,使用"字体"组中提供的按钮即可对文本格式进行相应的设置。在图 4-34 所示的文本字体设置工具栏中,可以设置的属性包括

以下几种:

• 字体:指文字的外观,设置的时候只需要单击"字体"下拉按钮,在弹出的列表框中选择需要设置的字体即可,Word 提供了多种字体供用户选择,诸如宋体、黑体、楷体等,默认字体为宋体。

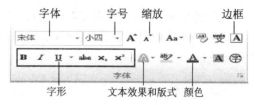

图 4-34 "字体"工具栏

• 字号:指字体的大小,设置的时候可以单击"字号"下拉按钮,在弹出的列表框中选择,也可以在文本框中输入(单位为磅)。

• 字形:指文字的一些特殊外观,如加粗、倾斜、下划线、删除线、上标等。

• 字体颜色:指文字的颜色,Word 文字默认颜色为黑色。设置字体颜色使用"字体颜色"按钮,单击该按钮设置文字颜色为按钮颜色,按钮上的颜色是上一次使用的颜色。如需其他颜色,则单击图 4-34 所示的颜色右侧的下拉箭头,此时有两个方案:一是在主题颜色或标准颜色中选择一种颜色;另一种是单击"其他颜色"按钮,在弹出的"颜色"对话框中,使用 RGB 值设定所需的颜色。

• 边框:可以直接给文字设置边框。

• 缩放:缩放按钮包括"增大字体"和"缩小字体"两个按钮,通过单击它们可以增大或者缩小字号。

图 4-35 设置文本效果

• 文本效果和版式:单击"文本效果和版式"右侧的下拉按钮,弹出如图 4-35 所示的下拉列表。在此界面中通过 Word 中的"文字效果"功能,可以让用户为文本添加图像效果,如轮廓、阴影、映像和发光等。

2. 使用浮动工具栏设置

选中要进行设置的文本,此时选中文本区域的右上角将会出现一个字体格式设置浮动工具栏,使用此工具栏同样可以对文本格式进行设置。

3. 使用"字体"对话框设置

选中要进行设置的文本,在"开始"选项卡下的"字体"组中,单击右下角的"字体"对话框启动器按钮,或单击鼠标右键,在弹出的快捷菜单中单击选择"字体"命令,都将弹出如图 4-36 所示的"字体"对话框。

在"字体"对话框中,选择"字体"选项卡,同样可以设置文本的字形、字体、字号、文本效果和颜色等。

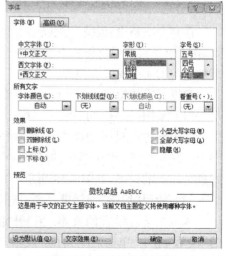

图 4-36 "字体"对话框

需要注意的是,在编辑文档的过程中,有的时候选定的文本可能会是中英文混合的,可以在"字体"选项卡中分别对中文字体和西文字体进行设置,并在预览框查看设置后的文字效果。

二、设置字符间距

字符间距是指字符与字符之间的距离,用户在编辑文档的过程中可以根据排版的需求,改变字符间距、字符宽度和水平位置等,使得文档的排版更合理和美观。设置字符间距的具体操作步骤如下:

① 选择文档中需要调整字符间距的文本。

② 和设置字体基本格式方法类似,在"开始"选项卡下的"字体"组中,单击右下角的"字体"启动器或单击鼠标右键,在出现的下拉菜单中选择"字体"命令,打开"字体"对话框(图4-36)。

③ 选择"高级"选项卡,如图4-37所示,在此主要可以设置以下属性:

● 间距:指的是文本字符之间的间距,包括"标准"、"加宽"(加大字符间距)和"紧缩"(缩小字符间距)三个选项,Word 中默认间距为标准。同样,间距也可以通过在"磅值"文本框中输入相应的值来进行设置,这时"间距"文本框中选项也会根据输入的磅值进行调整。

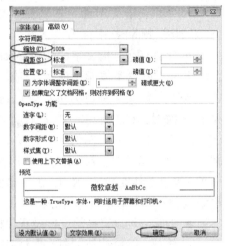

图4-37　设置字符间距

● 缩放:指的是在水平方向上拉伸或者压缩文字,Word 中默认缩放比例为100%,大于这个值,可以使得文字变宽,小于则会使得文字变窄。

④ 在"预览"框中查看设置效果,确认后单击"确定"按钮。

4.3.2　段落格式设置

在整个文档中,段落是构成整个文档的骨架,为了使文档的结构更清晰、层次更分明,Word 提供了大量段落格式设置功能,包括设置一个自然段落的段前、段后间距,行距,段落缩进与文字的对齐方式等。

和设置字体格式方式相类似,段落格式的设置包括以下两种方法:

(1) 使用"段落"功能区工具栏

选中要进行设置的文本段落,在"开始"选项卡中,使用"段落"组中提供的各种按钮,对段落格式进行相应的设置,如图4-38所示。

(2) 使用"段落"对话框

选中要进行设置的文本,在"开始"选项卡中的"段落"组中,单击右下角的"段落"对话框启动器按钮,或单击鼠标右键,在弹出的快捷菜单中单

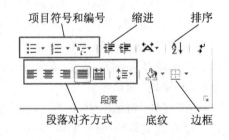

图4-38　段落设置工具栏

击"段落"命令,都将弹出如图4-39所示的"段落"对话框。

下面主要使用第二种方法("段落"对话框)进行段落格式设置。

一、设置段落缩进方式

所谓段落缩进是指文本段落与页面左右边缘的距离。常见的段落缩进方式有左缩进、右缩进、首行缩进等几种情况。具体操作步骤如下:

① 选中要调整段落缩进方式的段落,打开"段落"对话框,并切换至"缩进和间距"选项卡,如图4-39所示。

② 若要设置段落首行文本的缩进,可以在"特殊格式"下拉列表中选择,选项有三种:

- "无":Word中默认的行文本缩进方式,即无缩进。
- "首行缩进":设置段落中首行相对其他行的

图4-39 "段落"对话框

缩进方式。首先,在"特殊"选项中选择"首行";然后,在"缩进值"微调框中输入需要缩进的字符数即可完成。用户也可以自行输入"厘米"作为缩进单位。

- "悬挂缩进":设置段落中除了首行文本外其他文本的缩进方式。首先,在"特殊"选项中选择"悬挂";然后,在"缩进值"微调框中输入需要缩进的字符数即可完成。用户也可以自行输入"厘米"作为缩进单位。

③ 若要设置整个段落所有文本行的缩进,可以在"缩进"选项区域中的"左侧"文本框中输入左缩进值,则所有行从左边缩进相应值,而在"右侧"文本框中输入右缩进值,则所有行都会从右边缩进相应值。

④ 单击"确定"按钮,完成设置。设置过程中,可在"预览"框观察设置效果;设置结束,可在文档中看到设置效果。

段落左缩进也可使用工具栏中"增加缩进量"或"减少缩进量"按钮设置,单击如图4-38所示的"段落"组中的缩进按钮,每单击一次,选定的段落或当前段落左边起始位置便会增加或减少缩进1个字符。

二、设置段落间距

段落间距的设置包括段间距与行距的设置。段间距指的是相邻段落与段落之间的距离,而行距指的是段落中行与行之间的距离,对它们的设置方法如下:

① 选中要调整段落行距和段间距的段落,打开"段落"对话框,切换至"缩进和间距"选项卡下,如图4-39所示。

② 若要设置段落的前后间距,在"段前"或"段后"文本框中输入所需的间距,或单击右侧下三角按钮,在展开的下拉列表中选择已有选项,如"自动""0.5行"等。

③ 若要设置行距,单击"行距"右侧下三角按钮,从展开的下拉列表中选择需要的行间距(如单倍、1.5倍、2倍、固定值等)。

注意:若选择的行距为"最小值"或"固定值",则需要在其后的"设置值"文本框中输入所需的行距数值(单位为"磅");若选择了"多倍行距",则需要在"设置值"文本框中输入行数。如需同时设置多个不连续的段落,可以在按住【Ctrl】键的同时,依次选中多个段落。

④ 单击"确定"按钮,完成设置。设置过程中,可在"预览"框观察设置效果;设置结束,可在文档中看到设置效果。

三、设置段落对齐方式

段落对齐是指文档边缘的对齐方式,Word 中可以设置的对齐方式有两端对齐、居中对齐、左对齐、右对齐和分散对齐。设置段落对齐方式和设置段落间距和缩进方式类似,具体步骤如下:

① 选中需要调整段落对齐方式的段落,打开"段落"对话框,切换至"缩进和间距"选项卡下,如图4-39所示。

② 在"常规"选项区域中,单击"对齐方式"文本框右侧下三角按钮,在展开的下拉列表中选择需要的对齐方式,或单击图4-38所示的"段落"设置工具栏中的"对齐方式"按钮。

③ 设置完成后,单击"确定"按钮,在预览框或返回文档中,同样都可以看到所选段落的对齐方式所进行的调整。

在 Word 中,默认的对齐方式为两端对齐。设置段落的对齐方式,可以使用组合键来实现,如表4-2所示。

表4-2 设置段落对齐组合键

组合键	功　　能
【Ctrl】+【E】	段落居中对齐
【Ctrl】+【Shift】+【J】	段落分散对齐
【Ctrl】+【L】	段落左对齐
【Ctrl】+【R】	段落右对齐
【Ctrl】+【J】	段落两端对齐

四、设置项目符号和编号

在文档的编辑过程中,如果此文档的内容过长而且具有一定的条理性,可以使用 Word 的项目符号和编号功能,对文档中并列的项目进行组织,使得文档结构和内容层次更加清晰分明。

在 Word 中,系统一共提供了7种标准的项目符号和编号,用户可以直接添加,或者根据需求自定义。下面分别就这两种添加项目符号和编号的方式做一简单的介绍。

1. 添加项目符号和编号

选中需要添加项目符号或编号的段落,在图 4-38 所示的"段落"设置工具栏中,单击"项目符号"或"编号"右侧下三角,在之后弹出的下拉列表框中选择需要的项目或编号样式,即可为段落自动添加项目符号或编号,分别如图 4-40 和图 4-41 所示。

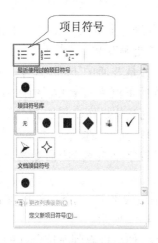

图 4-40　添加项目符号　　　　　　图 4-41　添加编号

注意:当需要添加项目符号和编号的文档段落添加完毕,需要结束自动创建时,可以连续按【Enter】键两次,或者按【Backspace】键删除刚才创建的项目符号和编号。

2. 自定义项目符号和编号

在 Word 中除了可以使用系统提供的项目符号和编号外,用户还可以使用图片、联机图片等多媒体对象自定义项目符号和编号。以自定义项目符号为例,具体操作步骤如下:

① 选中需要添加项目符号的段落,选择"开始"选项卡,在"段落"组中单击图 4-40 所示下拉列表中的"定义新项目符号"按钮,弹出如图 4-42 所示的"定义新项目符号"对话框。

② 在"定义新项目符号"对话框中的"项目符号字符"选项卡中,有"符号""图片""字体"三个按钮,用户可以根据所需选其中一个作为项目符号使用。

例如,单击图 4-42 中"符号"按钮,便可打开"符号"对话框,从中选择合适的符号作为项目符号即可,如图 4-43 所示。

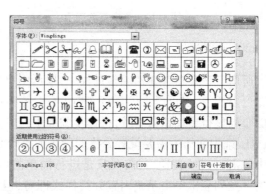

图 4-42　"定义新项目符号"对话框　　　　图 4-43　插入特殊符号

③ 设置完成后,返回至"定义新项目符号"对话框,在"预览"选项区域中可以查看项目符号的效果,满意后,单击"确定"按钮。

④ 返回文档正文,此时在文档中便显示了自定义的项目符号。

五、设置段落首字下沉

首字下沉是指将文档中段首的一个文字放大,并进行下沉或悬挂的一种效果,这种设置方式可以凸显段落或整篇文档的开始位置,使文档更美观和引人注目。

在 Word 中,首字下沉共有两种不同的方式:一种是普通的下沉,另外一种是悬挂下沉。两种下沉方式区别之处在于:前一种方法设置的下沉字符紧靠其他文字,而后一种设置的字符则可以随意移动其位置。设置首字下沉的具体操作步骤如下:

① 将光标放在需要设置首字下沉的段落首,选择"插入"选项卡,在"文本"组中单击"首字下沉"按钮,在之后弹出的下拉列表中选择"首字下沉选项"命令选项,如图 4-44 所示。

② 弹出"首字下沉"对话框,首先在"位置"选项组中单击"下沉"按钮,然后根据需求在"选项"选项组中对首字下沉参数进行设置,如图 4-45 所示。

③ 设置完成后,单击"确定"按钮,返回文档正文,便可以看到所选段落的首字以设置的首字下沉格式进行了调整。

另一种悬挂下沉的设置方式和普通下沉设置方式类似,只需要在"位置"选项组中单击"悬挂"命令按钮即可,而要取消首字下沉效果,单击命令按钮"无"。

图 4-44　首字下沉选项

图 4-45　"首字下沉"对话框

六、设置分栏

所谓分栏是指在文档编辑过程中,根据用户需求将指定页面或者段落划分为若干栏,栏宽可以相等,也可以不等。将文档进行分栏有助于读者阅读,因为这样可以使得整个页面的布局显得更加错落有致,操作步骤如下:

① 选中文档中需要设置分栏的段落或整个页面,选择"布局"选项卡,在"页面设置"组中单击"分栏"按钮,若需要只是进行简单的两栏、三栏或偏左、偏右分栏,只需要在弹出的下拉列表中单击系统内置分栏样式即可,但这里所有的分栏都是等宽的。而一旦需要其他更确切的设置,只需要单击下拉列表中的"更多分栏"命令选项,如图 4-46 所示。

② 在弹出的"分栏"对话框中,首先根据用户需求在"预设"选项组中选择栏数和分隔线,然后在"宽度和间距"选项组中,分别对栏宽、栏间距等参数进行设置,这里可以选中"栏宽相等"复选框,也可以取消此选项,进行栏宽不相等设置,同时也可以在"预览"组中对设置效果进行预览,如图 4-47 所示。

图 4-46 设置分栏选项

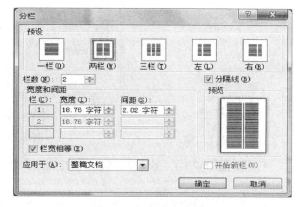

图 4-47 "分栏"对话框

③ 设置完成后,单击"确定"按钮,返回文档正文,便可以看到所选段落或页面的分栏效果。

对于分栏操作需要注意以下几点:
- 进行分栏操作前,必须首先选中分栏的对象,可以是整个文档的内容,也可以是一篇内容或者一段内容。
- 若需要给文档最后一段内容进行分栏,文档尾部回车符不能包含在内。
- 如果要取消分栏,打开"分栏"对话框,在"预设"选项组中选择"一栏"选项,或者在"页面设置"组中单击"分栏"按钮,在弹出的快捷菜单中选择"一栏"命令即可。

七、设置段落边框和底纹

在 Word 中,为了突出某段文字,除了改变它的字体格式大小外,还可以通过设置段落边框和底纹来美化它的外观。和设置段落其他格式方式相类似,段落边框和底纹的设置包括以下两种方法:

(1) 使用"段落"功能区工具栏

选定要进行设置的文字或段落,在"开始"选项卡下的"段落"组中,单击"边框"或"底纹"右侧下三角按钮,在弹出的下拉列表中根据需求选择对应的命令,可以实现快速对边框和底纹的设置,如图 4-48 和图 4-49 所示。

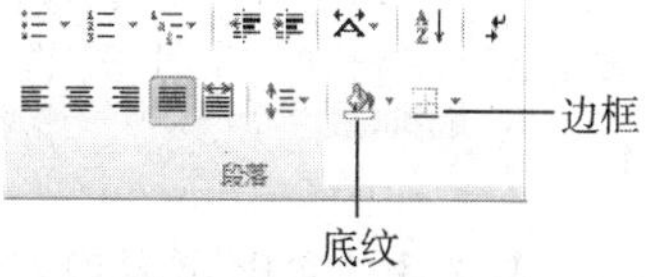

(2) 使用"边框和底纹"对话框

图 4-48 边框和底纹设置

选中需要设置边框和底纹的文字或段落,在"设计"选项卡下的"页面背景"组中,单击"页面边框"按钮,弹出"边框和底纹"对话框。

对段落边框的设置,需要切换到如图 4-50 所示的"边框"选项下来完成,相关的设置如下:

图 4-49　边框　　　　　　　　图 4-50　"边框和底纹"对话框

- "设置"选项区：设置段落四周的边框样式，包括"方框""阴影""三维""自定义"等选项。
- "样式"选项区：在对应的列表框中选择需要的线型。
- "颜色"选项区：通过单击文本框右侧下三角按钮，设置边框的线条颜色。
- "宽度"选项区：通过单击文本框右侧下三角按钮，设置边框线条的宽度（单位为"磅"）。
- "预览"选项区：预览设置的边框样式，或通过单击周围的图示选择或取消边框。
- "应用于"选项区：设置确定要应用边框类型和格式的范围，"段落"即给选中的段落设外边框，"文字"则为整个段落的每行文字设置边框。例如，图 4-51 和图 4-52 分别是选中不同选项后的两种不同效果。

图 4-51　为段落设置边框　　　　图 4-52　为段落中文字设置边框

注意：如果对设置的边框效果不满意或错误，可以选中"设置区"选项中的"无"按钮，取消格式，重新设置。

同样，设置段落底纹的方法也是先选定需要设置底纹和填充色的段落，然后在"边框和底纹"对话框中切换到"底纹"选项卡进行设置。和设置段落边框类似，若要为段落设置底纹，需要在"应用于"选项区的列表框中选定"段落"；否则，选定为"文字"将应用于每行文字中。

4.3.3　文档页面设置和打印

上文主要对文档中文本和段落的基本格式设置进行了介绍，这些设置只会影响到某个页面的局部外观，而在实际文档编辑过程中，还有一个影响文档外观很重要的因素，便是页面设置。页面设置主要包括页面的布局、背景的填充及页眉/页脚的设置等相关内容，这些设置不仅可以美化文档，更重要的是可以对文档进行规范。

一、设置页面

设置页面可以使文档页面更加美观和整齐规范,同时也可以使文字变得紧凑并符合打印要求。对文档的页面设置,包括对页边距、纸张大小、版式及文档网格等相关内容的设置,这些都可以通过选中"布局"选项卡,单击"页面设置"功能组中的各命令按钮来完成,或通过"页面设置"对话框来完成。下面主要介绍通过"页面设置"对话框来完成对页面的设置。

选中"布局"选项卡,单击"页面设置"组中最右边的启动按钮，便可弹出如图4-53所示的"页面设置"对话框,其中包含"页边距""纸张""版式""文档网格"四个选项卡。

1."页边距"选项卡

设置上、下、左、右边距和纸张的方向(纵向或横向),在"应用于"列表框中有"整篇文档"和"插入点之后"两个选项,用户可以按需求选择应用的范围,通常情况下(默认)选择"整篇文档"。而如果需要一个装订边,可以在"装订线"文本框中填入边距的数值,并选择"装订线位置"即可。

同时,Word中预设了一些常用的页边距参数,包括"普通""窄""适中""宽""镜像"五种,用户可直接使用。这时只需要选中"布局"选项卡,单击"页面设置"组中的"页边距"按钮,在弹出的下拉列表中,根据用户需求选择需要的页边距即可,而若没有满足要求的设置,则可以在打开的列表框中选择"自定义边距"命令,再次打开"页面设置"对话框进行设置,如图4-54所示。

图4-53 设置页边距

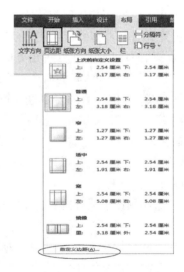
图4-54 使用预设页边距

2."纸张"选项卡

单击"纸张大小"列表框下拉按钮,在标准纸张的列表中选择一项(Word中纸张默认大小为A4),也可以选定"自定义大小",并在"宽度"和"高度"框中分别填入纸张的大小。

同样,选中"布局"选项卡,单击"页面设置"组中的"纸张方向"或"纸张大小"按钮,在弹出的下拉列表中选择纸张方向("横向"或"纵向")。

3. "版式"选项卡

设置节、页眉和页脚在文档中的位置和编排，还有页面垂直对齐方式等内容。

4. "文档网格"选项卡

设置文档中文字排列的方向、每页的行数和每行的字数等内容，还可设置分栏数。若需要设置每行的字符数，必须在"网格"组中选中"指定行和字符网格"单选按钮。同时，若用户想将修改后的文档网格设置为默认格式，在"文档网格"选项卡中单击"设为默认值"按钮即可。

对页面设置完成后，可以在每个选项卡窗口的"预览"区查看效果，满意后，单击"确定"按钮便可完成页面设置，否则可按"取消"按钮取消设置。

二、设置页面边框

和段落边框的设置方法类似，页面边框也是通过"边框和底纹"对话框来完成的。那就是，在"设计"选项卡下的"页面背景"组中，单击"页面边框"按钮，然后在弹出的"边框和底纹"对话框中切换到"页面边框"选项卡，在其中进行相关设置。

三、插入页眉、页脚和页码

页眉和页脚用于显示文档的附加信息，页眉位于页面的顶部，打印在上页边距中；页脚则位于页面的底部，打印在下页边距中。页眉和页脚中通常包括时间、日期、页码、文档主题、文件名和作者名等相关内容，表现形式可以是文字或者图形。

在 Word 中，用户可以根据需求插入多种预设样式的页眉和页脚，而且根据用户需求，可以设置页眉和页脚的特定使用范围，如"全文档使用""奇偶页不同""首页不同"等。对页眉、页脚和页码的建立方法相类似，都可以使用"插入"选项卡下的"页眉和页脚"组中的"页眉""页脚""页码"的命令来实现。

下面以为页眉为例，介绍其插入和删除方法(页脚类似)。

1. 插入页眉(页脚)

插入页眉的方法：选中"插入"选项卡，单击"页眉和页脚"组中的"页眉"按钮，弹出下拉列表，如图 4-55 所示。这时可以有两种选择：

- 选择预设页眉样式：当需要给文档创建一些比较专业或具有特定意义的页眉时，可以直接使用下拉列表中 Word 预设的页眉样式，如奥斯汀、边线型等，然后在此基础上再添加需要的内容即可。

- 自定义页眉样式：如果不想选择预设页眉样式，可单击图 4-55 所示的下拉列表中的"编辑页眉"命令自定义页眉样式。

2. 编辑页眉(页脚)

不管选择了预设页眉样式还是选择列表中的"编辑页眉"按钮进行自定义页眉样式，页眉中的内容都是空的，所

图 4-55　设置页眉

以需要进一步对页眉内容进行编辑。

编辑页眉时,会出现"页眉和页脚工具"选项卡,其中只有"设计"功能区,如图4-56所示。在此功能区,对页眉的编辑主要包括以下几个方面内容:

图4-56　编辑页眉和页脚

- "页眉和页脚"组：可以随时进行页眉、页脚和页码的切换。
- "插入"组：为页眉插入图文集,这里包括插入日期和时间、文档部件、图片和联机图片,对它们的插入只需要单击相应命令按钮,便可打开相应对话框或下拉列表进行进一步设置。
- "导航"组：可以单击"转至页脚"命令,进行页脚的编辑。
- "选项"组：设置页眉显示的方式,可以选择"首页不同""奇偶页不同""显示文档文字"中的一项或几项。
- "位置"组：设置页眉的边距,即页眉和页面顶端的距离,页脚和页面底端的距离,还有其对齐方式(左对齐、居中或右对齐)。
- "关闭"组：当对页眉设置完,需要单击"关闭页眉和页脚"按钮,退出页眉编辑状态。

3. 删除页眉(页脚)

若需要将文档的页眉删除时,可再次切换到"插入"选项卡,单击"页眉和页脚"组中的"页眉"按钮,在展开的下拉列表中单击"删除页眉"命令,即可完成页眉的删除。

4. 插入页码

页码就是给文档每页所编的号码,便于读者进行标记和查找。页码可以添加在页面顶端、页面底端和页边距等位置。要插入页码,可以打开"插入"选项卡,在"页眉和页脚"组中单击"页码"按钮,在弹出的菜单中选择页码的位置和样式,如图4-57所示。

如果要更改页码的样式,可单击"页码"下拉菜单中的"设置页码格式"命令,打开如图4-58所示的"页码格式"对话框,在其中进行设置。

图4-57　插入页码

图4-58　"页码格式"对话框

四、文档预览和打印

完成文档的编辑制作后,首先进行打印预览,按照用户的需求对文档进行修改和调整;然后设置文档的页面范围、打印份数和纸张大小;最后输出文档。

1. 预览文档

在打印文档之前,如果想要预览打印效果,可以使用打印预览功能查看文档的编辑效果。方法如下:单击"文件"选项卡下的"打印"命令,在右侧的窗格中便可以查看工作表的打印效果。

2. 设置和打印文档

预览完文档后,即可打印输出整个文档所有页面或指定页面,具体操作步骤如下:

① 和打印预览类似,单击"文件"选项卡下的"打印"命令,弹出文档预览和打印窗格。

② 单击中间窗格中的"打印"命令直接进行打印。而打印之前,可以设置打印相关参数,如图 4-59 所示,主要设置项有:

图 4-59 打印设置

- 打印份数:通过后面的文本框输入,或通过上、下三角按钮进行选择。
- 页码范围:通过"设置"区中的下三角按钮选择打印当前页、所有页,还是自定义一个范围进行打印等。
- 打印方式:通过"单面打印"选项后面的下三角按钮选择单面还是双面等。
- 对照方式:对照指在打印多份文档时逐份打印,非对照指逐页打印。
- 纸质:通过下三角按钮,选择纸张大小(A4、A5 等)。
- 自定义边距:通过下三角按钮,可选择预设边距或进入"页面设置"对话框重新设置等。
- 单击右下角的"页面设置"命令,弹出"页面设置"对话框,在其中可进行更专业的设置。

4.4　Word 2016 表格的应用

为了增强文档的条理性和简明性,常常需要在文本中制作各种各样的表格,并对表格中的数据进行处理。本节将介绍如何创建、编辑与美化表格,以及如何对表格中的数据进行处理。

4.4.1 表格的创建

在 Word 中,用户可以使用多种不同的方法创建表格。

一、快速创建简单表格

如果用户需要创建的表格的行数不是很多(8 行、10 列以内),可以通过"表格"下拉列表中的虚拟表格区域来完成。具体操作步骤如下:

① 将光标定位到需要插入表格的位置。

② 选中"插入"选项卡,在"表格"组中单击"表格"按钮。

③ 弹出下拉列表后,在虚拟表格区域中,移动鼠标选择要插入的表格的行和列,如图 4-60 所示。

④ 选择好后,单击鼠标左键,这时就会在文档中插入用户所需的表格。

图 4-60 快速插入表格

二、使用"插入表格"对话框创建多行多列表格

如果用户要创建的表格的行数或列数较多,可以通过"插入表格"对话框来完成。具体操作步骤如下:

① 将光标定位在文档中要插入表格的位置。

② 选中"插入"选项卡,在"表格"组中单击"表格"按钮。

③ 在弹出的下拉列表中选择"插入表格"命令,打开"插入表格"对话框。

④ 在"列数"和"行数"输入框中输入表格的行和列的数量(行数可以创建无限行,但列数必须介于 1～63 之间),如图 4-61 所示。

⑤ 单击"确定"按钮,这时文档中就会出现用户自定义行和列的表格。

图 4-61 插入表格对话框

三、使用"绘制表格"工具手动绘制复杂表格

使用"绘制表格"工具可以创建不规则的复杂的表格,如在表格中添加斜线等,而且可以使用鼠标灵活地绘制不同高度或每行包含不同列数的表格。具体操作步骤如下:

① 将光标定位在文档中要插入表格的位置。

② 选中"插入"选项卡,在"表格"组中单击"表格"按钮。

③ 在弹出的下拉列表中选择"绘制表格"命令,鼠标将变成笔形指针;将指针移到文本区中,从表格的一角拖动至其对角,可以确定表格的外围边框。

④ 在创建的外框或已有表格中，利用笔形指针绘制不同高度和宽度的横线、竖线、斜线等。

四、利用已存在的文本转换成表格

在使用 Word 排版或者编辑文档的过程中，对一些有规则排列的文本，可以将它转化成表格形式，特别是一些数据文本，转化后便于进一步计算和处理。操作步骤如下：

① 选定要转换的文本。

② 选中"插入"选项卡，在"表格"组中单击"表格"按钮。

③ 在弹出的下拉列表中选择"文本转换成表格"命令，打开"将文字转换成表格"对话框，如图 4-62 所示。

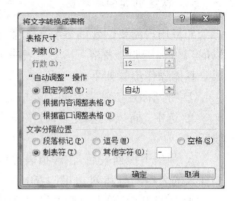

图 4-62 "将文字转换成表格"对话框

④ 在"文字分隔位置"选项组中选择所需选项，以图 4-63 中文本数据为例，该文本中的每一句都是用制表符分隔开的，所以在这里应选择"制表符"单选按钮。

注意： 表格文本各列之间除了用制表符分隔外，还可以使用英文的"逗号""空格字符"或其他指定的字符来分隔，Word 按照换行符和分隔符自动计算表格的行列数。

⑤ 单击"确定"按钮，即可完成文本到表格的转换，如图 4-64 所示。

学号	姓名	性别	班级	成绩
18124	奚春	女	11	91
20121	崔丽	男	12	91
18134	朱茜	女	11	86
20120	陈叶	男	12	88
18327	钱婷	男	11	90
20119	陈宏	男	12	97
20101	蔡杰	男	12	57
20101	曹远	男	12	85

图 4-63 表格文本　　图 4-64 文本转换成表格

4.4.2 表格的编辑

创建表格后，当用户选中表格时，工作界面的功能区会出现一个包含"设计"和"布局"两个选项卡的"表格工具"选项卡，用于调整和设置表格，如单元格的插入、删除、合并、拆分、调整大小、设置边框、底纹和样式等。

一、插入单元格

创建表格后，根据表格中内容的变化，经常需要在表格中插入或删除行、列或单元格。

常用的设置方法有以下几种：

方法一：将光标定位在要插入单元格的目标位置，单击鼠标右键，在弹出的快捷菜单中选择"插入"命令，弹出如图 4-65 所示的下拉菜单，其中各个命令所实现的操作如下：

- 选择"在左(右)侧插入列"：可以在定位光标左(右)侧添加一列单元格。
- 选择"在上(下)方插入行"：可以在定位光标上(下)方添加一行单元格。
- 选择"插入单元格"：弹出如图 4-66 所示的"插入单元格"对话框，除了可以实现整行和整列插入以外，选择"活动单元格右(下)移"可以在选定单元格的左侧(上方)插入新的单元格，新插入的单元格的个数与选定的单元格个数相同。

图 4-65　插入单元格快捷菜单

方法二：光标定位在要插入单元格的目标位置，选择"布局"选项卡，在"行和列"组中通过选择对应的命令按钮，同样可以完成单元格的插入，如图 4-67 所示。

图 4-66　"插入单元格"对话

图 4-67　工具栏插入单元格

方法三：将光标移到表格最右边的边框外，按下【Enter】键，可以在当前行下面插入一行；将光标移到表格框线最左边或最上边的端点，单击出现的"⊕"符号，可以在该符号处增加一行或一列；如果想要在表格最后一行后面再追加一行，只需要将光标移动到表格最后一行最后一列的单元格，按下【Tab】键即可。

二、删除单元格

和单元格的插入类似，如果想要删除表格中的某行、某列或某些指定单元格，在选定目标区域以后，可以通过以下两种方法来完成：

方法一：单击鼠标右键，在弹出的快捷菜单中选择"删除单元格"命令，弹出如图 4-68 所示的"删除单元格"对话框，在其中按需要对删除项进行选择。

方法二：选择"布局"选项卡，单击"行和列"组中的"删除"按钮，在弹出的下拉菜单中进行删除项的选择，如图 4-69 所示。

图4-68 "删除单元格"对话框

图4-69 工具栏删除单元格

三、调整单元格大小

单元格大小包括单元格的行高和列宽，如果需要进行调整，即可以通过鼠标手动调整，也可用某些命令或对话框自动调整。

1．手动调整

方法一：将光标定位到需要调整大小的单元格的水平或垂直框线上，通过纵向或横向拖动鼠标，即可手动调整单元格的行高和列宽。

方法二：将光标定位到需要调整大小的单元格内，选择"布局"选项卡，在"单元格大小"组中分别输入宽度和高度值。

方法三：将光标定位到需要调整大小的单元格内，单击鼠标右键，在弹出的快捷菜单中选择"表格属性"命令，弹出如图4-70所示的"表格属性"对话框，可以切换到表格、行、列、单元格等各个选项卡下，分别设置其大小。

图4-70 设置表格大小

2．自动调整

将光标定位到需要调整大小的单元格内，选择"布局"选项卡，单击"单元格大小"组中的"自动调整"按钮，或单击鼠标右键，在弹出的快捷菜单中选择"自动调整"命令，都可以弹出如图4-71所示有关自动调整的相关命令。

四、设置单元格对齐方式

在"表格属性"对话框中的"表格"选项卡下，可以对整个表格在文档中的对齐方式和环绕方式做设置。表格中文本的对齐方式，除了在"单元格"选项卡下进行设置外，还可以在选中单元格的前提下，选择"布局"选项卡，单击"对齐方式"组功能区相关命令按钮，如图4-72所示，或单击鼠标右键，在弹出的快捷菜单中选择"单元格对齐方式"命令。

图 4-71　自动调整单元格大小　　图 4-72　单元格对齐方式

五、合并或拆分单元格

合并单元格就是将若干独立的单元格合并为一个单元格;而拆分单元格恰恰相反,是将一个单元格拆分成若干独立的单元格。

合并和拆分单元格的方法类似,都是选定要合并或拆分的单元格,选择"布局"选项卡,单击"合并"组中的"合并单元格"或"拆分单元格"按钮;或单击鼠标右键,在弹出的快捷菜单中选择"合并单元格"或"拆分单元格"命令即可。

不同的是,在进行拆分单元格的过程中,会弹出"拆分单元格"对话框,用户只需要在对应的数值框中分别设置行数和列数即可。

六、设置表格边框与底纹

在 Word 中,为了标识和美化单元格的外观,可以对表格的边框和底纹进行编辑。可使用功能区按钮或"边框和底纹"对话框完成操作。

图 4-73　表格边框和底纹设置

(1) 使用功能区按钮

首先选中需要设置边框的单元格、单元格区域或表格;其次选中"表格工具"中的"设计"选项卡,单击"边框"组中的"边框样式"按钮,设置框线样式;而后,在"边框"组中设置框线的样式、颜色、宽度;最后,单击"边框"组中的"边框"按钮,在弹出的下拉列表中根据需求选择相应的边框。

底纹设置同边框设置基本相同。首先,选中需要设置底纹的单元格、单元格区域或表格;其次,在"表格工具"中的"设计"选项卡中,单击"表格样式"组中的"底纹"按钮;最后,在下拉列表中选择底纹颜色。

(2) 使用"边框和底纹"对话框

首先,选中需要设置边框和底纹的单元格、单元格区域或表格;其次,打开"边框和底纹"对话框,常见方法有两种:一是单击"表格工具—设计"选项卡中的"边框"组右下角的启动器,二是单击鼠标右键,在弹出的快捷菜单中选择"表格属性"命令,然后再单击"边框和底纹"按钮;最后,在"边框和底纹"对话框中进行设置。需要设置的内容有:

- "设置"选项区:设置表格四周的边框样式。
- "样式"选项区:在对应的列表框中选择需要的线型。
- "颜色"选项区:设置表格边框的线条颜色。

- "宽度"选项区：设置表格边框线条的宽度(单位为"磅")。
- "预览"选项区：预览设置的表格样式，或通过单击其中的图示选择或取消边框。
- "应用于"选项区：设置确定要应用边框类型的范围，"单元格"即选中的单元格或单元格区域，"表格"则为整个表格区域。

使用"边框和底纹"对话框设置表格底纹，首先切换到"底纹"选项卡，然后选择底纹的填充色和图案，而后设置"应用于"选项区为"表格"或"单元格"，最后单击"确定"按钮完成设置。

七、设置表格样式

除了通过设置表格的边框和底纹来美化表格外，还可以直接应用系统预设的表格样式来快速美化表格，具体操作步骤如下：

① 将光标定位或选中需要设置样式的表格中。

② 选择"设计"选项卡，在"表格样式"组中单击"其他"按钮或上下滚动按钮，在预设样式列表框中进行选择。

若用户觉得表格样式列表框中的样式均不符合要求，可以"其他"按钮的下拉列表中单击"新建表格样式"按钮进行新建。同样，可以通过单击"修改表格样式"和"删除"按钮完成对表格样式的修改和删除。

4.4.3 表格中数据的处理

在 Word 中，可以通过"布局"选项卡下的"数据"组中的"排序"和"公式"按钮，对文档中表格数据进行排序和简单的计算，如图 4-74 所示。

一、对表格数据进行排序

在 Word 中，对表格数据的排序，只需要选定要进行排序的单元格区域，单击图 4-74 中的"排序"按钮，在弹出的"排序"对话框中根据需要进行设置即可，如图 4-76 所示。

排序操作需要选择主要关键字、次要关键字和第三关键字，后两个关键字可省略，设置关键字排序类型(数字、拼音等)，排序方式(升序、降序)。例如，若要对图 4-75 所示的数据按工资排序(工资相同按姓名拼音)，设置方法如图 4-76 所示即可。排好序的数据结果如图 4-77 所示。

需要注意的是，在"排序"对话框中，表格中数据如果有标题行，则需要在"列表"选项中，选中"有标题行"单选按钮，使关键字列表中直接显示表格中的标题字段，否则将显示"列 1""列 2"等。

图 4-74 "排序"和"公式"按钮

职工号	姓名	单位	职称	工资
JS001	王大明	计算机	教授	680
JS002	吴进	计算机	讲师	440
JS003	邢怀学	计算机	讲师	460

图 4-75 排序前数据

图 4-76 "排序"对话框　　　　图 4-77 排序后数据

二、计算表格数据

和 Excel 类似,Word 表格中的数据,也可以使用一个单元格地址来进行标识,标识的方法是:行号使用 1,2,3,…;列号使用 A,B,C,…,如图 4-78 所示。

和 Excel 类似,表格中数据的计算,可以直接引用单元格地址来实现,例如,要对图 4-78 所示数据求平均工资,只需要将光标插入到需要显示结果的单元格中,单击"表格工具—布局"选项卡下"数据"组中的"公式"按钮,打开"公式"对话框,在"公式"文本框中输入公式,并根据需要在"编号格式"中设置数据的输出格式,如图 4-79 所示。

图 4-78 计算平均值

除以上这种手动编写公式的方式外,也可以使用 Word 中自带函数进行计算,方法是:在"公式"对话框中单击"粘贴函数"下拉列表框右侧的下拉按钮,从弹出的下拉列表中选择需要的函数,然后设置其参数。例如,使用函数 AVERAGE( )同样可以实现平均工资的计算,如图 4-80 所示。

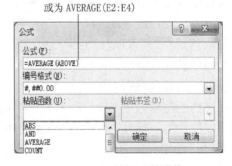

图 4-79 使用公式计算　　　　图 4-80 使用函数计算

需要注意的是,如果选定需要计算的单元格位于一列数值的底部,系统默认函数参数为 ABOVE,表示这一列上方所有的数据。除 ABOVE 之外,Word 公式计算中还可以使用 BELOW、LEFT、RIGHT,以及这些表示范围的单词组合,如"ABOVE,BELOW",含义雷同。

4.5　Word 2016 图文混排

在 Word 中除了可以插入表格外，还可以插入多种对象，如图片、联机图片、SmartArt 图形、文本框、艺术字等。本节主要介绍常用几种对象的插入方法和图文混排格式与布局的设置。

4.5.1　插入图片

为了使文档更加美观和生动，可以在其中插入图片。在 Word 中不仅可以插入联机图片和本地图片，还可以使用屏幕截图功能直接从屏幕中截取画面进行插入，这些都可以在"插入"选项卡下的"插图"组中完成，如图 4-81 所示。

图 4-81　插图组

1. 插入图片

（1）插入联机图片

Word 中可以插入 cn.Bing.com 中的联机图片，插入方法是：首先，选择"插入"选项卡，单击"插图"组中的"联机图片"选项；其次，打开如

图 4-82　联机图片

图 4-82 所示的"插入图片"对话框，在"搜索必应"编辑框中输入关键字，或者单击"必应图像搜索"后输入关键字，单击放大镜标志或按【Enter】键开始搜索；最后，在搜索到的"联机图片"中挑选合适的图片，单击下方"插入"按钮，完成联机图片插入。

在专业增强版及更高版本的 Word 2016 中，"联机图片"是一个独立按钮。

（2）插入当前设备中的图片

插入方法是：首先，选择"插入"选项卡，单击"插图"组中的"图片"按钮，选择"此设备"选项；然后在"插入图片"对话框中，选择图像文件；最后单击"插入"按钮即可完成图片在文档中的插入。

（3）插入屏幕截图

在文档的编辑过程中，若需要截取当前某个应用界面窗口或图片的一部分进行插入，可以使用 Word 自带的"屏幕截图"功能来实现。

选择"插入"选项卡，单击"插图"组中的"屏幕截图"按钮。此时可看到当前已经启动且没有最小化界面的程序界面，若所需截图不在这些图片中，则在弹出的菜单中选择"屏幕剪辑"选项，如图 4-83 所示，便可进入屏幕截图状态，这时拖动鼠标指针，截取所需的图片区域。

图 4-83　屏幕截图

2. 设置图片格式与布局

对于插入的图片,除了利用鼠标调整大小(拖动周围控制点调整)和位置(拖动鼠标移动)外,还可以对其形状格式、布局和大小进行精确设置。

(1) 设置形状格式

包括线条颜色、线型等属性的设置,常用方法有以下两种:

方法一:选中图片,单击鼠标右键,在弹出的快捷菜单中选择"设置图片格式"命令,弹出如图4-84所示的"设置图片格式"任务窗格。

图4-84 设置图片格式

方法二:选中图片,系统会自动打开"图片工具—格式"选项卡,使用该选项卡中的相应功能工具,也可完成相关属性的设置。

(2) 设置布局方式

选中图片,单击鼠标右键,在弹出的快捷菜单中选择"大小和位置"命令,弹出的"布局"对话框,其中包括"位置""文字环绕""大小"三个选项卡,根据需要选择对应的选项卡,分别对图片的布局方式进行设置。

例如,若需要设置图片的环绕方式,单击"文字环绕"选项卡,在"环绕方式"选项区7个选项中选择需要的环绕方式,在下方设置正文距离等选项,如图4-85所示。

图4-85 设置图片布局

4.5.2 插入自选图形

在Word中,除了可以插入图片外,还可以插入一些自选图形,诸如线条、箭头、流程图、标注等。而且很多情况下,需要制作由很多个自选图形组合的复杂图形,包括插入文字等,所以也叫绘制图形。

1. 插入自选图形

Word 提供了一套丰富的形状，供用户制作自选图形，插入步骤如下：

① 选择"插入"选项卡，单击"插图"组中的"形状"下拉按钮，在弹出的下拉列表中单击需要的形状，如图 4-86 所示。

② 将鼠标指针移到文档中，按住鼠标左键拖动鼠标，直到变成需要的大小，松开鼠标左键即可。

2. 设置自选图形格式

选中插入的形状，在框线上单击鼠标右键，在弹出的快捷菜单中选择"插入文字"命令，便可在自选形状中输入文字。

若插入多个自选形状，可以将它们进行组合，组合的方式是：在选中一个形状后，按住【Ctrl】键不放，选中其他形状，在任一形状框线上单击鼠标右键，在弹出的快捷菜单中选择"组合"命令，便可在子菜单中实现图形的组合和取消组合。或者，选中自选形状，在"绘图工具—格式"选项卡下使用相应功能按钮。

在自选形状框线或组合图形框线上单击鼠标右键，在弹出的快捷菜单中选择"设置形状（对象）格式"命令，可以对所选对象的填充与线条、效果、布局属性和图片进行设置；选择"其它布局选项"，可以对形状或形状组合的大小、位置、文字环绕进行设置。也可以在"绘图工具"和"图片工具"选项卡中，对形状或形状组合进行设置，与鼠标右键菜单中的设置效果相同。

图 4-86　插入自选图形

4.5.3　插入 SmartArt 图形

SmartArt 图形是 Word 提供的一种组合了图形和文字，具有一定布局，能够动态增减的图形，其中包括流程图、结构图等。一定情况下，可以很快速地制作出需要的图形。

1. 插入 SmartArt 图形

具体操作步骤如下：

① 选择"插入"选项卡，单击"插图"组中的"SmartArt"按钮，弹出"选择 SmartArt 图形"对话框，如图 4-87 所示。

② 在左侧列表中选择需要的类型，然后在中间窗格中进一步选择合适的图形，单击"确定"按钮便完成了插入。

③ 在打开的文本窗格中，可以输入各个形状的文本内容，按【Enter】键增加新形状，按【BackSpace】键可删除形状。

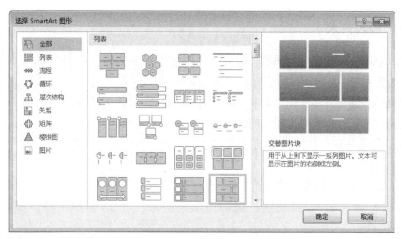

图 4-87　插入 SmartArt 图形

2. 设置 SmartArt 图形格式

若对插入的 SmartArt 图形不满意,选中 SmartArt 图形,可以在"SmartArt 工具"的"设计"和"格式"选项卡中进行进一步设计。

3. 编辑形状

在"SmartArt 工具—设计"选项卡下的"创建图形"组中,通过"文本窗格"可以增减 SmartArt 图形中的形状数量,以及修改 SmartArt 图形中各个形状的组织结构。

4.5.4　插入文本框

文本框是一种图形对象,主要用来存放一些具有特殊格式的文本或图形,可以任意调整其大小,置于文档的任何位置。从文本的排列方式来看,有横排和竖排两种类型的文本框。而从样式来看,除了系统内置的多种文本框样式可以供用户选择外,也可以手动创建文本框。

1. 插入文本框

选择"插入"选项卡,单击"文本"组中的"文本框"下拉按钮,如图 4-88 所示,在弹出的下拉列表中或选择内置样式快速生成,或选择"绘制(竖排)文本框"命令,在适当位置拖动鼠标手动绘制。

图 4-88　插入文本框

插入文本框后,光标将自动定位在文本框中,这时可以输入文本或插入图形,或通过拖动周围控制点调整大小。

2. 设置文本框的格式

文本框作为一种形状对象,其格式设置与有文字的自选图形格式设置完全一样,选定文本框后,通过选择"绘图工具"和"图片工具"选项卡下相应功能工具,或在框线上单击鼠标右键,在弹出的快捷菜单中选择"设置形状格式"或"其它布局选项"命令,来完成诸如颜色、线条、环绕方式等设置。

4.5.5 插入艺术字

为了使编辑的文档更生动和醒目,可以使用艺术字来强调一些特殊的文本内容。

1. 插入艺术字

选择"插入"选项卡,单击"文本"组中的"艺术字"下拉按钮,打开艺术字列表框,在其中选择艺术字的样式,即可完成Word中艺术字的插入,如图4-89所示。

一旦插入艺术字,便可在提示文本"请在此放置您的文字"处输入文本,以及通过拖动周围控制点调整大小。

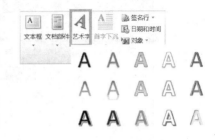

图4-89　插入艺术字

2. 设置艺术字的格式

同样,艺术字也是一种图形,选中艺术字,系统也会自动打开"绘图工具"选项卡,使用该选项卡中的相应功能工具,或在艺术字图形框线上单击鼠标右键,在弹出的快捷菜单选择"设置形状格式"或"设置布局选项"命令,对艺术字的格式和布局进行设置。

4.6　Word 2016 其他操作

为了能更有效且准确地使用Word来编辑和美化文档,除了需要了解以上章节介绍的基本操作外,还需要了解一些其他操作,如设置文档页面背景,插入脚注、尾注和题注及统计字数等。

4.6.1 设置文档页面背景

文档页面背景是指页面自身的颜色或图案,在默认情况下,页面背景颜色为白色无图案,但有时需要为页面添加水印、图案或填充颜色,使文档更加生动和美观。

设置文档页面背景,具体操作方法是:选中"设计"选项卡,在"页面背景"组中单击"水印"和"页面颜色"两个按钮来实现。

1. 为文档添加水印

水印就是印制在文档中的标识信息,在"页面背景"组中单击"水印"按钮,在弹出的下拉列表中,选择预设水印方式或单击"自定义水印"选项,弹出"水印"对话框,其中包括"无水印""图片水印""文字水印"三种,用户可根据需求选择使用。

为文档添加了水印,如果要删除它,可在打开目标文档后,切换到"设计"选项卡,然后单击"页面背景"组中的"水印"按钮,在展开的下拉列表中单击"删除水印"命令即可。

2. 为文档填充颜色

在"页面背景"组中单击"页面颜色"按钮,在展开的颜色下拉列表中,可以有以下几个命令选项供用户选择。

- 主题颜色:可以直接选择所需的页面背景颜色。若需要删除页面颜色,只需要选择"无颜色"命令即可。
- 自定义颜色:若用户需要自定义页面颜色,只需在列表中选择"其他颜色"选项,在弹出的"颜色"对话框中自定义需要的颜色即可。
- 填充效果:Word 提供了多种背景填充效果,如渐变背景效果、纹理背景效果、图案背景效果及图片背景效果等,使用这些效果,可以使文档更具特色化。

要设置背景填充效果,只需在颜色下拉列表中选择"填充效果"选项,便可打开"填充效果"对话框,其中包括"渐变""纹理""图案""图片"四个选项卡。用户根据需求分别打开对应的选项卡设置即可。

4.6.2 批注的插入

在 Word 中,如果想为某些文本进行标注或解释说明,可以通过建立批注来实现。当然,对于建立的批注,可以随时编辑和删除。

建立批注只需要选定要添加批注的文本,单击"审阅"选项卡下的"批注"组中的"新建批注"按钮,这时,即可将批注添加到指定位置,然后在右侧文本框中输入所需的注释内容即可。

一旦给文本添加了批注,就会在文本行右侧空白处生成一个批注,之后若需查看,只需要将鼠标指向这个标志,即可显示编辑好的批注信息。

若要对目标单元格添加的批注进行修改或编辑,可直接选中进行编辑。

若要删除批注,首先选中批注,单击"审阅"选项卡下的"批注"组中的"删除"按钮,或单击鼠标右键,在弹出的快捷菜单中选择"删除批注"命令。若要同时删除所有批注,单击"批注"组中的"删除"下拉按钮,在弹出的下拉列表中选择"删除文档中的所有批注"命令,如图 4-90 所示。

图 4-90 创建和删除批注

同时,当在文档中创建了多个批注时,可以通过"批注"组中的"上一条"和"下一条"按钮切换批注。在"审阅"选项卡下的"批注"组中,还可以设置批注的其他操作,如显示、隐藏批注等。

4.6.3 插入脚注和尾注

在 Word 中,使用脚注和尾注可以对文本进行有效的补充说明,或者对文档中引用的信息进行解释说明。脚注一般位于要插入脚注当前页面的底部,主要用于对文本某处内容进行解释;而尾注一般位于整篇文档的末尾,主要用于列出引文的出处等。

1. 插入脚注和尾注

插入脚注和尾注的方法是：选择"引用"选项卡，在"脚注"组中单击"插入脚注"或"插入尾注"按钮，如图4-91所示，即可在当前页面底端或整篇文档的末尾出现一个脚注或尾注编辑区，并自动添加了脚注和尾注编号。这时，在编辑区域直接输入文本，便可完成脚注或尾注的插入。

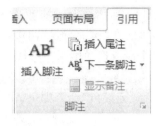

图 4-91　插入脚注和尾注

2. 编辑脚注和尾注

一旦插入了脚注或尾注，还可以对其进行进一步编辑，包括移动、复制或删除等。实际上这些都是针对注释标记进行的，因此要进行移动、复制或删除，首先要在文档中选择注释标记。而一旦对标记做了修改，系统会自动调整其编号。

- 要移动脚注或尾注，可以把注释标记拖到另一位置。
- 要复制脚注或尾注，可以在按住【Ctrl】键的同时，再移动注释标记。
- 要删除脚注或尾注，可以在选择了注释标记后，按下【Delete】键。

注意：在 Word 中真正引用的并不是脚注或尾注本身，而是脚注或尾注的编号，而这个编号是由 Word 自动维护的。

4.6.4　统计字数

在 Word 编辑过程中，用户可以随时快速便捷地查看文档中的字数，而且字数的统计划分很细致，包括页数、段落数、行数等项的统计。

统计字数的方法很简单，只需要选中"审阅"选项卡，在"校对"组中单击"字数统计"按钮，便可弹出"字数统计"对话框，对话框中显示多项统计信息，如图4-92所示。

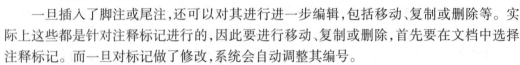

图 4-92　"字数统计"对话框

4.7　本章小结

Word 2016 是 Office 2016 办公软件中一个最重要的组件之一，本章从 Word 的启动和退出出发，首先介绍了 Word 工作界面和功能区。然后对 Word 基础操作，包括文档的创建、打开、关闭和保存，文本的输入和编辑等内容分别做了详细的介绍。之后，介绍了 Word 文档格式设置，包括文本、段落格式设置，文档页面设置和打印等。同时，为了体现 Word 文档编辑的多样性，介绍了 Word 表格和图片的应用，其中包括插入、编辑和布局设置等。最后，为了扩展学习内容，介绍了一些 Word 其他操作，如设置文档页面背景，插入脚注、尾注和题注及统计字数等。

通过本章的学习,读者可以自行编辑图文并茂的 Word 文档。当然,除了本章所介绍的基本操作外,Word 还有一些高级操作技巧,需要读者进一步在实践中摸索学习。

练 习 题

一、思考题

1. Word 有几种视图模式?简述其不同。
2. Word 段落有哪几种对齐方式?
3. Word 文档编辑中,文字下面的绿色波浪线和红色波浪线分别表示什么?
4. Word 中对表格数据的常用计算都有哪些?
5. Word 中可以插入哪些对象?
6. Word 脚注和尾注的区别是什么?

二、选择题

1. Word 文档使用的默认扩展名为_____。
   A. wps   B. txt   C. docx   D. word
2. 在 Word 中,若要将某个段落的格式复制到另一段,可采用_____。
   A. 字符样式   B. 拖动   C. 格式刷   D. 剪切
3. 下列关于 Word 保存文档的描述不正确的是_____。
   A. 快速访问工具栏中的"保存"按钮与"文件"选项卡中的"保存"命令同等功能
   B. 保存一个新文档,快速访问工具栏中的"保存"按钮与"文件"选项卡中的"另存为"命令同等功能
   C. 保存一个新文档,"文件"选项卡中的"保存"命令与"另存为"命令同等功能
   D. "文件"选项卡中的"保存"命令与"另存为"命令同等功能
4. 下列 Word 的段落对齐方式中,能使段落中每一行(包括未输满的行)都能保持首尾对齐的是_____。
   A. 左对齐   B. 两端对齐   C. 居中对齐   D. 分散对齐
5. 打开一个 Word 文档通常指的是_____。
   A. 把文档的内容从内存中读入并显示出来
   B. 把文档的内容从磁盘调入内存并显示出来
   C. 为指定文件开设一个空的文档窗口
   D. 显示并打印出指定文档的内容
6. 在 Word 中,与打印预览基本相同的视图方式是_____。
   A. 普通视图   B. 大纲视图   C. 页面视图   D. 全屏显示
7. 如果在 Word 中单击某个组中的"对话框启动器按钮",会发生的情况是_____。
   A. 临时隐藏功能区,以便为文档留出更多空间

B. 对文本应用更大的字号

C. 将看到其他选项

D. 弹出一个对话框

8. 在对 Word 文档进行编辑时,文字下面有红色波浪线表示_____。

A. 对输入的确认　　　　　　　　B. 可能有语法错误

C. 可能有拼写错误　　　　　　　D. 已修改过的文档

9. 在 Word 工作过程中,当光标位于文中某处,输入字符,通常都有_____两种工作状态。

A. "插入"与"改写"　　　　　　B. "插入"与"移动"

C. "改写"与"复制"　　　　　　D. "复制"与"移动"

10. 在对 Word 文档进行编辑时,文字下面有绿色波浪线表示_____。

A. 对输入的确认　　　　　　　　B. 可能有语法错误

C. 可能有拼写错误　　　　　　　D. 已修改过的文档

11. 在 Word 中,下列关于自选图形的填充效果的说法错误的是_____。

A. 可以为自选图形设置无色填充

B. 可以为自选图形设置纯色填充

C. 可以为自选图形设置渐变色填充效果、纹理填充效果和图案填充效果

D. 无法将图片设为自选图形的填充效果

12. 在 Word 中,要想使所编辑的文件保存后不被他人查看,可以在"文件"选项卡中选择"信息"命令,在"保护文档"选项中设置_____。

A. 文件的属性　　　　　　　　　B. 建议以只读方式打开

C. 文件保护密码　　　　　　　　D. 快速保存

13. 在 Word 中,需要调整表格的行高和列宽时,可以右击表格,在快捷菜单中选择_____命令调整行高和列宽。

A. "表格属性"　　　　　　　　　B. "单元格"

C. "自动套用格式"　　　　　　　D. "插入表格"

14. 在 Word 的"字体"对话框中,不可设定文字的_____。

A. 字间距　　　B. 字号　　　C. 删除线　　　D. 行距

15. 在 Word 中查找和替换正文时,若操作错误,_____。

A. 可用"撤消"命令来恢复　　　B. 必须手工恢复

C. 无可挽回　　　　　　　　　　D. 有时可恢复,有时就无可挽回

16. 在 Word 中,_____用于控制文档在屏幕上的显示大小。

A. 全屏显示　　B. 显示比例　　C. 缩放显示　　D. 页面显示

17. Word 在正常启动之后会自动打开一个名为_____的文档。

A. 1.doc　　　B. 1.txt　　　C. Doc1.doc　　　D. 文档1

18. 在编辑 Word 文档中,按【Ctrl】+【A】组合键可以_____。

A. 选定整个文档　　　　　　　　B. 选定一段文字

C. 选定一个句子　　　　　　　　D. 选定多行文字

19. 在 Word 文档中,新建空白文档,可按组合键_____。
   A.【Ctrl】+【Y】　　B.【Ctrl】+【Z】　　C.【Ctrl】+【O】　　D.【Ctrl】+【N】
20. 在 Word 文档中,若要将文档中的所有"电脑"一词修改成"计算机",可能使用的功能是_____。
   A. 查找　　　　　B. 替换　　　　　C. 自动替换　　　D. 改写
21. 在 Word 文档中的"布局"选项卡中,不能进行_____操作。
   A. 插入分页符　　B. 插入分节符　　C. 插入页码　　　D. 设置页面
22. 在 Word 文档中,可以将页码插入文档的_____。
   A. 页眉区　　　　B. 页脚区　　　　C. 页边距　　　　D. 以上都对
23. 在 Word 文档中共有_____种段落对齐方式。
   A. 4　　　　　　B. 5　　　　　　C. 3　　　　　　D. 6
24. 在 Word 文档中,可以设置的字体格式包括_____。
   A. 字体样式　　　B. 字号　　　　　C. 字体颜色　　　D. 以上都对
25. 在 Word 的_____视图方式下,可以显示分页的效果。
   A. 大纲　　　　　B. 页面　　　　　C. Web 版式　　　D. 阅读版式视图
26. 在 Word 文档中,要插入图片,可在_____选项卡下操作。
   A."开始"　　　　B."布局"　　　　C."设计"　　　　D."插入"
27. 在 Word 文档中,插入自选图形时,单击_____按钮。
   A."图片"　　　　B."图表"　　　　C."形状"　　　　D."图表"
28. 在 Word 文档中,利用"插入表格"按钮可以快速插入一个最大为_____的表格。
   A. 8 行 10 列　　B. 10 行 10 列　　C. 7 行 7 列　　　D. 10 行 8 列
29. 在 Word 中,合并与拆分操作一般是在_____选项卡中进行的。
   A."开始"　　　　B."插入"　　　　C."布局"　　　　D."引用"
30. 在 Word 文档中,给表格添加边框和底纹是在_____选项卡中进行的。
   A."布局"　　　　B."布局"　　　　C."设计"　　　　D."插入"

三、操作题

1. 请在本地盘符建立的 Word 文件中录入下面这段文字,并按要求进行排版。

"神舟"六号一两年内将升空

就在全国瞩目"神舟"五号载人航天飞行成功的同时,其"后继者"——中国第二艘载人飞船"神舟"六号也已基本完成主部件建设,将进入组装、调试和试验阶段,并有望在一两年之内发射升空。

比起"神舟"五号,"神舟"六号的技术状态很类似,但不同在于:将不止搭载一个航天员,而将有两三名航天员协同"作战"太空,同时搭载更多的实验品,且飞天的时间也更长。

虽然"神舟"六号将比"神舟"五号多载人,但两者的大小、重量、设备等基本不变。具体说来,"神舟"五号在设计上本来就有载 3 人飞 7 天的能力,"神舟"六号将只在人数和天数上有所增加,按照"神舟"飞船的最大载荷工作。要说有变化,变化最大的应该是在飞船最前端的附加段,这个部分以后会带上更多的实验项目。

其实,早在 2002 年 3 月"神舟"三号在酒泉卫星发射中心成功发射以后,江泽民同志就在讲话中宣布了中国载人航天"三步走"的规划。

根据具体国情,我国的载人飞船"三步走"计划将在 20 年内完成,具体包括:第一阶段是突破载人技术,"神舟"五号和"神舟"六号都属于这个阶段,为的是让中国的航天员顺利实现"遨游九天"。第二阶段是空间实验室工程,即建立短期有人照顾、长期自主运行的空间实验室,实现飞船和飞船(或目标飞行器)的空间交会对接,并能让航天员出舱活动。第三阶段是建立长期性、5~15 年甚至更长时间的永久空间站。

本题排版要求:

(1) 将标题文字设为小二号,华文行楷,居中对齐。正文格式化为宋体四号,单倍行距,首行缩进 2 个字符。

(2) 给文中以"其实"开始的段落加上双线型下划线。

(3) 给文档末尾插入一个联机图片,联机图片类型为:"地图"类型中的任意一个图片,并将图片格式设置为浮动式,放置于文档右下角。

(4) 将文中"虽然"开始的段落分为两栏。

(5) 在以"其实"开始的段落后插入一个 4 行 3 列的表格,并在表头的三个单元格中分别输入"第一阶段""第二阶段""第三阶段",将表头文字设置为水平居中、垂直居中。

(6) 在以"就在全球瞩目"开始的段落后绘制一个圆形,内含文字"神舟五号",绘制一个矩形,内含文字"腾飞",用有箭头线相连。

(7) 在文档的末尾插入一个数学公式:$\int_{b}^{a} \dfrac{\mathrm{d}x}{x^2 \sqrt{x}}$。

(8) 将编辑好的文档命名为 Word1.docx。

2. 请在本地盘符建立的 Word 文件中录入下面这段文本,并按要求进行排版。

姓名	基本工资	职务工资	岗位津贴
张远	307	702	411
高凤	225	545	326
杨杨	462	820	620
赵其	362	780	470

本题排版要求:

(1) 将此文本转换成一个 5 行 4 列的表格。

(2) 在最后一行后面插入新的一行,在最左边的单元格中输入"平均值"。

(3) 在表格最后一行利用公式或函数计算相应列上方内容的平均值。

(4) 设置表格所有列宽为 2.6 厘米、行高为 0.8 厘米。

(5) 设置表格外框线和第一行与第二行间的内框线为 3 磅绿色单实线,其余内框线为 1 磅绿色单实线,设置表格为浅黄色底纹。

(6) 表格居中,并设置表格中的所有内容右对齐、顶端对齐。

(7) 将编辑好的文档命名为 Word2.docx。

第 5 章 Excel 2016 电子表格处理软件

Excel 2016 是 Microsoft Office 2016 办公编辑软件中最重要和基础的组件之一,因其具有功能完善、界面简明等特点,广泛应用于管理、统计、财经及金融等领域,主要用于数据处理、统计分析和辅助决策等。

本章介绍 Excel 2016(以下简称 Excel)工作界面、功能区和各种基本操作方法。

通过本章的学习,应该主要掌握以下基本内容:

- Excel 的启动和退出。
- Excel 的功能界面和功能区介绍。
- 工作簿、工作表、单元格及单元格区域等基本概念及它们之间的关系。
- 工作簿、工作表的创建、打开、关闭和保存等基本操作。
- 工作表中单元格的基本操作。
- 单元格中输入数据的方法和数字格式的设置方法。
- 公式和函数的使用。
- 图表的创建和编辑。
- 数据排序、筛选、分类汇总等。
- Excel 的其他操作,包括打印预览、建立批注、保护数据等。

5.1 Excel 2016 简介

5.1.1 启动和退出

一、Excel 2016 的启动

启动 Excel 2016 和启动其他应用软件的方法基本相同,常用的有以下几种方式:

方法一:在 Windows 10(Windows 7 中类似)中,单击 Windows 任务栏左侧的"开始"按钮,在所安装的程序中找到并单击"Excel"图标。

方法二:双击桌面上 Excel 2016 应用程序的快捷方式图标(如果存在)。

方法三:如果 Excel 2016 是最近经常使用的应用程序之一,在 Windows 操作系统下,单击屏幕左下角的"开始"菜单按钮,Microsoft Excel 2016 会出现在"开始"菜单中,直接单击即可。

方法四:若已存在用户创建的 Excel 文件(扩展名为.xlsx 或.xls),直接双击即可启动运行 Excel 2016 应用程序,同时会打开该文件。使用这个方法的前提是计算机中已安装 Excel 2016,并且 Excel 2016 是 Excel 文件的默认应用程序。

需要注意的是,Excel 2016 具有兼容的功能,也就是说,使用 Excel 2016 可以打开以前的 Excel 版本(如 Excel 2010/2007 等)所创建的各种 Excel 文件。

二、Excel 2016 的退出

退出 Excel 2016 和退出其他应用软件的方法基本相同,常用的有以下几种:

方法一:单击 Excel 2016 窗口界面右上角的"关闭"按钮。

方法二:右键单击 Excel 2016 窗口标题栏的空白处,在弹出的快捷菜单中选择"关闭"命令,或使用组合键【Alt】+【F4】关闭程序。

方法三:单击"文件"菜单下的"关闭"命令,这个方法只能关闭 Excel 2016 打开的工作簿,但不退出 Excel 2016。

若启动 Excel 后对工作簿进行过编辑而未保存,在使用上述任何一种方式退出时,系统都会弹出一个如图 5-1 所示的提示对话框,提示用户是否对新建的工作簿进行保存。若需要保存,按"保存"按钮进行存盘;若不需要,则按"不保存"按钮直接退出;若还需要进一步编辑,则按"取消"按钮退出。

图 5-1 Excel 提示保存对话框

5.1.2 界面介绍

Excel 工作簿的工作界面如图 5-2 所示,除了包含与其他 Office 软件相同的界面功能元素之外,如"文件"选项卡、快速访问工具栏、标题栏、功能区、视图切换按钮等,还有这个软件所具有的特定组件,如单元格地址、单元格、切换工作表、工作表标签和编辑栏等组件。下面就其中几个常用功能部件的主要功能进行介绍,其他组件会在后续相关章节中进行介绍。

1. "文件"选项卡

"文件"选项卡位于界面的左上角,可实现工作簿的打开、保存、打印、新建和关闭等常用功能。

2. 快速访问工具栏

用户可以使用快速访问工具栏实现常用的功能,如保存、撤消、恢复、关闭等,用户可以增减常用命令。

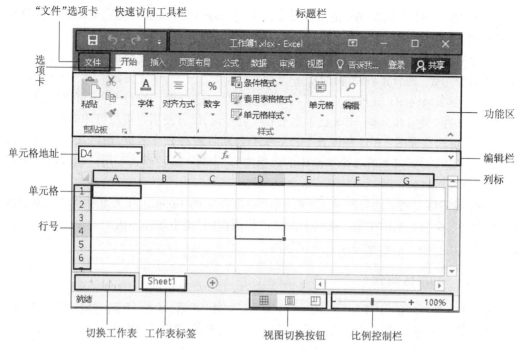

图 5-2 Excel 工作界面

3. 标题栏

标题栏显示正在编辑的文档的文件名及文件类型,同时为用户提供了"功能区显示选项""最小化""最大化""关闭"四个常用按钮。

4. 选项卡和所对应的功能区

功能区将控件对象划分为多个选项卡,在选项卡中又将控件细化为不同的组。它与其他软件中的"菜单"或"工具栏"作用相同。

Excel 功能区默认有 8 个选项卡,分别是"文件""开始""插入""页面布局""公式""数据""审阅""视图"。

5. 切换工作表

若一个工作簿中包含多张工作表,这时工作表标签显示不完整,可以使用"切换工作表"按钮进行切换显示。

6. 工作表标签

工作表标签主要用于显示工作表的名称,单击工作表标签将激活此工作表,使其变为当前工作表。

7. 行号和列标

行号和列标用来标识工作表中数据所在的位置,它们也是单元格地址的两个必需的组成部分。

8. 视图切换按钮

Excel 中主要有 3 种视图模式,分别为普通视图、页面布局视图和分页预览视图,用户可以根据需要更改当前正在编辑表格的显示模式,此时虽然表格的显示方式不同,但其内容是不变的。同时在 Excel 中,由于视图模式不同,其操作界面也会发生变化。下面分别对各种视图模式做一简单介绍。

- 普通视图:它是 Excel 的默认视图,在该模式下仅可以对表格进行设计和编辑,而无法查看页边距、页眉和页脚等信息。
- 页面布局视图:这种模式除了可以对表格数据进行设计编辑外,还可以实时查看和修改页边距、页眉和页脚,同时显示水平和垂直标尺,以方便用户进行打印前的编辑。
- 分页预览视图:在这种模式下,Excel 会自动将表格分成多页,通过拖动界面右侧或者下方的滚动条,可查看各个页面中的数据内容,当然在这种模式下用户也可以对表格数据进行设计编辑。

打开视图模式的方法有两种,除了使用图 5-2 所示的 Excel 工作界面中的"视图切换按钮"以外,还可以选中"视图"选项卡,在"工作簿视图"组中选择相应的命令按钮。在此选项卡中,用户还可以根据需求自定义视图。

5.1.3 功能区简介

Excel 中基本功能分为八大选项卡,分别为:文件、开始、插入、页面布局、公式、数据、审阅和视图。各选项卡中又分为不同的功能组,方便用户切换、选用。

1. "文件"选项卡

"文件"选项卡中包含与文件有关的常用命令,如文件的保存、打开、新建及打印等。除此之外,单击"打开"命令的"最近"选项,会列出最近使用过的文件及位置,方便用户再度使用这些文件。

2. "开始"选项卡

"开始"选项卡中包括 Excel 的基本操作功能,如剪贴板、字体、对齐方式、数字、样式、单元格及编辑等功能设置都在这个选项卡中实现,如图 5-3 所示。

图 5-3 "开始"选项卡

需要注意的是,Excel 启动后,默认打开"开始"选项卡,使用时,可以根据需要选择其他的选项卡。

3. "插入"选项卡

在"插入"选项卡中,提供了表格、插图、加载项、图表、演示、迷你图、筛选器、链接、文本及符号等功能,如图 5-4 所示。

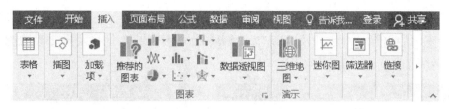

图 5-4 "插入"选项卡

4. "页面布局"选项卡

在"页面布局"选项卡中,提供了主题、页面设置、调整为合适大小、工作表选项及排列等功能,如图 5-5 所示。

图 5-5 "页面布局"选项卡

5. "公式"选项卡

在"公式"选项卡中,提供了函数库、定义的名称、公式审核和计算等功能,用于实现 Excel 表格中的各种数据计算,如图 5-6 所示。

图 5-6 "公式"选项卡

Excel 函数库中包含 11 类函数,这些函数涉及函数计算的各个方面。最常使用的函数有:数据求和函数 SUM( )、求平均值函数 AVERAGE( )、求最大值函数 MAX( )、求最小值函数 MIN( )、计数函数 COUNT( )、条件函数 IF( )、条件计数函数 COUNTIF( )、数值排名函数 RANK( )、条件求和函数 SUMIF( )等,这些函数的用法参阅 5.4.2。

6. "数据"选项卡

在"数据"选项卡中,包括获取外部数据、获取和转换、连接、排序和筛选、数据工具、预测和分级显示等功能,使用这些功能实现对数据的条件格式、排序、筛选、分类汇总及分析,体现数据表中数据内在的联系或更深层次的含义,如图 5-7 所示。

图 5-7 "数据"选项卡

7. "审阅"选项卡

在"审阅"选项卡中,包括校对、中文简繁转换、见解、语言、批注及更改等功能,如图 5-8 所示。

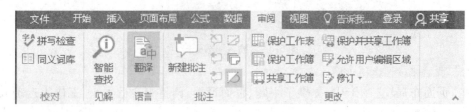

图 5-8 "审阅"选项卡

8. "视图"选项卡

在"视图"选项卡中,包括工作簿视图、显示、显示比例、窗口及宏等功能,如图 5-9 所示。

图 5-9 "视图"选项卡

9. 隐藏与显示"功能区"

功能区可以使用"隐藏"按钮或"恢复"按钮进行隐藏和显示,如图 5-10 所示;也可以使用标题栏"功能区显示选项"设置功能区的显示、隐藏、自动隐藏。

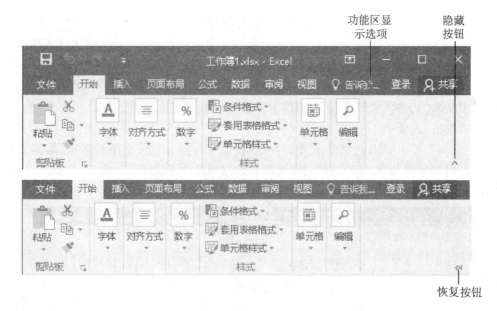

图 5-10 隐藏与显示功能区

除了使用鼠标单击选项卡及不同组中的按钮外,也可以按下键盘上的【Alt】键,显示出各选项卡及按钮的快捷键提示信息。如图 5-11 所示,按下【Alt】键,显示出各选项卡的快捷键,再按下【H】键,则显示出"开始"选项卡下不同组中的按钮的快捷键,如图 5-12 所示。可以按下相应字母或数字键,实现相应的功能,这是 Office 软件的通用方法。

图 5-11　显示按钮的快捷键

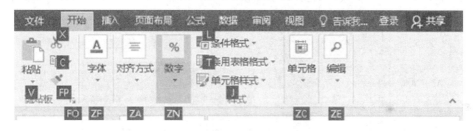

图 5-12　显示按钮的快捷键

10. 自定义功能区

用户可以自定义功能区的选项卡,操作的方法是:在功能区的空白处右击鼠标,在弹出的快捷菜单中,单击"自定义功能区",在打开的"Excel 选项"对话框中进行相关操作,这是 Office 软件的通用方法。

5.2　Excel 2016 的基础操作

使用 Excel 之前,首先要求掌握相关基本概念,如工作簿、工作表、单元格及单元格区域等,然后才能理解和掌握工作簿和工作表的基本操作,如工作簿和工作表的创建、保存、相关的编辑和设置等。只有了解和掌握了这些内容,才能正确地使用 Excel 对表格数据进行处理和管理。

5.2.1　基本概念介绍

在学习利用 Excel 处理和分析数据之前,首先应该先了解工作簿、工作表和单元格等基本概念,弄清楚它们之间的关系。

1. 工作簿和工作表

Excel 文档被称为"工作簿",工作簿是 Excel 使用的文件架构,可以将它想象成是一个工作夹,在这个工作夹里面有许多张工作纸,这些工作纸就是工作表。

Excel 2016 工作簿的文件默认扩展名是 xlsx。默认情况下,一个工作簿包含至少一张工作表,默认在工作表标签中显示的工作表名称为 Sheet1、Sheet2、Sheet3,单击不同工作表标签可以实现工作表之间的切换。如果工作簿中的工作表个数不能满足用户需求,可以根据需要添加或者删除工作表。

2. 单元格与单元格区域

工作表上面的一行英文字母 A、B、C……称为列序号,工作表左边的阿拉伯数字 1、2、3……称为行序号,行序号与列序号交汇的位置称为单元格,它可以存放文字、数字、公式或声音等信息,单击行序号或列序号可选中整行或整列。在工作表中,每个单元格都有其固定的地址,一个地址也只表示一个单元格。例如,A3 就表示位于 A 列与第 3 行交汇处的单元格。如果要表示连续的单元格区域,用"区域左上角单元格地址:区域右下角单元格地址"来表示。例如,D2:F4 表示从单元格 D2 到单元格 F4 整个区域,如图 5-13 所示。

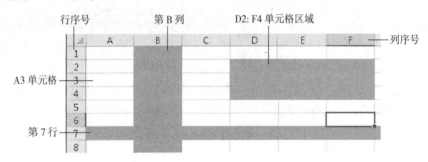

图 5-13　单元格与单元格区域

3. 工作簿、工作表、行、列及单元格之间的关系

通过以上的概念描述和分析可知,单元格是工作表的最小单位,单元格在垂直和水平方向上构成列和行。Excel 2016 中,工作表的最大列号是 XFD,最大行号是 1 048 576。同时工作表也可以看作是由单元格、行或列构成的,一张或多张工作表又构成了 Excel 工作簿,保存 Excel 文件,即是保存工作簿,一旦保存了工作簿,便同时保存了工作表及其中的所有单元格。

5.2.2　工作簿的基本操作

在对 Excel 基本工作界面和功能区及相关基本概念有所了解后,本节将详细介绍工作簿的基本操作,包括新建、保存、打开和关闭等。

1. 新建工作簿

在使用 Excel 工作表输入和分析处理数据之前,必须先新建一个工作簿。新建工作簿的常用方法有以下两种:

方法一:启动 Excel 应用程序,系统会自动生成一个新的工作簿。

方法二:在 Excel 工作界面中,单击"文件"选项卡下的"新建"命令,在中间的"可用模板"列表框中单击"空白工作簿"。

新建空白工作簿默认名为"工作簿 X",用户可以根据需求在保存时对它进行重命名。用户新建 Excel 工作簿时也可选择其他模板,此时只需要根据操作提示逐步输入数据或设置数据来源即可创建所需的文档。

2. 保存工作簿

和使用其他应用软件一样，用户在对工作表进行操作编辑的过程中，应随时对文件进行保存，以防止突发断电、死机等情况，造成数据的丢失。保存工作簿的常用方法有以下几种：

方法一：在 Excel 工作界面中单击"快速访问工具栏"中的保存按钮 🖫 。

方法二：单击"文件"选项卡下的"保存"命令。

上述两种方法均可以实现对工作簿的保存。新建 Excel 文件，未保存文件就直接关闭 Excel 程序时，程序会弹出一个如图 5-1 所示的保存提示对话框。若 Excel 工作簿第一次保存或另存为其他文件时，需要设置工作簿的位置、文件名、保存类型及其他保存选项。而在工作簿进行过一次保存后，若之后还进行过编辑或修改，便直接按相应的"保存"按钮进行保存即可。

方法三：单击"文件"选项卡下的"另存为"命令。若是新建的文档，方法二与方法三效果完全一致；若原文件已经存在，这种保存方法将按照文件当前内容创建新的文件。

3. 打开工作簿

在安装有 Excel 应用程序的计算机中，当前计算机存在的 Excel 工作簿可被打开并进行查看、修改、保存等操作。打开工作簿的常用方法有以下几种：

方法一：在 Excel 工作界面中，单击"文件"选项卡下的"打开"命令。

方法二：在 Excel 工作界面中，使用组合键【Ctrl】+【O】。

方法三：若文件类型默认应用为 Excel 2016，直接双击 Excel 文件图标即可。

4. 关闭工作簿

不需要编辑工作簿时，保存后可将其关闭。关闭工作簿请参照 5.1.1 所述各种退出 Excel 方式，这些方式将直接关闭，或者提示用户保存修改后关闭当前打开的文档或 Excel 程序。

5.2.3 工作表的基本操作

工作表的基本操作包括新建、重命名、删除、复制或移动、隐藏或显示等。

1. 新建工作表

Excel 中，默认情况下，新生成的一个工作簿包含 1—3 张工作表（可在 Excel 选项中指定）。新建工作表的常用方法有以下几种：

方法一：在 Excel 工作界面中，单击工作表标签右侧的图标 ⊕，如图 5-14 所示。

图 5-14　工作表标签

方法二：选中当前工作表，右击要插入的工作表后方的工作表标签，在弹出的快捷菜单中单击"插入"命令，打开"插入"对话框，在此对话框中单击"工作表"选项，然后单击"确定"按钮，便可在已有工作表左侧插入一张新的工作表。

方法三：打开"开始"选项卡，在"单元格"选项组中单击"插入"按钮，然后在下拉按钮菜单中单击"插入工作表"命令，即可插入一张新的工作表，而插入的工作表位于当前工作表的左侧。

2. 重命名工作表

不管是启动 Excel 时自动生成的工作表，还是用户根据需要自动新建的工作表，它们都是以 Sheet1、Sheet2 等来进行命名，但为了在实际应用过程中做到文件名的"见名知意"，以方便记忆和有效管理，这个时候便需要用户来对工作表进行重命名。重命名一个工作表的常用方法有以下几种：

方法一：在工作表标签中，双击相应的工作表名称。

方法二：选中需要修改的工作表名称，单击鼠标右键，在弹出的快捷菜单中选择"重命名"命令。

方法三：选中"开始"选项卡，在"单元格"组中选择"格式"按钮，然后在弹出的下拉菜单中选择"重命名工作表"命令。

使用上述三种方法都可以使原来的工作表名称变成全灰的填充色，这个时候只需要重新输入新的工作表名称，以回车键结束输入，即可完成重命名操作。

3. 删除工作表

在编辑工作簿的过程中，如果不需要某些工作表时，可以选择将其删除。删除一张工作表的常用方法有以下几种：

方法一：选中需要删除的工作表标签，单击鼠标右键，在弹出的快捷菜单中选择"删除"命令。

方法二：选中"开始"选项卡，在"单元格"组中选择"删除"按钮，然后在弹出的下拉菜单中选择"删除工作表"命令。

以上两种方法都可以完成工作表的删除工作，掌握其中一种即可。

4. 移动和复制工作表

在使用 Excel 进行数据处理时，经常需要在工作簿内或工作簿之间移动或复制工作表。下面分别对相关操作的实际操作方法做简单介绍。

(1) 在同一个工作簿内移动或复制工作表

相对来说，在同一个工作簿中移动或复制工作表的操作方法比较简单。如果需要在当前工作簿中移动已有的工作表，只需要选定需要移动的工作表，然后沿工作表标签行拖动至目的位置即可。

如果需要在当前工作簿中复制已有的工作表，只需在按住【Ctrl】键的同时拖动选定工作表，然后在目的位置释放鼠标即可。

注意：这个时候必须先释放鼠标，再松开【Ctrl】键。

需要注意的是，如果复制工作表，则新生成工作表的名称便是在源工作表的名称后加了一个用括号括起来的数字，这时候只是工作表名称不一样，但内容完全一样。例如，源工作表名为 Sheet1，则经过一次复制后的工作表名为 Sheet1(2)，一张工作表可以进行多次复制。

(2) 在不同的工作簿之间移动或复制工作表

在不同的工作簿之间移动或复制工作表最常用的方法是使用"移动或复制工作表"

对话框,这个方法要求两个工作簿必须处于打开状态。同时,这个对话框也可以完成在同一个工作簿内工作表的复制或移动操作。其操作步骤如下:

① 选中当前工作簿中的某一个需要移动或者复制的工作表标签。

② 在工作表标签上单击鼠标右键,并在弹出的快捷菜单中选择"移动或复制"命令,或者选择"开始"选项卡下的"单元格"组中的"格式"按钮,然后在弹出的下拉菜单中选择"移动或复制工作表"命令。

以上两种方法均会打开一个如图 5-15 所示的"移动或复制工作表"对话框。

③ 打开了"移动或复制工作表"对话框,若需要将当前工作表移动到其他工作簿中,只需要在对话框中的"工作簿"下拉列表框中选择目的工作簿名称即可,而若需要移动到当前工作簿其他位置,则需要在"下列选定工作表之前"列表框中选择某一个满足要求的工作表,单击"确定"按钮,当前工作表便会移动到选择的工作表之前。

以上方法实现的是工作表移动,若想实现工作表的复制,只需要在上述操作的基础上,选中"建立副本"复选框即可。

5. 隐藏和显示工作表

在编辑工作簿的过程中,有时需要将工作簿中的某个工作表隐藏起来,这时只需要右击该工作表标签,在弹出的快捷菜单中选择"隐藏"命令即可。

若要显示工作簿中之前隐藏的工作表,可以右击任意一个工作表标签,在弹出的快捷菜单中选择"取消隐藏"命令,打开一个"取消隐藏"对话框,如图 5-16 所示,在这个对话框中选择要显示的工作表,然后单击"确定"按钮便可完成相应操作。

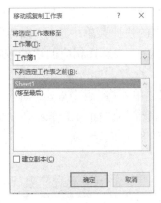

图 5-15 "移动或复制工作表"对话框　　图 5-16 "取消隐藏"对话框

5.3　Excel 2016 的数据输入和格式设置

在创建了工作簿和工作表之后,首先需要在单元格中输入数据,然后根据实际需要对单元格进行相应的格式设置。例如,设置单元格的数据格式,设置数据的对齐方式,对单元格进行合并和拆分,设置列宽和行高,设置条件格式,隐藏单元格,使用样式,使用自动套用模式和使用模板等,以帮助用户轻松掌握工作表外观的调整方法。

5.3.1 单元格的基本操作

在 Excel 中,单元格是构成电子表格(工作表)的基本元素,因此绝大多数的操作都是针对单元格来进行的。下面介绍单元格的选定、插入、合并、拆分及删除等操作。

1. 选定单元格

由于 Excel 中需要处理的数据是以单元格的形式存在的,所以在工作表中输入数据或者处理相关数据之前,必须先选定某一个单元格或单元格区域。根据实际需求,单元格的选定有以下几种情况和操作实现方法:

- 选定单个单元格:将鼠标移到需要选定的单元格上,此时光标变成空的十字形,单击鼠标左键即可选定。
- 选定多个连续的单元格区域:单击区域左上角的单元格,按住鼠标左键将其一直拖动到区域的右下角单元格,释放鼠标左键即可选定。
- 选定多个不连续的单元格区域:按住【Ctrl】键的同时选中多个单元格、区域、行或列——从选第二个对象开始按【Ctrl】键,选完最后一个对象后,释放【Ctrl】键。
- 选定整行或者整列:将鼠标移动到需要选定的某一行或某一列的行号或列标上,当鼠标光标变为实心箭头时,单击鼠标即可。
- 选定整个工作表:在工作表左上角行号和列标的交叉处有一个"选中全部"按钮,单击它或者按下【Ctrl】+【A】组合键。

2. 插入单元格

在 Excel 编辑过程中,若需要插入单元格,可以通过两种方法来实现:

方法一:选中目标单元格,单击鼠标右键,在弹出的快捷菜单中选择"插入"命令,便可弹出如图 5-17 所示的对话框,然后根据需求在"插入"组中选择相应的单选按钮即可完成单元格、行和列的插入。

方法二:选中目标单元格,打开"开始"选项卡,在"单元格"组中单击"插入"按钮,然后在下拉按钮菜单中单击"插入单元格"、"插入工作表行"或"插入工作表列"命令,便可以实现在工作表中插入单元格、行和列的任务,如图 5-18 所示。

图 5-17 插入单元格对话框

图 5-18 插入单元格

图 5-19 合并单元格

3. 合并和拆分单元格

在用 Excel 制作表格的过程中,根据要求经常需要将一些单元格进行合并或者拆分。例如,对表格标题行的内容进行合并等。Excel 中合并单元格的选项包括"合并后居中""跨越合并""合并单元格"三种方式,如图 5-19 所示。

合并单元格必须先选中需要合并的单元格,常见操作方法有两种:

方法一:打开"开始"选项卡,在"对齐方式"选项组中单击"合并并居中"按钮右侧的下三角,这时候便可出现如图 5-19 所示的下拉按钮菜单,然后根据需求选择符合要求的选项即可。三种合并方式的合并结果有所不同:

- "合并单元格"就是单纯的合并操作,合并以后,单元格中的格式不会发生任何变化。
- "合并并居中"不仅合并,而且使得其后输入的文本居中对齐。
- "跨越合并"则是以行为参照对象,无论选择了几行,只需每行所选择的单元格大于等于两个,合并后行的数量不变,每行中选中的单元格都会自动合并成为一个单元格。

方法二:在"开始"选项卡中单击"对齐方式"对话框启动器按钮,或者在选定区域点击鼠标右键,选择"设置单元格格式",便会打开"设置单元格格式"对话框,在"对齐"选项卡中,选中"合并单元格"复选框,便可完成对单元格的合并,如图 5-20 所示。

在 Excel 中只能对合并后的单元格进行拆分,拆分的方法便是选中已合并的单元格,单击图 5-19 所示的下拉按钮中的"取消单元格合并"命令或取消选中图 5-20 中的"合并单元格"复选框。

图 5-20 "设置单元格格式"对话框

4. 删除单元格

和插入单元格类似,删除单元格同样可以通过两种方法来实现。

方法一:选中目标单元格,单击鼠标右键,在弹出的快捷菜单中选择"删除"命令,便可弹出如图 5-21 所示的对话框,然后根据需求在"删除"组中选择相应的单选按钮,即可完成单元格、行和列的删除。

方法二:打开"开始"选项卡,在"单元格"选项组中单击"删除"按钮,然后在下拉按钮菜单中单击"删除单元格"、"删除工作表行"或"删除工作表列"命令,便可以实现在工作表中删除单元格、行和列的任务,如图 5-22 所示。

图 5-21 "删除"对话框

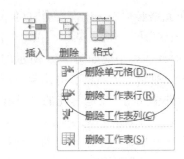
图 5-22 删除单元格

5. 隐藏和取消隐藏单元格

在用 Excel 制作表格的过程中,有时需要隐藏某些单元格,如对数据进行过分类汇总等操作后,所以需要掌握隐藏和取消单元格操作方法。

(1) 隐藏单元格

选中需要隐藏的单元格,打开"开始"选项卡,在"单元格"组中单击"格式"按钮,在弹出的下拉列表框中选择"隐藏和取消隐藏"命令,随后在弹出的列表框中选择需要隐藏的行或列命令即可,如图 5-23 所示。

(2) 取消隐藏单元格

如果希望取消隐藏单元格,首先应该选中被隐藏单元格两边的两行或两列单元格,然后和隐藏单元格方法类似,只需要在图 5-23 中选择"取消隐藏行"或"取消隐藏列"命令即可。

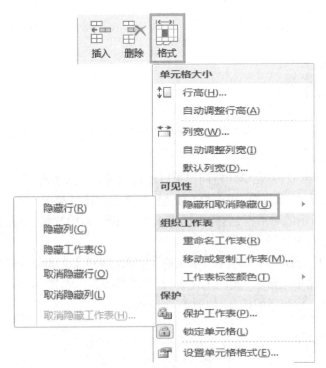
图 5-23 隐藏和取消隐藏单元格

需要注意的是,Excel 中单元格的隐藏都是以行、列或工作表为单位的,无法隐藏单个单元格或有限个单元格组成的区域。

5.3.2 在单元格中输入数据

由于 Excel 中单元格是构成电子表格(工作表)的基本元素,在掌握了单元格基本操作后,就可以在当前选定的单元格中输入数据了。和 Word 类似,这里的数据包括文本、数字和日期等格式,输入的时候需要对数字格式进行设置。输入数据的常用方式有两种:一种是手动输入,另外一种便是利用填充柄进行填充。

1. 手动输入数据

在 Excel 中手动输入数据,首先需要确定选定目标单元格,输入的方法包括以下几种:

方法一:选定要输入数据的单元格,直接通过键盘输入,单元格原内容将被覆盖。

方法二:双击要输入数据的单元格,将插入点定位到该单元格内,然后再通过键盘输入。

方法三:选定要输入数据的单元格,将插入点定位到数据编辑栏中,然后通过键盘输入。

在 Excel 中,因为输入的数据具有不同的数字格式和显示方式,例如,输入以 0 开头的数字时,默认情况下,单元格只显示 0 后面的数字,因此在目标单元格或单元格区域进行输入前,最好先对数字格式进行设置。

2. 设置数字格式

Excel 中,默认情况下的数字格式为"常规",即不包含任何特定的数字格式,但很多情况下,需要输入的数据具有多种数据类型,例如,数值、货币、日期、百分比、文本等。为了有效地对用户需要的数据进行准确无误的表达和显示,可以通过更改数字格式来实现。

设置数字格式的常用方法有以下几种:

方法一:选中"开始"选项卡,在"数字"组中,选择各相关命令按钮。

方法二:在"开始"选项卡下的"数字"组中单击启动对话框按钮,或选中数据区,单击鼠标右键,在弹出的快捷菜单中选择"设置单元格格式"命令,打开如图 5-20 所示的"设置单元格格式"对话框,在"数字"选项卡下进行设置。

有时需要以文本方式存储数字,例如,需要输入以 0 开头的学号、产品编号等。可在"数字"选项卡下,将单元格设置为文本格式;或者,在单元格中原有内容前加一英文单引号,而后输入想要的数字内容,此时,文本单元格左上角会出现一个"绿色"文本标记。使用"数字"选项卡设置数字在单元格中的显示形式,不会改变数字的值,只是改变数字的外观。

3. 多行显示长文本

要想在一个单元格中显示多行文字,只需要选定要设置格式的单元格,在打开的"设置单元格格式"对话框中选中"对齐"选项卡下的"自动换行"复选框即可,也可以使用手动换行,换行时使用组合键【Alt】+【Enter】。

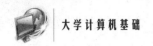

4. 使用填充柄填充

如果用户在输入数据的过程中,需要在连续的一个单元格区域输入同一个数据,或一个递增的数据系列,可以使用快速填充数据功能来实现。

使用填充柄填充文本的基本方法是:在当前工作表中选择一个单元格或单元格区域,将鼠标指针放在单元格的右下角,这时候指针会变成一个"+"形状的填充柄,按住鼠标左键往上下或者左右拖动,便可以实现文本内容的自动快速填充。

使用填充柄填充内容需要注意以下几点:

① 如果需要填充单元格中的内容是纯数据,而用户刚好想得到的是递增的填充数据的话,只需要在拖动鼠标的同时,按住【Ctrl】键即可,否则得到的便是相同的数据。

② 在自动填充方面,除了以上介绍的比较简单的操作方法以外,还包括等差填充、等比填充、日期填充和自动填充四种类型,当需要这方面的填充时,可在工作表的起始单元格内输入起始内容,然后单击"开始"选项卡下的"编辑"组中的"填充"按钮,在展开的下拉列表中单击"序列"选项,然后在弹出的"序列"对话框中的"类型"组中选择需要使用的填充类型,并在"步长值"与"终止值"文本框中输入相关内容,便可完成序列的填充操作。

5.3.3 单元格的格式设置

输入数据后,为了使制作出的数据表格更加美观和直接,还需要对单元格进行格式化设置,如文本对齐方式、行高、列宽及边框和底纹等。

1. 设置文本字体格式和对齐方式

默认情况下,工作表单元格中输入的数据为 11 磅的宋体,而且由于输入的数据类型不同,采用的对齐方式也不同。例如,文本以左对齐方式显示,数字以右对齐方式显示,而逻辑值和错误值居中对齐。

单元格内容的字体格式包括设置字形、大小、颜色等,而对齐方式总的来说包括水平对齐与垂直对齐两种方式,这两种方式下又包括若干对齐选项。设置文本字体和对齐方式的常用方法有以下三种:

方法一:选择"开始"选项卡,在"字体"和"对齐方式"组中,选择相应的按钮直接设置即可。

方法二:与合并单元格方法类似,在"开始"选项卡下的"数字"组中单击启动对话框按钮,打开如图 5-20 所示的"设置单元格格式"对话框,然后分别在"对齐"和"字体"选项卡下进行设置。

方法三:选中单元格区域,单击鼠标右键,在弹出的下拉列表中选择"设置单元格格式"命令,同样可以打开"设置单元格格式"对话框。

2. 设置单元格的行高和列宽

默认情况下,工作表中的每个单元格具有相同的列宽和行高,但在实际数据输入和编辑过程中,时常需要调整单元格的行高和列宽。

调整单元格行高和列宽常用方法有以下三种:

(1) 使用鼠标粗略设置

将鼠标指针指向要改变列宽或行高的列标或行号之间的分割线上,鼠标会变成水平或垂直双向箭头形状,这个时候按住鼠标左键并拖动,调整到合适的列宽或行高,松开鼠标即可。

(2) 使用命令按钮精确设置

选定需要调整列宽和行高的单元格区域,打开"开始"选项卡,在"单元格"组中单击"格式"按钮,在弹出的下拉列表框中选择"列宽"或"行高"命令,打开相应的对话框分别进行设置即可。

(3) 自动调整行高和列宽

和第二种方法类似,打开"开始"选项卡,在"单元格"组中单击"格式"按钮,在弹出的下拉列表框中选择"自动调整列宽"或"自动调整行高"命令,便可完成列宽和行高的根据内容自动调整。

3. 设置单元格的边框和底纹

默认情况下,在 Excel 的编辑区域虽然是以表格形式存在,但并不为单元格设置边框,也就是说,其中的暗框线在打印的时候不会被显示出来。这个时候,如果用户在打印的或者需要突出显示某些单元格时,就需要添加一些边框和底纹,使工作表更清楚和美观。

设置单元格边框的方法是:选中需要设置的单元格或单元格区域,打开"设置单元格格式"对话框,选择"边框"选项卡,这时可以为单元格或者单元格区域进行相关设置:

- "线条"选项区:设置边框的样式(线性及粗细)和颜色。
- "预置"选项区:设置或取消"外边框"和"内边框",选择或取消的方式都是单击。
- "边框"选项区:设置上边框、下边框、左边框、右边框、内边框及斜线等。

不管对边框做了任何设置,若要取消,直接单击"预置"选项区中的按钮"无"即可。

同样,如果要设置单元格的底纹,只需要在"设置单元格格式"对话框中切换到"填充"选项卡,进行相应的设置即可。

4. 套用单元格和表格样式

以上对单元格或表格所做的字体格式、对齐方式,边框和底纹等设置都属于样式设置,而在 Excel 应用程序中,系统自带了多种已经设计好的单元格或表格样式,用户可以直接对指定的单元格或单元格区域自动套用这些样式,同样用户也可以自定义单元格或表格样式。

自动套用单元格和表格样式的操作方法是,在"开始"选项卡下的"样式"组中分别单击"单元格样式"和"套用表格格式"按钮来进行相关选择。

若要自定义单元格样式和表格样式,单击"单元格样式"和"套用表格格式"按钮,然后在弹出的下拉列表框中分别选择"新建单元格样式"和"新建表样式"命令,分别进行设置。

5. 设置条件格式

条件格式的主要功能是:通过设置一定的公式或确切的数值来确定搜索条件,然后将一定的格式应用到搜索出来符合条件的单元格中。条件格式的设置需要通过"开始"选项卡下的"样式"组中的"条件格式"按钮来实现。

例 5-1 在 EXC.xlsx 文件中,打开工作表"计算机专业成绩单",使用条件格式将所有成绩中低于 60 分的单元格设置为浅红色填充。

分析 ① 选中所有表示成绩的单元格区域,单击"开始"选项卡下"样式"组中的"条件格式"按钮,在弹出的下拉列表框中选择"突出显示单元格规则"→"小于"命令(图 5-24),打开"小于"对话框,如图 5-25 所示。

② 在"小于"对话框中,在"为小于以下值的单元格设置格式"文本框中输入"60",在"设置为"下拉列表中选择"浅红色填充"选项即可完成设置,这时候会发现工作表中相关单元格样式已经发生了相应变化,如图 5-25 所示。

需要注意的是,在条件格式设置中可以设置一个条件,也可以同时设置多个条件,并且可以自己创建新的规则进行条件格式的设置。

图 5-24 设置条件格式

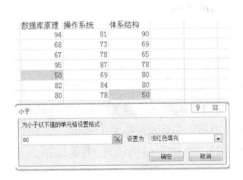

图 5-25 条件格式对话框

5.4 Excel 2016 的公式、函数和图表的使用

在 Excel 中,经常使用公式和函数对数据进行分析和运算,本节将主要介绍 Excel 中有关公式和函数的基本知识和使用方法,通过本节内容的学习,用户可以使用公式和函数对数据进行自动、精确和有效的运算和处理。

5.4.1 公式的使用

在 Excel 中,用户可以手动输入需要的计算公式,也可以通过系统提供的函数来计算,不管是手动输入还是使用函数,都必须先了解有关公式和函数的基本概念,如公式的格式组成、单元格的引用方式等。

1. 认识公式

公式由函数、引用、常量、运算符中的部分内容或全部内容组成。Excel 中一个完整的公式应该是以"="开始,后面是一个计算表达式,表达式包括了参与运算的数据对象和运算符,而数据对象可以是常量数值、单元格引用、单元格区域引用和系统内部函数等,运算符则包含数学运算符、关系运算(比较运算)符、字符串运算符等。公式输入后,系统会自动计算其结果,并将结果显示在相应的单元格中。

公式的一般格式组成结构为

公式=＜参与运算的数据对象,运算符……＞

下面分别对公式中参与运算的几种数据对象和运算符常用类型做一简单解释和说明。

- 常量数值:指直接通过键盘输入到公式中的数值或文本,即使公式被复制到其他单元格中,其数值也不会发生变化。
- 单元格引用:有的时候公式中需要计算的数值来自单元格,可以利用公式的引用功能对所需的单元格数据直接进行引用,引用的方式便是单击选择或输入单元格地址。这时一旦对公式进行复制,就存在相对引用和绝对引用的区别。
- 单元格区域引用:和引用单元格的意义相同,只不过这里是一个区域,表示一个数据集,同样,一旦对公式进行复制,也存在相对引用和绝对引用的区别。
- 系统内部函数:是Excel应用程序自带的函数和参数,每一个函数和参数都有其特定的意义和使用方法,因此其本质上就是系统预定义的一些公式,用户可以直接利用函数对某一个数值或单元格(区域)中的数据进行计算。
- 运算符:主要用于标识公式中各个数据对象进行特定类型运算的符号。一般来说,Excel中包含4种运算符:包含数值运算的数学运算符[+(加)、-(减)、*(乘)、/(除)]、关系运算(比较运算)符[＞(大于)、＜(小于)、＞=(大于等于)、＜=(小于等于)]、字符串连接运算符(&)和引用运算符(单元格引用)。

需要注意的是,如果一个公式中同时用到多个运算符,系统会按照运算符的优先级(表5-1)来依次进行运算,而一旦公式中包含相同优先级的运算符,则按照从左到右的次序依次进行计算。因此,若需要更改数值的运算顺序,可以将公式中需要首先计算的部分用括号括起来。

表 5-1 运算符的优先级

运算符	优先级	说明
:(冒号)、,(逗号)、_(空格)	1	引用运算符
-	2	负号(数学运算符)
%	3	百分比(数学运算符)
^	4	幂运算(数学运算符)
*和/	5	乘和除(数学运算符)
+和-	6	加和减(数学运算符)
&	7	字符串连接运算符
=、＜、＞、＜=、＞=	8	比较运算符

2. 输入公式

在 Excel 中，输入公式的方法和输入文本的方法类似，具体操作步骤如下：

① 选定需要输入公式的单元格。

② 在数据编辑区或者双击该单元格进行公式的输入。

③ 按【Enter】键显示公式的计算结果。

在输入公式的过程中需要注意以下几个方面：

① 在编辑区或者单元格中输入公式时，单元格地址可以通过键盘输入，也可以直接单击，这时候单元格地址会自动显示在编辑区。

② 双击公式、利用编辑栏或按【F2】功能键可以随时对公式进行重新编辑和修改。

③ 输入的公式可以复制到其他单元格。

例 5-2 在 EXC.xlsx 文件中，打开工作表"计算机专业成绩单"，计算每个学生三门课的平均值。

分析 可以先计算出表格中第一位同学三门课的平均值，这时便需要双击 G2 单元格，在 G2 单元格或数据编辑区中输入公式"=(D2+E2+F2)/3"，然后单击工作表任意位置或按【Enter】键，结果便显示在 G2 单元格中。要计算其他同学的平均值，只需要用鼠标拖动 G2 单元格的自动填充柄至 G8 单元格，然后松开鼠标，便可计算出 G2:G8 单元格区域中每个学生的平均值，结果如图 5-26 所示。

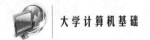

图 5-26 公式的使用

3. 复制公式

在使用公式的过程中，经常需要为多个单元格应用同一个公式，如图 5-26 中求一个班所有学生的平时成绩等，这时可以在一个单元格中输入公式，然后将该公式复制到其他单元格即可。

复制公式和复制单元格内容的方法一样，除了用简单的复制、粘贴操作以外，经常用的便是填充柄。当移动鼠标指针移到选定区域右下角的小绿方块时，鼠标指针变为黑色十字，这时填充柄激活，只需要拖动单元格的自动填充柄，便可完成相邻单元格公式的复制。

因为在复制公式的过程中只是复制了其中的运算关系，运算对象会跟随公式复制目标位置的不同发生变化，但有时候则需要在应用和复制一个公式的过程中使用同一个单元格的数值，这时就需要在复制公式的过程中，根据需要设置单元格的引用方式。

在 Excel 中，单元格的引用方式分为相对引用、绝对引用和混合引用三种。在用填充柄拖动复制公式时，不同的引用方法会得到不同的计算结果。只有使用正确的引用方法，才能得到正确的结果。下面分别结合实例对各种引用方式进行说明和解释。

(1) 相对引用

在使用填充柄进行公式复制的过程中，计算结果单元格和参与计算的参数单元格相对位置是一一对应的关系，也就是说，单元格引用会自动随着移动的位置发生相应的变化。例如，在例 5-2 计算学生平均值的运算中，G2 单元格的计算公式是"=(D2+E2+F2)/3"，使用填充柄拖动鼠标向下复制公式计算后，由于行号加了 1，因此 G3 单元格的计算公式是"=(D3+E3+F3)/3"，G4 单元格的计算公式是"=(D4+E4+F4)/3"，以此类推，可以看出计算结果列与参与运算列的单元格是一一对应的，这种引用方法称为相对引用。

默认设置下，Excel 使用的都是相对引用，即当改变公式所在单元格的位置时，单元格所引用的单元格自动随之发生改变，一般情况下遵循的原则是：公式所在单元格与被引用单元格的行号差值和列号差值保持不变。

以填充为例：设当前单元格中引用了 X 列 Y 行的单元格，使用填充柄拖动鼠标水平向右填充，则对于被填充的第 x 个单元格，被填充单元格中将引用 X+x 列 Y 行的单元格，即被引用单元格地址的列号便会随之增加 x 个单位；使用填充柄拖动鼠标垂直向下填充，则对于被填充的第 y 个单元格，被填充单元格中将引用 X 列 Y+y 行的单元格，即被引用单元格地址的行号便会随之增加 y 个单位。若向左或向上进行填充，则 x 和 y 为负值。剪切或复制公式所在单元格时，被引用单元格自动变更规则与填充相同，但剪切或复制单元格时，行号和列号可能会同时发生变化，而填充过程是在水平或垂直方向上进行的。

(2) 绝对引用

在使用填充柄复制公式或函数的过程中，若需要某一个数据对象的值不会因为单元格位置的变化而发生变化时，便可以采用单元格的绝对引用方式，也就是说，单元格的绝对引用会使参与计算的单元格位于固定的位置。而对固定位置的单元格值的引用，列号和行号前要加上符号"$"，如 $A$1。选中单元格地址，按下【F4】键，可以很快地将相对引用地址变成绝对引用地址。

例如，在例 5-2 计算学生平均值的运算中，若把 G2 单元格的计算公式写成"=($D$2+$E$2+$F$2)/3"，那么在使用填充柄拖动鼠标向下复制公式时，其结果是不变的，因为采用了单元格的绝对引用，公式中参与计算的单元格数值不会发生改变。

绝对引用和相对引用的区别是：复制公式时，如果公式中使用的是相对引用，则单元格引用会自动随着移动的位置发生相应的变化。若使用的是绝对引用，则单元格引用不会发生变化。在使用填充柄复制公式或函数的过程中，相对地址和绝对地址可以一起综合起来使用。

(3) 混合引用

混合引用是指在引用单元格地址时，既有相对引用，又有绝对引用，也就是说，存在两种引用方式：一种是相对行和绝对列(如 B$6)，另一种是相对列和绝对行(如 $B6)。这种引用方式，一旦使用填充柄来复制公式，相对引用的行或列地址便会根据公式目标位置的不同发生变化,而绝对引用将不变。例如,将例 5-2 中 G2 单元格的计算公式写成"=($D2+E$2+F2)/3",利用填充柄,G3 单元格的计算公式是"=($D3+E$2+F3)/3"。

例 5-3 在 EXC.xlsx 文件中,打开工作表"参加考试情况统计",计算每个班级参加考试的人数在总人数中所占的比例。

分析 因为每个班级的人数是变化的,但总人数是不变的,因此,每个班级人数需要相对引用所对应的单元格地址,而总人数则使用绝对引用。双击 C3 单元格,在 C3 单元格或数据编辑区中输入公式"=B3/$B$6",然后单击工作表任意位置或按下【Enter】键,有关"1 班"的计算结果便显示在 C3 单元格中,当需要计算"2 班"和"3 班"所占比例时,用鼠标拖动 C3 单元格的自动填充柄至 C5 单元格,放开鼠标,便计算出 C3:C5 单元格区域中每个班级所占的比例,结果如图 5-27 所示。

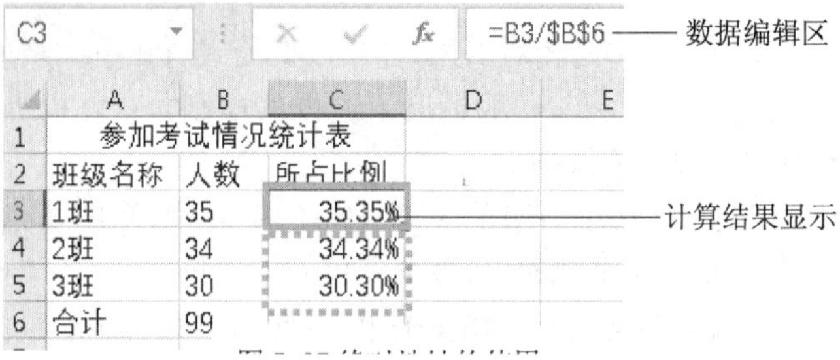

图 5-27 绝对地址的使用

5.4.2 函数的使用

前面已经讲过,函数其实是系统预定义的一些公式,它和单元格的引用一样,属于公式中数据对象的一种,一般由参数名和参数组成。一旦输入,系统会按特定的顺序或结构进行计算。

1. 函数的结构格式

Excel 中提供了大量的内置函数,这些函数可以有零个或多个参数,并能够返回一个计算结果,其结构格式为

=函数名(参数 1,参数 2,…)

需要说明的是:

- 函数名为需要执行运算的函数的名称,每一个函数就是根据名称的不同来区别其意义的,函数名中大小写不区分。
- 不同的函数需要的参数不同,没有参数的函数则为无参函数,内置函数的参数由系统预定义,用户一旦选定了函数,参数的个数及类型将不可修改。
- 参数可以是常量数值、单元格、单元格区域或函数等,也就是说允许函数的嵌套使用。

2. 插入函数

Excel 内置了 300 多个函数,根据所属分成了 9 大类,分别为自动求和、最近使用的函数、财务、逻辑、文本、日期和时间、查找与引用、数学和三角函数及其他函数。其中,"自动

求和"分类中包含了一些最常用的函数,如求和、求平均、最大值、最小值等;而在"最近使用的函数"分类中则会自动记录用户最近使用的一些函数,为用户反复使用提供快捷的操作方法。除了"自动求和"和"最近使用的函数"外,使用最多的便是"数学和三角函数"。

在 Excel 中,所有的函数操作都可以在"公式"选项卡下的"函数库"组中完成,如图 5-28 所示。

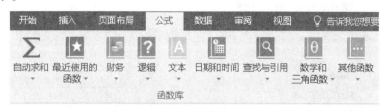

图 5-28 函数库

下面结合应用实例介绍插入和使用函数的几种常用方法。

例 5-4 打开 EXC.xlsx 文件中的"计算机专业成绩单"工作表,根据每个同学三门课的平均值,使用 RANK( )函数计算每个学生在本班的成绩排名。

分析 方法一:直接在选定的单元格中输入,例如,在单元格 H2 中输入公式"=RANK(G2,$G$2:$G$8,0)",按下【Enter】键,便可计算出第一个同学的名次。

方法二:利用"公式"选项卡下的"函数库"组中的"插入函数"完成,操作步骤如下:

① 选定 H2 单元格,单击"公式"选项卡下的"函数库"组中的"插入函数"命令(或单击数据编辑区中按钮),打开"插入函数"对话框,然后在"选择函数"下拉列表框中选择"RANK"函数,如图 5-29 所示。

图 5-29 "插入函数"对话框

② 选好函数后,单击图 5-29 中的"确定"按钮,便可打开如图 5-30 所示的"函数参数"对话框。

③ 在"函数参数"设置对话框中,根据需要分别设置各个参数值,一种方法是直接在每个参数后的文本框中手动输入,还有一种便是将鼠标先移至右侧的空白数据框,再移动鼠标在数据表中选择连续的单元格或单元格区域,选定后松开鼠标,就可以把选中的区域填入参数框,如果是绝对地址引用,在单元格行号和列号前输入"$"符号即可,如图 5-30 所示。

图 5-30 "函数参数"对话框

④ 单击"确定"按钮,返回工作表中,便可查看结果。

不管使用以上哪一种方式插入函数,关键是理解函数中各个参数的意义,并能准确设置。在例 5-4 中,一旦在 H2 中输入公式" = RANK(G2,$G$2∶$G$8,0)",便可计算出第一个同学的名次,其中使用绝对引用的目的是用填充柄向下填充,计算出其余每个学生在所有学生中的成绩排名。计算结果如图 5-31 所示。

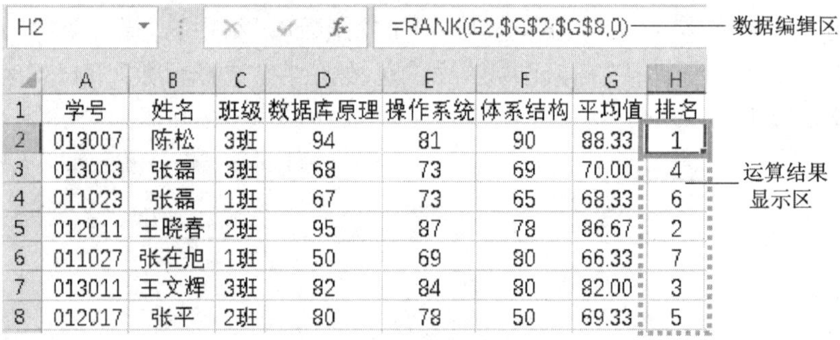

图 5-31 函数的使用

3. 常用函数介绍

在使用 Excel 制作表格、整理数据的时候,合理地使用公式和函数可以有效地提高数据处理的效率。本节整理了 Excel 中使用频率最高的函数的功能、使用方法,并以图 5-32 中所给出的实例数据为例对它们的使用方法进行说明和分析。

• AVERAGE(number1,number2,…):求出所有参数的算术平均值,number1,number2……为需要求平均值的数值或引用单元格(区域),参数为 1—255 个。

• IF(logical_test,value_if_true,value_if_false):根据对指定条件的逻辑表达式判断的真假结果(TRUE 或 FALSE),返回相对应的内容。

例 5-5 在图 5-32 的 G2 单元格中输入公式" = IF(D2 > =60,"数据库原理及格","数据库原理不及格")",确认后,如果 D2 单元格中的数值大于或等于 60,则 G2 单元格显示"数据库原理及格"字样,反之显示"数据库原理不及格"字样。

	A	B	C	D	E	F
1	学号	姓名	班级	数据库原理	操作系统	体系结构
2	013007	陈松	3班	94	81	90
3	013003	张磊	3班	68	73	69
4	011023	张磊	1班	67	73	65
5	012011	王晓春	2班	95	87	78
6	011027	张在旭	1班	50	69	80
7	013011	王文辉	3班	82	84	80
8	012017	张平	2班	80	78	50

图 5-32 实例数据

- SUM(number1,number2,…)：计算所有参数数值的和,number1,number2……代表需要计算的值,可以是具体的数值、引用的单元格(区域)、逻辑值等。

例 5-6 在图 5-32 中的 G2 单元格中输入公式"=SUM(D2:F2)",确认后,即可求出 D2:F2 单元格区域中所有数值之和,即第一个学生三门课成绩总和。

- SUMIF(range,criteria,sum_range)：计算符合指定条件的单元格区域内的数值和。range 代表条件判断的单元格区域;criteria 为指定条件表达式;sum_range 代表需要计算的数值所在的单元格区域。

例 5-7 在图 5-32 的 D9 单元格中输入公式"=SUMIF(C2:D8,"3 班",D2:D8)",确认后,即可求出成绩表中所有"3 班"学生的数据库原理成绩之和。

需要注意的是,上述公式修改为"=SUMIF(C2:D8,"2 班",D2:D8)",即可求出"2 班"学生此门课的成绩之和,其中"2 班"和"3 班"由于是文本型的,需要放在英文状态下的双引号中。

- COUNT(value1,value2,…)：返回包含数字及包含参数列表中的数字的单元格的个数,value1,value2,……为包含或引用各种类型数据的参数(1 到 255 个),但只有数字类型的数据才被计算。

例 5-8 在图 5-32 的 C9 单元格中输入公式"=COUNT(C2,D2,D5)",确认后,即可根据 C2、D2、D5 中数据格式,统计出位数字的单元格数目,所以结果为 2。

在使用 COUNT 函数时,需要特别注意以下几点：

① 使用函数 COUNT 计数时,将把数字、日期或以文本代表的数字计算在内,但是错误值或其他无法转换成数字的文字将被忽略。

② 如果参数是一个数组或引用,那么只统计数组或引用中的数字,数组或引用中的空白单元格、逻辑值、文字或错误值都将被忽略。

③ 如果要统计逻辑值、文字或错误值,请使用函数 COUNTA。

- COUNTIF(range,criteria)：统计某个单元格区域中符合指定条件的单元格数目,range 代表要统计的单元格区域;criteria 代表指定的条件表达式。

例 5-9 在图 5-32 的 D9 单元格中输入公式"=COUNTIF(D2:D8,">=60")",确认后,即可统计出 D2 至 D8 单元格区域中,所有学生"数据库原理"成绩大于等于 60 分的学生人数。

需要注意的是,COUNTIF 函数允许引用的单元格区域中有空白单元格出现。

- MAX(number1,number2,…):求出一组数中的最大值,number1,number2……代表需要求最大值的数值或引用单元格(区域),参数为1—255个。

例 5-10 在图 5-32 的 D9 单元格中输入公式"=MAX(D2:D8)",确认后,即可统计出 D2 至 D8 单元格区域中,即所有学生"数据库原理"成绩的最高分。

需要注意的是,如果参数中有文本或逻辑值,则忽略。

- MIN(number1,number2,…):求出一组数中的最小值,number1,number2……代表需要求最小值的数值或引用单元格(区域),参数为1—255个。

例 5-11 在图 5-32 的 D9 单元格中输入公式"=MIN(D2:D8)",确认后,即可统计出 D2 至 D8 单元格区域中,即所有学生"数据库原理"成绩的最低分。

需要注意的是,如果参数中有文本或逻辑值,则忽略。

- MOD(number,divisor):求出两数相除的余数,number 代表被除数,divisor 代表除数。

例 5-12 输入公式"=MOD(13,4)",确认后,显示出结果"1"。

需要注意的是,如果 divisor 参数为零,则显示错误值"#DIV/0!";MOD 函数也可以借用函数 INT 来替代,上述公式可以修改为"=13-4*INT(13/4)"。

- RANK(number,ref,order):返回某一数值在一列数值中的相对于其他数值的排位。number 代表需要排序的数值;ref 代表排序数值所处的单元格区域;order 代表排序方式参数(如果为"0"或者忽略,则按降序排名,即数值越大,排名结果数值越小;如果为非"0"值,则按升序排名,即数值越大,排名结果数值越大)。

例 5-13 在图 5-32 的 G2 单元格中输入公式"=RANK(D2,$D$2:$D$8,D)",确认后,即可得出每一个同学的数据库原理成绩在所有学生此门课成绩中的排名结果。

需要注意的是,在上述公式中,number 参数采取了相对引用形式,ref 参数采取了绝对引用形式(增加了一个"$"符号),这样设置后,选中 G2 单元格,将鼠标移至该单元格右下角,成细十字线状时,按住左键向下拖拉,即可将上述公式快速复制到 G 列下面的单元格中,完成其他同学数据库原理成绩的排名统计。

5.4.3 图表的使用

在 Excel 中,为了更加直观地表达表格中的数据,可以将其中的数据以图表的形式表示出来,这样得到的不仅仅是一个个量化的数据,还可以清晰地表现出数值之间的变化趋势和大小比较等效果。

1. 认识图表

Excel 内置了多种图表,包括柱形图、折线图、饼图等,分别适用于不同的场合。所有的图表操作都可以在"插入"选项卡下的"图表"组中完成。

在了解了常用图表的分类后,还需要注意以下几个方面的知识:

① 无论创建的是哪一种图表,其数据都来源于工作表,因此当工作表中的数据发生变化时,图表也相应地发生变化。

② 图表的基本组成元素包括图表区、绘图区、图表标题、坐标轴、数据系列、网格线、图例和数据标签等内容,如图 5-33 所示。

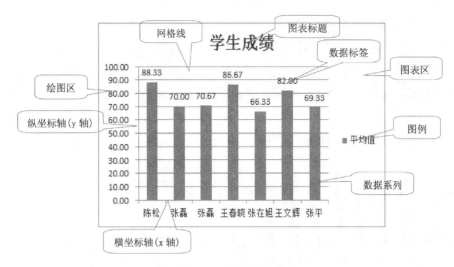

图 5-33　图表的组成

图表中主要组成元素的作用和解释说明如表 5-2 所示。

表 5-2　图表的组成元素

名　　称	说　　明
图表标题	用于对整个图表的主题进行说明
图表区	显示整个图表的组成元素
绘图区	图表区中用于显示图表的区域
网格线	绘图区中"线条",显示了坐标轴的刻度单位
坐标轴	用来定义坐标系中直线的点,并界定了绘图区的位置
图例	用于定义图表中数据系列所代表的内容和在绘图区的颜色
数据系列	对应工作表中选定区域的一行或一列数据
数据标签	用于准确描述数据系列中每一个数据

2. 创建图表

Excel 中,创建图表的首要前提便是准备好数据源,下面结合实例介绍创建图表的两种基本方法。

例 5-14　根据图 5-34 中所列的实例数据,创建一个用于显示每个学生平均值的簇状柱形图,其制作结果如图 5-34 所示。

(1) 使用"插入"选项卡下的"图表"组中有关命令来完成

① 选定数据区域,首先在工作表"计算机专业成绩单"中选中 B1:B8 和 G1:G8 单元格区域,注意单元格区域的选择是独立的,不能交叉选择。

② 选择"插入"选项卡,单击"图表"组中的"柱形图"命令,在出现的下拉列表中选择需要的图表类型(簇状柱形图),如图 5-35 所示。

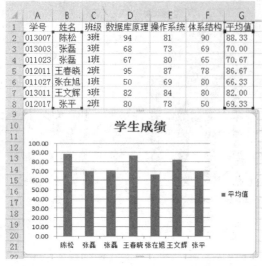

图 5-34　图表实例

图 5-35　创建图表

③ 这时候便会在工作表中生成一个初始图表,如果选中图表,会在 Excel 工作界面的功能区出现一个"图表工具"选项卡,如图 5-36 所示。

④ 选择"图表工具"选项卡,分别单击"设计"选项卡"图表布局"组中的"添加图表元素"的"图表标题"和"数据标签"按钮进行图表标题的修改和数据标签的添加。

⑤ 调整显示在工作表中的图表位置,将它插入到要求的单元格区域,最终效果如图 5-34 所示。

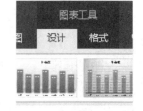

图 5-36　"图表工具"选项卡

(2) 使用"插入图表"对话框来完成

① 选定数据区域 B1:B8 和 G1:G8。

② 单击"插入"选项卡下的"图表"组中的"推荐的图表"按钮或该组右下方的"查看所有图表"按钮,打开"插入图表"对话框,如图 5-37 所示,然后在此对话框中选择需要的图表类型,单击"确定"按钮,即可在当前工作表中生成一个图表。

③ 随后对图表的修改可以通过"图表工具"选项卡来进行,也可以选中图表的某个区域,单击鼠标右键,在弹出的快捷菜单中进行。

3. 编辑图表

前面实例中已经讲过,当创建好一个图表后,单击它,Excel 工作界面的功

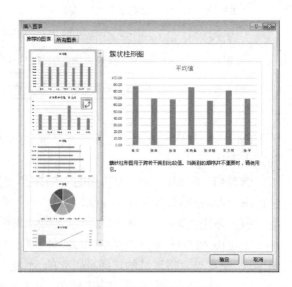

图 5-37　"插入图表"对话框

能区会出现一个"图表工具"选项卡,通过选择它下面的"设计"和"格式"选项卡中的相关命令按钮,或选中图表的某个区域,单击鼠标右键,在弹出的快捷菜单中选择相关命令,随时对图表的类型、引用的数据、格式等进行修改。

(1) 修改图表类型

如果用户对创建的图表不满意,或者生成的图表不足以直观地表达数据内容时,则可以快速地更改图表类型,以致达到想要的效果。

在 Excel 中,修改图表类型的方法有两种:

方法一:选中图表,切换至"图表工具—设计"选项卡,单击"类型"组中的"更改图表类型"按钮,这时便会弹出"更改图表类型"对话框,如图 5-38 所示,然后在其选择需要的图表类型即可。

方法二:选中图表区或绘图区,单击鼠标右键,在快捷菜单中选择"更改图表类型"命令,将打开如图 5-38 所示的"更改图表类型"对话框。如果选中的对象为图表中的数据系列,则应当选择"更改系列图表类型",如图 5-39 所示。

图 5-38 "更改图表类型"对话框

图 5-39 修改图表菜单

(2) 修改图表的数据源

一旦将图表创建好后,如果数据源发生了变化,图表中相关信息也会随之发生变化,因此在图表的编辑过程中,如果发现图表引用的数据有误,和以上修改图表类型和移动图表的方法类似,可以随时根据情况对数据源进行修改。修改的方法如下:选中图表,切换至"图表工具—设计"选项卡,单击"数据"组中的"选择数据"按钮;或选中绘图或图表区,单击鼠标右键,在弹出的快捷菜单中选择"选择数据"命令。以上两种方法都可以打开如图 5-40 所示的"选择数据源"对话框。在此对话框中,将光标定位在"图表数据区域"数值框内,便可以拖动鼠标在表格中重新选择新的数据区域。而且在"图例项(系列)"选项中除了可以编辑已有图例相关信息外,还可以添加新的图例或对图例进行删除。"水平(分类)轴标签"选项可以编辑修改图表的水平轴标签。

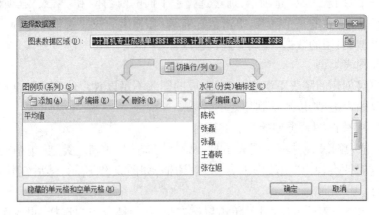

图 5-40 "选择数据源"对话框

(3) 修改图表位置

与修改图表类型方法相似,修改图表位置的方法是:选中图表,切换至"图表工具—设计"选项卡,单击"位置"组中的"移动图表"按钮;或选中图表区,单击鼠标右键,在弹出的快捷菜单中选择"移动图表"命令。

使用以上两种方法,都可以打开如图 5-41 所示的"移动图表"对话框。在此对话框中,若需要将图表以一个嵌入的对象保存在已有工作表中,只需要选中"选择放置图表的位置"选项中的"对象位于"单选按钮,然后在下拉列表框中选择已有的工作表即可。同样,若需要将新建图表以一个新的工作表存在,只需要选中"新工作表"单选按钮,并在随后的文本框中修改它的工作表名称即可。

图 5-41 "移动图表"对话框

(4) 格式化图表

在对图表的主要关键项进行编辑和修改后,为了使图表更加美观和漂亮,还需要对图表及图表中所包括的内容进行一定的格式化设置。

在 Excel 中,对图表的格式化操作,可以自动套用预定义图表样式,或手动设置完成。

① 自动套用样式:选定图表区,切换至"图表工具—设计"选项卡,在"图表样式"组或其下拉列表框中选择系统预置的图表样式,这样即可将其应用到图表中。

② 手动设置:对图表的格式化设置,除了选择预先定义好的样式以外,还可手动设置,设置的方法便是通过"图表工具"选项卡,或选中图表区单击鼠标右键,在弹出的快捷

菜单中选择相应的命令来实现。

使用"图表工具—设计"选项卡可以改变图表的类型、数据源、图表样式、位置、图表的标题、图例、坐标轴标题和数据标签等内容,使用"图表工具—格式"选项卡可以更改图表中所有相关图或文本的形状和样式。

5.5 Excel 2016 数据分析和管理

本节将主要介绍 Excel 数据处理和管理相关知识,包括数据排序、筛选、分类汇总和数据透视表等。

5.5.1 数据排序

排序就是将表格中的数据按照一定的条件进行排列,Excel 中可以使用简单排序、根据条件排序或自定义排序。

1. 简单排序

简单排序就是仅仅按照表格中某一个字段的升序或降序进行排序,这时候只需要选中某个字段所对应列中的任何一个单元格(包括字段),在"数据"选项卡下的"排序和筛选"组中,单击 ↓(升序)或 ↓(降序)命令按钮即可。

排序过程中,以"升序"为例,如果排序的对象是数字,则按其从小到大进行;如果对象是文本,则按首字符的英文字母 A—Z 的顺序进行;如果对象是逻辑值,则按 FALSE 值在前、TRUE 值在后进行。

2. 根据条件排序

根据条件排序就是在进行简单排序的过程中,如果一个条件中遇到重复的数据可以增加条件,以第二个或第三个条件为标准来继续进行自动排序,或者不仅仅只是按照"升序"或"降序"来进行的排序。

根据条件排序的方法步骤如下:

① 选中数据区域,在"数据"选项卡下的"排序和筛选"组中,单击"排序"按钮,或单击鼠标右键,在弹出的快捷菜单中选中"排序"→"自定义排序"命令,都将弹出如图 5-42 所示的"排序"对话框。

② 在"排序"对话框中,根据题目要求通过"添加条件""删除条件""复制条件"等几个选项按钮,实现多条件的添加和设置。

例如,在图 5-42 中,表格中数据将先根据主要关键字(平均值)进行升序排序,如果平均值相同,再根据次要关键字(班级)进行自定义排序。

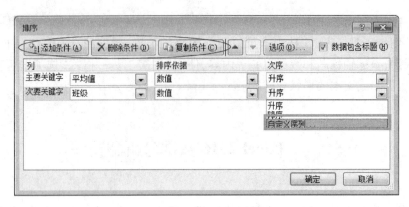

图 5-42 "排序"对话框

3. 自定义排序

在 Excel 中,数据除了可以按照简单的升序或降序进行排列之外,还可以按照用户指定的顺序进行排列,而这便是自定义排序。

自定义排序的首要步骤就是自定义序列,具体操作步骤如下:

① 和条件排序方法一样,选中数据区域,打开"排序"对话框。

② 在"排序"对话框中,单击设置条件"次序"右侧的下三角按钮,从展开的下拉列表中单击"自定义序列"选项。

③ 弹出"自定义序列"对话框,在"输入序列"列表框中输入自定义的序列,如图 5-43 所示。需要注意的是,序列需要换行输入。

图 5-43 自定义序列

④ 最后单击"添加"按钮,自定义的序列(1 班、2 班、3 班)将保存在 Excel 表格的"自定义序列"对话框中,排序时,只需要单击"次序"右侧的下三角按钮,从展开的下拉列表中选择刚刚定义的自定义序列即可。

5.5.2 数据筛选

简单地讲,筛选数据就是将表格中满足一定条件的数据记录罗列出来,而将不满足条件的记录暂时隐藏(而不是删除)。Excel 中,从操作方法和难易程度上可以将数据筛选分为自动筛选、自定义筛选和高级筛选。

1. 自动筛选

自动筛选,是指直接根据表格中一个或几个字段的数据项,查找与某一个数据项相同的数据记录。自动筛选可以在列标题的下拉列表框中直接进行选择,其操作步骤如下:

① 选中数据区域,在"数据"选项卡下的"排序和筛选"组中,单击"筛选"按钮,或单击鼠标右键,在弹出的快捷菜单中选中"筛选"命令,此时字段标题单元格右侧便会显示一个筛选器,即数据的列标题(字段)全部变成下拉列表框。

② 根据要求,单击需要设置列标题右侧的下三角按钮,在展开的筛选列表中勾选出符合要求的数据项即可完成筛选。

2. 自定义筛选

在 Excel 中,除了直接按指定的确切数据项进行筛选外,还可以使用"自定义筛选"功能,设置更多的条件,显示符合要求的数据记录。下面结合实例介绍自定义筛选的方法和步骤。

例 5-15 打开 EXC.xlsx 文件中的"计算机专业成绩单"工作表,根据之前计算出的平均值,筛选出平均值低于 60 的学生记录。

具体操作步骤如下:

① 和自动筛选类似,选中数据区域,在"数据"选项卡下的"排序和筛选"组中,单击"筛选"按钮,进入筛选模式。

② 单击列标题"平均值"右侧的下三角按钮,在展开的筛选列表中选择"数字筛选"命令,然后在出现的快捷菜单中选择"小于"命令,弹出"自定义自动筛选方式"对话框,如图 5-44 所示。

图 5-44　自定义筛选

③ 在"平均成绩"选项卡下设置相关条件即可完成筛选,如图 5-45 所示。

对于自动筛选和自定义筛选,需要注意以下几个方面:

- 特定要求下,也可以选择图 5-44 最右侧弹出的快捷菜单中的"自定义筛选"命令,更细致和完善地自定义新的筛选条件。
- 不管是自动筛选还是自定义筛选,如果筛选条件涉及多个字段,可执行多次的筛选方式。
- 通过"搜索"文本框可以实现模糊筛选。
- 若需要取消筛选,只需要再单击"筛选"按钮即可。

图 5-45 "自定义自动筛选方式"对话框

3. 高级筛选

一般来说,自动筛选和自定义筛选每一次只能针对一个字段进行筛选,而不能一次同时对多个字段条件进行筛选,而高级筛选则弥补了此缺陷,可以直接对多个字段进行筛选,避免了许多重复工作。

进行高级筛选的方法是:选中数据区域,在"数据"选项卡下的"排序和筛选"组中,单击"高级"按钮,弹出"高级筛选"对话框,如图 5-46 所示。

需要注意的是,进行高级筛选,必须先在工作表中建立一个条件区域(和数据区域隔一行),用来指定筛

图 5-46 "高级筛选"对话框

选数据所满足的条件,条件区域的第一行是所有座位筛选条件的字段名(必须与数据区域中的字段名完全一致),而下一行则是每一个字段所对应的筛选条件。可以进行多个字段条件的设置。

5.5.3 数据分类汇总

分类汇总,顾名思义,就是先将数据在进行分类,然后再进行汇总,汇总方式包括求和、计数、平均值、最大值、最小值和乘积等六种类型。在进行分类汇总前,首先需要对数据进行排序操作,使得分类字段的同类数据排列在一起,否则在执行分类汇总后,相同的数据会有多个汇总,原因在于 Excel 只会对连续的相同数据进行汇总统计。

根据分类汇总的概念,创建的关键便是进行分类字段、汇总方式和汇总项等设置,可以通过单击"数据"选项卡下"分类显示"组中的"分类汇总"按钮来实现,下面结合实例介

绍分类汇总的基本步骤。

例 5-16 打开 EXC.xlsx 文件中的"计算机专业成绩单"工作表,根据之前计算出的平均值,按"1 班,2 班,3 班"次序进行顺序,汇总各个班平均值的平均值。

具体操作步骤如下：

① 首先按分类字段对数据进行排序,或者选中排过序的数据区域。

② 单击"数据"选项卡下的"分级显示"组中的"分类汇总"按钮,弹出"分类汇总"对话框。

③ 在"分类字段"下拉列表框中选择需要的分类字段(班级),在"汇总方式"下拉列表框中选择汇总方式(平均值),在"选定汇总项"列表框中选择汇总项(平均值)复选框。

④ 根据需要选中"替换当前分类字段"和"汇总结果显示在数据下方"等复选框,如图 5-47 所示。

⑤ 最后,单击"确定"按钮,返回工作表,便可以看到最后的汇总结果,如图 5-48 所示。

创建分类汇总需要注意以下几个方面：

- 在"分类汇总"对话框中单击"全部删除"按钮,可以删除分类汇总。
- 为了更清晰直观地查看数据,可将结果中暂时不需要的数据单元格进行隐藏。
- 单击分类汇总工作表左边列表树中的 ＋、－ 符号按钮,同样也可以实现数据的隐藏或显示。

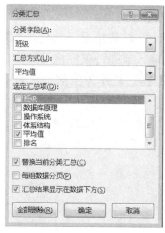

图 5-47 "分类汇总"对话框　　　　图 5-48 "分类汇总"结果

5.5.4 建立数据透视表

在 Excel 中,对数据的处理和管理,除了分类、排序、分类汇总和建立图表等基本方法外,还有一种形象实用的工具便是建立数据透视表。通过数据透视表可以对多个字段的数据进行多立体的分析汇总,从而生动、全面地对数据进行重新组织和统计,达到快速有效分析数据的目的。

建立数据透视表的步骤如下：

① 选择数据源。

② 在"插入"选项卡下的"表格"组中,单击"数据透视表"右下侧的下拉按钮,在弹出的下拉窗格中单击"数据透视表"命令,弹出"创建数据透视表"对话框,分别如图 5-49、图 5-50 所示。

图 5-49　建立数据透视表　　　　图 5-50　"创建数据透视表"对话框

③ 在"创建数据透视表"对话框中,有两个选项组,其功能分别为:

- 请选择要分析的数据:选择需要进行分析的数据区域(默认情况下选定了"选择一个表或区域",文本框中是之前选定的数据区域),可手动输入或通过鼠标拖动选择。
- 选择放置数据透视表的位置:确定所创建透视表的位置,是作为当前工作表中一个对象插入,还是以一张新的工作表插入当前工作簿。

④ 单击"确定"按钮。这时在当前工作表窗口的右半部分创建了空白数据透视表,同时打开"数据透视表工具"选项卡及"数据透视表字段"任务窗格,如图 5-51 所示。

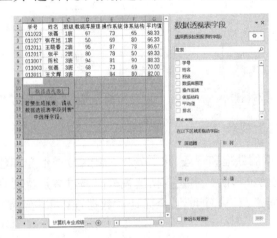

图 5-51　创建的空白数据透视表

⑤ 在"数据透视表字段"任务窗格中,依次将所需的字段拖动到右下角的"列""行""Σ值"标记区域中。

⑥ 设置完成,单击"数据透视表字段"任务窗格右上角的关闭按钮,关闭"数据透视表字段"任务窗格,得到最终的数据透视表。

数据透视表作为一种交互式表格,不仅可以转换行和列查看数据源的不同汇总结果,还可以以不同页面筛选数据。

在创建好数据透视表后,打开"数据透视表工具"的"分析"和"设计"选项卡,在其中可以对数据透视表进行编辑操作,如设置数据透视表的字段、布局、样式、数据源等。

5.6 Excel 2016 的其他操作

为了更有效且准确地使用 Excel 来处理和管理数据,除了需要了解以上章节介绍的基本操作外,还需要了解一些其他操作。例如,工作表的页面设置、单元格中建立批注、工作表中链接的建立等。

5.6.1 工作表的页面设置和打印

和 Word 文档一样,工作表在打印之前也需要进行页面设置,并通过预览视图预览打印效果。

1. 页面设置

页面设置通常是为了确定工作表的打印方向、页面边距及页眉和页脚等内容,它的设置可以通过以下两种方法来完成。

方法一:选择"页面布局"选项卡下的"页面设置"组中相关按钮,如图 5-52 所示。

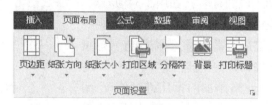

图 5-52 "页面设置"选项组

方法二:单击"页面设置"组右下角的对话框启动器按钮,或选择"文件"选项卡下的"打印"命令,在弹出的界面中单击"页面设置"命令,打开"页面设置"对话框,如图 5-53 所示。

在"页面设置"对话框中可以完成如下操作:

- "页面"选项卡:设置工作表的打印方向(横向/纵向)、缩放比例(10%~400%)、纸张大小(A4、A5 等)、打印质量和起始页码(默认当前页)。
- "页边距"选项卡:设置打印后的表格及页眉/页脚在页面中的相对位置和对齐

方式。

• "页眉/页脚"选项卡：为工作表预定义或自定义页眉和页脚,并设置他们的相关属性(首页不同/奇偶页不同等)。

• "工作表"选项卡：设置工作表的打印区域、打印标题及打印顺序等其他属性。

2. 打印预览

页面设置完成后,可以通过打印预览查看打印效果。进入打印预览的方法是：单击"文件"选项卡下的"打印"命令,这时候在最右侧的窗格中便可以查看工作表的打印效果。

3. 打印工作表

和打印预览类似,单击"页面设置"对话框中的"打印"按钮,或单击"文件"选项卡下的"打印"命令,单击窗格中的"打印"命令进行打印。

图 5-53 "页面设置"对话框

打印前,可在此窗格中设置有关打印的其他属性,例如,打印份数、打印范围、页码范围等。

5.6.2 为单元格建立批注

在 Excel 中,如果想为某些单元格中的数据进行标注或解释说明,可以通过建立批注来实现。当然,对于建立的批注,可以随时编辑和删除。

建立批注的方法是：选定要添加批注的单元格,单击"审阅"选项卡下的"批注"组中的"新建批注"按钮,或单击鼠标右键,在弹出的快捷菜单中选择"插入批注"命令,然后在弹出的批注框中输入批注内容即可(可以删除批注中自动生成的姓名),如图 5-54 所示。

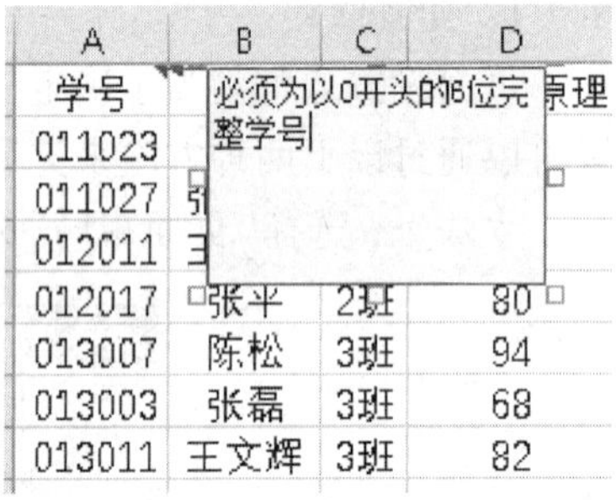

一旦给单元格添加了批注,就会在右上角出现一个红色的三角形标志,之后若需查看,只需要将鼠标指向这个标志,即可显示编辑好的批注信息。

如果需要对目标单元格添加的批注进行修改、编辑或删除,选中单元格,选择"审阅"选项卡下的"批

图 5-54 建立批注

注"组中的"编辑批注"或"删除批注"按钮,或单击鼠标右键,在弹出的快捷菜单中选择相关命令即可。

同时,在"审阅"选项卡下"批注"组中,还可以设置批注的其他操作。

5.6.3 保护工作簿和工作表

为了保护数据的私密性,有时我们需要对编辑的数据进行保护,以防止无关人员的查看、修改和编辑,这里保护的对象可以是工作簿、工作表、工作表中的某行(列)或特定的单元格等。

保护数据的方法是：选择"审阅"选项卡，单击"更改"组中的"保护工作簿"或"保护工作表"按钮，根据需求分别在弹出的"保护工作表"和"保护结构和窗口"对话框中进行设置，分别如图 5-55 和图 5-56 所示。

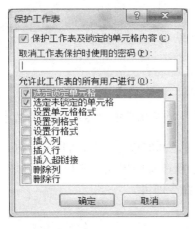

图 5-55 "保护工作表"对话框　　　图 5-56 "保护结构和窗口"对话框

需要注意的是：

① 如果对工作簿和工作表没有做保护，任何人都可以进行访问和编辑。

② 单击"文件"选项卡下的"打印"命令，单击中间窗格中的"保护工作簿"命令，也可以实现对工作簿的保护。

③ 一旦给工作簿或工作表设置了密码，打开时，都将出现"密码"对话框，只有正确输入密码才能打开，并且密码是区分大小写的。

5.6.4 工作表中的链接

和 Office 组件中其他很多应用软件一样（如 Word、PowerPoint 等），在 Excel 工作表中，可以通过给单元格中的文本或图形建立超链接，使得能够快速地从一个工作簿或文件跳转到其他相关的工作簿或文件中。建立超链接的步骤如下：

① 选定需要建立超链接的单元格或单元格区域。

② 使用"插入"选项卡下的"链接"组中的"添加超链接"命令，打开"插入超链接"对话框，如图 5-57 所示。

③ 在对话框左侧中的"链接到"选项组中可以选择"现有文件或网页""本文档中的位置""新建文档""电子邮件地址"，选择不同，链接的目标位置不同。在"链接到"选项组中选择了一个选项按钮后，在对话框右侧便会出现其他相关设置，比如要引用的单元格地址等。

④ 对超链接目标位置做了设置后，单击右上角的"屏幕提示"按钮，打开"设置超链接屏幕提示"对话框，如图 5-58 所示；在此对话框中输入信息，一旦当鼠标指针放置在建立的超链接位置时，就会显示相应的提示信息。

图 5-57 "插入超链接"对话框

图 5-58 "设置超链接屏幕提示"对话框

给工作表建立超链接,可以很好地实现文件之间的快速交互,而且可以对建立的超链接进行修改和取消,取消的方法是:选定已建立超链接的单元格或单元格区域,单击鼠标右键,在弹出的快捷菜单中选择"取消超链接"命令即可。

5.7 本章小结

本章从 Excel 2016 的启动和退出出发,在简单介绍工作界面和功能区的基础上,首先从基本概念入手,结合实例对工作簿和工作表中所涉及的各种基本操作方法做了详细介绍。

不难看出,Microsoft Excel 2016 作为 Microsoft Office 2016 系列办公套装软件中的一种,其界面元素布局合理,操作方便,支持多种类型数据的输入,不仅可以灵活使用公式,而且具有丰富的数据处理函数。利用他可以轻松、快速、准确地完成各种数据的各类数学运算,并可对表格中的数据进行自动排序、筛选、分类汇总等处理,同时具有丰富的绘制图表功能,能自动创建各种统计图表。

对 Excel 的操作,除了本书所介绍的基本操作外,还有很多高级操作,感兴趣或有需要的读者可进一步探索学习。

练习题

一、思考题

1. 工作簿和工作表有哪些联系和区别?
2. 单元格和单元格地址有哪些联系和区别?
3. 单元格有几种引用方式?
4. 在设置排序条件时,添加了多余的条件怎么办?
5. 如何显示和隐藏工作簿?

6. 公式和函数有哪些联系和区别？
7. 自动筛选和高级筛选有哪些联系和区别？
8. 在进行分类汇总前，应该对数据进行哪些处理？
9. 如何复制分类汇总后的数据？
10. 如何设置工作表的页眉和页脚？

二、选择题

1. 在 Excel 中，下列说法错误的是_____。
A. Excel 应用程序可同时打开多个工作簿文档
B. 在同一工作簿文档窗口中可以建立多张工作表
C. 在同一工作表中可以为多个数据区域命名
D. Excel 新建工作簿的缺省名为"文档1"

2. Excel 的主要功能是_____。
A. 表格处理、文字处理、文件管理
B. 表格处理、网络通信、图表处理
C. 表格处理、数据库管理、图表处理
D. 表格处理、数据库管理、网络通信

3. Excel 2016 文件的后缀名是_____。
A. xlsx   B. xlt   C. xlw   D. Excel

4. 下列对 Excel 工作簿和工作表的理解正确的是_____。
A. 要保存工作表中的数据，必须将工作表以单独的文件名存盘
B. 一个工作簿可包含至多 16 张工作表
C. 工作表的缺省文件名为 Book1、Book2……
D. 保存了工作簿就等于保存了其中所有的工作表

5. 在 Excel 中，某区域由 A1、A2、A3、B1、B2、B3 六个单元格组成。下列不能表示该区域的是_____。
A. A1:B3   B. A3:B1   C. B3:A1   D. A1:B1

6. 下列有关单元格地址的说法正确的是_____。
A. 绝对地址、相对地址和混合地址在任何情况下所表示的含义都是相同的
B. 只包含相对地址的公式会随公式的移动而改变
C. 只包含绝对地址的公式一定会随公式的复制而改变
D. 包含混合地址的公式一定不会随公式的复制而改变

7. 在某单元格中输入_____，该单元格显示 0.3。
A. 6/20   B. "6/20"   C. ="6/20"   D. =6/20

8. 在 Excel 中，要产生[300,550]间的随机整数，下列公式正确的是_____。
A. =RAND()*250+300
B. =int(RAND()*251)+300
C. =int(RAND()*250)+301

D. =int(RAND( )*250)+300

9. 在Excel单元格内输入计算公式时,应在表达式前加一前缀字符_____。
A. 左圆括号"("　　　　　　　　　　B. 等号"="
C. 美元号"$"　　　　　　　　　　　D. 单撇号"'"

10. 在Excel单元格中输入正文时,下列说法不正确的是_____。
A. 在一个单元格中可以输入多达255个非数字项的字符
B. 在一个单元格中输入字符过长时,可以强制换行
C. 若输入数字过长,Excel会将其转换为科学记数形式
D. 输入过长或极小的数时,Excel无法表示

11. 在Excel的活动单元格中,要将数字作为文字来输入,最简便的方法是先键入一个西文符号_____后,再键入数字。
A. #　　　　B. '　　　　C. "　　　　D. ,

12. 在Excel中,下列地址为相对地址的是_____。
A. $D5　　　B. $E$7　　　C. C3　　　D. F$8

13. 在Excel中,下列序列不能直接利用自动填充快速输入的是_____。
A. 星期一、星期二、星期三……　　　B. 第一类、第二类、第三类……
C. 甲、乙、丙……　　　　　　　　　D. Mon、Tue、Wed……

14. Excel的缺省工作簿名称是_____。
A. 文档1　　　B. sheet1　　　C. 工作簿1　　　D. doc

15. Excel工作表的列数最大为_____。
A. 255　　　B. 256　　　C. 1 024　　　D. 16 384

16. 在Excel的单元格中,输入换行的快捷键是_____。
A. 【Alt】+【Tab】　　　　　　　　B. 【Alt】+【Enter】
C. 【Ctrl】+【Enter】　　　　　　　D. 【Enter】

17. 在Excel的单元格内输入日期时,年、月、日分隔符可以是_____。
A. "/"或"-"　　　　　　　　　　　B. "."或"|"
C. "/"或"\"　　　　　　　　　　　D. "\"或"-"

18. Excel中默认的单元格引用是_____。
A. 相对引用　　B. 绝对引用　　C. 混合引用　　D. 三维引用

19. 对Excel的单元格中的公式重新编辑的方法是_____。
A. 用鼠标双击公式　　　　　　　　B. 利用编辑栏
C. 按【F2】功能键　　　　　　　　D. 以上均可

20. Excel工作表中的单元格,在执行某些操作之后,显示一串"#"符号,其原因是_____。
A. 公式有错,无法计算　　　　　　B. 数据因操作失误而丢失
C. 显示宽度不够,只要调整宽度即可　D. 格式与类型不匹配,无法显示

21. 在Excel中,运算符"&"表示_____。
A. 逻辑值的与运算　　　　　　　　B. 子字符串的比较运算

C. 数值型数据的相加　　　　　　D. 字符型数据的连接

22. 向 Excel 单元格里输入公式,运算符有优先顺序,下列说法错误的是_____。

A. 百分比优先于乘方　　　　　　B. 乘和除优先于加和减
C. 字符串连接优先于关系运算　　D. 乘方优先于负号

23. 在 Excel 的单元格中,如果要将一个数字 38 485 以字符方式输入,应输入_____。

A. 38485　　　B. "38485　　　C. 38485'　　　D. 38485

24. 在 Excel 中,分类汇总方式不包括_____。

A. 乘积　　　B. 平均值　　　C. 最大值　　　D. 求和

25. 在 Excel 中,快速创建图表的快捷键是_____。

A.【F11】　　　B.【F2】　　　C.【F9】　　　D.【F5】

26. 在 Excel 中,对已生成的图表,下列说法错误的是_____。

A. 可以为图表区设置填充色　　　B. 可以改变图表格式
C. 图表的位置可以移动　　　　　D. 图表的类型不能改变

27. 在 Excel 的单元格中进行除法运算时,如果分母为 0,则会出现_____错误提示。

A. #DIV/0!　　　B. #REF!　　　C. #####　　　D. #NUM!

28. 在 Excel 的单元格中,引用方式的结果不随单元格位置的改变而改变的是_____。

A. 相对引用　　　　　　　　　　B. 绝对引用
C. 链接引用　　　　　　　　　　D. 混合引用

29. 在 Excel 中打印学生成绩单时,对不及格的成绩用醒目的方式表示(如用红色表示等),当要处理大量的学生成绩时,利用_____命令最为方便。

A. 查找　　　　　　　　　　　　B. 条件格式
C. 数据筛选　　　　　　　　　　D. 定位

30. 在 Excel 中,数据分类汇总的前提是_____。

A. 筛选　　　B. 排序　　　C. 记录单　　　D. 以上全错误

三、操作题

1. 在 Excel 中建立的一个名为 EXC1.xlsx 的工作簿,然后在 Sheet1 工作表中录入如下所示的电子表格,完成以下操作:

(1) 为 Sheet1 工作表增加一个标题行,将 A1:D1 单元格合并为一个单元格,内容水平居中,输入标题"某服装厂 2014 年生产情况统计表"。

(2) 计算"计划产量"和"实际产量"的总计,计算"完成计划的百分比",单元格格式的数字分类为百分比,小数位数为 2。

(3) 将 Sheet1 工作表命名为"生产情况统计表"。

季度	计划产量	实际产量	完成计划的百分比
第一季度	24 000	25 600	
第一季度	26 000	27 800	
第一季度	27 000	28 600	
第一季度	25 000	27 900	
总计			

2. 在 Excel 中建立的一个名为 EXC2.xlsx 的工作簿,然后在 Sheet1 工作表中录入如下所示的数据,完成以下操作:

(1) 将表格中的数据水平居中对齐。

(2) 用公式或函数完成表格中相关单元格的计算。

(3) 按总分进行升序排序,将英语成绩大于等于80分的记录显示出来。

(4) 恢复原状,制作出按总分排序前5名的学生的"大学信息技术""英语""高等数学"三门课程的成绩比较图。

学号	姓名	大学信息技术	英语	高等数学	体育	总分	名次
060108121	王军	89	77	84	76		
060108122	朱欣文	96	55	75	85		
060108123	林方辉	85	86	66	82		
060108124	方明政	75	82	85	92		
060108125	宋奇	82	97	52	73		
060108126	常胜	93	85	72	88		
060108127	魏福星	73	63	77	91		
060108128	赵小波	88	75	73	73		
060108129	刘海洋	99	58	65	62		
060108130	张大山	62	79	61	82		
平均分							
最高分							

第 6 章 PowerPoint 2016 演示文稿软件

随着计算机技术在各个行业中的普遍使用和多媒体技术的发展,演示文稿在各个行业获得广泛运用。PowerPoint 2016 是 Office 2016 中的一个重要组件,一般简称为 PPT。利用 PowerPoint 可以制作出带有图片、图形、表格、图表及动画效果的电子演示文稿,这些文稿通常由一张张幻灯片组成。

本章从 PowerPoint 2016(以下简称为 PowerPoint)的启动和退出出发,在简单介绍 PowerPoint 主要功能、工作界面、视图模式等基本知识的基础上,结合应用实例,介绍了演示文稿制作、修饰和输出等各种操作方法。

通过本章的学习,应当了解和掌握以下基本内容:
- PowerPoint 的启动和退出;
- PowerPoint 的功能界面和功能区介绍;
- 演示文稿视图模式;
- 演示文稿的创建、打开、关闭和保存;
- 幻灯片的插入、移动、复制、删除等基本操作;
- 在幻灯片中插入文本、图片、艺术字、形状、表格等对象;
- 演示文稿主题与背景格式设置;
- 演示文稿动画设计、放映方式和切换效果设置等;
- PowerPoint 的其他操作,包括母版功能、超链接的建立、演示文稿的打包、打印、保存并发送等。

6.1 PowerPoint 2016 简介

6.1.1 启动和退出

1. PowerPoint 的启动

启动 PowerPoint 和启动其他 Office 组件的方法基本相同,常用的有以下几种方式:

方法一:在 Windows 10(Windows 7 中类似)中,单击 Windows 任务栏左侧的"开始"按钮,在所安装的程序中找到并单击"PowerPoint"图标。

方法二：双击桌面上 PowerPoint 2016 软件的快捷图标。

方法三：如果 PowerPoint 2016 是最近经常使用的应用程序之一，在 Windows 操作系统下，单击屏幕左下角的"开始"菜单按钮，Microsoft PowerPoint 2016 会出现在"开始"菜单中，直接单击即可。

方法四：双击 PowerPoint 文档（扩展名为.ppt 或.pptx）即可自动启动 PowerPoint 2016 并打开文档，前提是用户安装了 PowerPoint 2016，因为 Windows 操作系统提供了应用程序与相关文档的关联关系。

需要注意的是，PowerPoint 2016 具有兼容的功能，也就是说，使用 PowerPoint 2016 可以打开以前 PowerPoint 版本（如 2010/2007 等）所创建的各种 PowerPoint 文件。

2．PowerPoint 的退出

方法一：单击 PowerPoint 窗口右上角的"关闭"按钮。

方法二：在 PowerPoint 窗口工具栏的空白处单击鼠标右键，在弹出的快捷菜单中选择"关闭"命令，或使用组合键【Alt】+【F4】关闭程序。

方法三：单击"文件"选项卡下的"关闭"命令。注意，这里只关闭当前打开的幻灯片文稿，而不是退出 PowerPoint 应用程序。

若启动 PowerPoint 后对演示文稿进行过编辑，在退出时，系统都会出现一个对话框，提示用户是否对新建演示文稿进行保存，若需要保存已编辑的文档，单击"保存"按钮进行存盘；若不需要保存，则按"不保存"按钮直接退出；若还需要进一步编辑，则按"取消"按钮。

6.1.2 主界面介绍

启动 PowerPoint 后即可看到其主界面，如图 6-1 所示。界面主要包括快速访问工具栏、功能选项卡、功能区、"幻灯片"/"大纲"窗格、幻灯片编辑窗口、状态栏和视图栏等几大组成部分，下面分别做简单介绍。

图 6-1　PowerPoint 2016 工作界面

1. 快速访问工具栏

位于"文件"选项卡的上方,其中包括常用的工具按钮,如"保存""撤消""恢复""自定义快速访问工具栏"等命令按钮。

2. 功能选项卡和功能区

在 PowerPoint 中,传统的菜单栏被功能选项卡取代,工具栏则被功能区取代,单击其中任意一个功能选项卡可打开相应的功能区,功能区又根据不同的功能类型分为不同的组,不同的组中存放着常用的命令按钮或列表框等。

3. 幻灯片编辑窗口

主要用于显示和编辑当前幻灯片,演示文稿中的所有幻灯片都是在此窗格中编辑完成的。在幻灯片编辑区的最下面是备注栏,用户可以在此根据需要对幻灯片进行注释。

4. "幻灯片"/"大纲"窗格

主要用于显示当前演示文稿的幻灯片数量及位置,在此窗格中,幻灯片会以序号的形式进行排列,用户可以在此预览幻灯片的整体效果。

使用"幻灯片"/"大纲"窗格中的普通模式可以很好地组织和编辑幻灯片内容,这时在编辑区的幻灯片中输入的文本内容,同时也会显示在普通模式的任务窗格中,所以用户可以直接在"大纲"窗格中输入或者修改幻灯片的文本内容。

如果仅希望在编辑窗口观看当前的幻灯片,可以按着鼠标左键左移分割线,将"幻灯片"/"大纲"窗格形成缩略图,需要恢复时,只需要右移分割线即可。

5. 状态栏

主要用于显示当前文档的页、总页数、字数和输入状态等。

6. 视图栏

包括视图按钮组、显示比例和调节页面显示比例的控制杆等。

6.1.3 功能区简介

PowerPoint 功能区默认有 9 个选项卡,分别是"文件""开始""插入""设计""切换""动画""幻灯片放映""审阅""视图"选项卡。每个选项卡根据功能的不同又分为若干功能选项组,下面对每个选项卡及其主要功能区做简单介绍。

1. "文件"选项卡

"文件"选项卡中包含与文件有关的常用命令,如文件的新建、打开、保存及打印等。单击"打开"命令的"最近"选项,会列出最近使用的 PowerPoint 文件及其位置,方便用户再次使用这些文件。

2. "开始"选项卡

"开始"选项卡中包括"剪贴板"、"幻灯片"、"字体"、"段落"、"绘图"和"编辑"六个组,如图 6-2 所示。"剪贴板"组主要实现幻灯片及其插入对象的复制、剪贴和格式刷;"幻灯片"组主要用来创建新的幻灯片和设置幻灯片版式;"字体"和"段落"组用于对幻灯片的文本进行文字、段落编辑和格式设置;"绘图"组可以插入和排列自选图形;"编辑"组用于实现文本内容的查找和替换等操作。

图 6-2 "开始"选项卡

3. "插入"选项卡

"插入"选项卡中包括"幻灯片"、"表格"、"图像"、"插图"、"加载项"、"链接"、"批注"、"文本"、"符号"和"媒体"十个组,如图 6-3 所示,主要用于在演示文稿幻灯片中插入各种对象元素。

图 6-3 "插入"选项卡

4. "设计"选项卡

"设计"选项卡中包括"主题"、"变体"和"自定义"三个组,如图 6-4 所示,提供了对演示文稿主题颜色和字体格式、幻灯片大小、背景样式设置等功能。

图 6-4 "设计"选项卡

5. "切换"选项卡

"切换"选项卡中包括"预览"、"切换到此幻灯片"和"计时"三个组,如图 6-5 所示,主要用于实现幻灯片之间切换效果的选择和设置等功能。

图 6-5 "切换"选项卡

6. "动画"选项卡

"动画"选项卡中包括"预览"、"动画"、"高级动画"和"计时"四个组,如图 6-6 所示,通过该选项卡下各功能组主要实现为幻灯片中插入的对象添加动画效果,以及进行动画效果设置等操作。

图 6-6 "动画"选项卡

7. "幻灯片放映"选项卡

"幻灯片放映"选项卡中包括"开始放映幻灯片"、"设置"和"监视器"三个组,如图 6-7 所示,通过该选项卡下各功能组主要实现幻灯片放映方式的设置,其中包括放映前设置、放映方式设置等操作。

图 6-7 "幻灯片放映"选项卡

8. "审阅"选项卡

"审阅"选项卡中包括"校对"、"见解"、"语言"、"中文简繁转换"、"批注"、"比较"和"墨迹"七个组,如图 6-8 所示,主要用于对 PowerPoint 2016 演示文稿进行校对和修订等操作,适用于多人协作处理 PowerPoint 2016 的长文稿制作。

图 6-8 "审阅"选项卡

9. "视图"选项卡

"视图"选项卡中包括"演示文稿视图"、"母版视图"、"显示"、"显示比例"、"颜色/灰度"、"窗口"和"宏"七个组,如图 6-9 所示,在"演示文稿视图"中列出了演示文稿的几种视图模式,通过"母版视图"可以方便地应用幻灯片的母版功能,其他功能组主要用于帮助用户设置 PowerPoint 2016 操作窗口的视图类型,以方便操作。

图 6-9 "视图"选项卡

6.1.4 视图简介

在如图 6-1 所示的 PowerPoint 主界面中,视图按钮组列出了 PowerPoint 的多种视图模式,分别是"普通视图""幻灯片浏览""阅读视图""幻灯片放映"等,在编辑制作演示文稿的过程中,用户根据需要可以在这四种视图之间进行切换,如图 6-10 所示。下面分别对这四种视图模式做简单介绍。

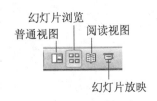

图 6-10 PowerPoint 的视图模式

1. 普通视图

普通视图是 PowerPoint 默认的视图模式,在这种模式下,PowerPoint 主界面由三部分构成,即幻灯片编辑区、"幻灯片"/"大纲"窗格和"备注"窗格,是最适合于用户进行文稿编辑的模式。

(1) 幻灯片编辑区

幻灯片编辑区是进行幻灯片编辑和显示的主要窗口,是演示文稿的核心部分,在这里主要完成各种对象的插入和编辑,但一次只能显示一张幻灯片,如果想查看或编辑其他幻灯片,需要在左侧"幻灯片"/"大纲"窗格中单击相应的幻灯片进行切换,也可以通过滚动编辑区右侧的滚动条实现切换。

(2) "幻灯片"/"大纲"窗格

该部分主要用于显示当前演示文稿的幻灯片数量、位置及内容等信息,在"幻灯片"/"大纲"窗格中,幻灯片都会以序号的形式进行排列,用户可以预览幻灯片的整体布局和主要内容,显示形式不影响幻灯片编辑区内容的显示方式。

当处于普通视图时,窗格中列出了当前演示文稿中所有幻灯片的缩略图,包括文本、图片等多种对象,单击其中任何一个幻灯片的缩略图,即可在幻灯片编辑区切换到该幻灯片,如图 6-11 所示。

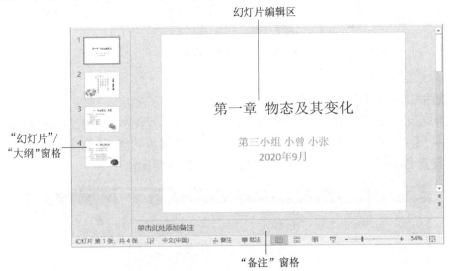

图 6-11 普通视图下的"幻灯片"/"大纲"窗格模式

当处于"大纲"视图时,"幻灯片"/"大纲"窗格中仅列出了当前演示文稿中每张幻灯片的文本内容。这时在编辑区的幻灯片中输入的文本内容,同时也会显示在大纲模式的任务窗格中。所以如果在一个幻灯片文件中主要是以文字为主要内容的,则使用"大纲"视图更适合查看幻灯片内容,在此视图中可组织和编辑演示文稿中的内容,同时可以键入演示文稿中的所有文本,然后重新排列项目符号、段落和幻灯片。

如果仅希望在编辑窗口观看当前的幻灯片,可以按着鼠标左键左移分割线,将"幻灯片"/"大纲"窗格形成缩略图,需要恢复时,只需要右移分割线即可。

(3)"备注"窗格

该窗格主要用于为相应的幻灯片添加提示信息,对使用者起到备忘、提示的作用,但在实际播放和打印演示文稿时不会看到"备注"窗格中的信息。

2. 幻灯片浏览

在"幻灯片浏览"视图模式下,所有幻灯片均以缩略图形式显示,可以方便地对幻灯片进行添加、删除、移动及选择动画切换等操作,如图6-12所示。

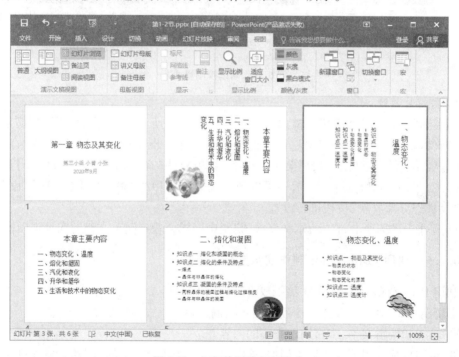

图6-12 幻灯片浏览视图模式

3. 阅读视图

切换到阅读视图模式后,可以以窗口模式查看当前幻灯片,这时在视图按钮任务栏右侧出现七个按钮,分别为"上一张""菜单""下一张""普通视图""幻灯片浏览""阅读视图""幻灯片放映"。单击"上一张"和"下一张"按钮,可以实现幻灯片的快速切换,单击"菜单"按钮或鼠标右键,除了可以对幻灯片进行基本操作外(如"复制幻灯片""编辑幻灯片"等),还可以通过"结束放映"和"全屏显示"命令,切换到其他视图模式。当然,也可以单击另外几个视图按钮直接切换视图模式,如图6-13所示。在"阅读视图"模式下,按

【Esc】键可以退出阅读视图模式。

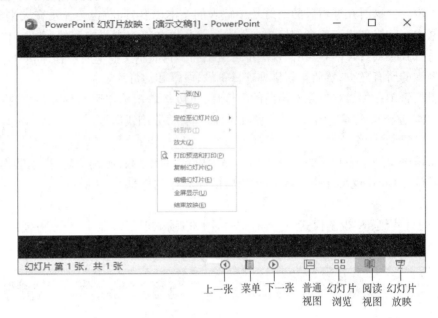

图 6-13　阅读视图模式

4. 幻灯片放映

切换到"幻灯片放映"视图模式,用户可以以动态的形式,快速观看所制作演示文稿的最终放映效果。这时,若想要返回其他模式进行进一步编辑,可以在幻灯片放映状态下,单击鼠标右键,在弹出的快捷菜单中选择"结束放映"命令,也可以通过【Esc】键退出放映模式。对于幻灯片放映方式,还可以通过选择"幻灯片放映"选项卡,单击"设置"组中的"设置幻灯片放映"按钮进行设置。

选择"视图"选项卡,在"演示文稿视图"组中同样会看到演示文稿的四种视图模式。

6.1.5　利用 PowerPoint 制作演示文稿的过程

利用 PowerPoint 制作演示文稿一般可分为以下几步:

① 启动 PowerPoint,建立一个新的演示文稿。

② 输入和编辑文本,丰富演示文稿的内容。

③ 在幻灯片中根据需要插入图形、剪贴画、统计图表、组织结构图和表格等对象。

④ 设置演示文稿的外观。例如,改变幻灯片文本的格式、设置段落格式、更改幻灯片背景及设置配色方案等。

⑤ 为幻灯片中插入的对象添加动画效果。

⑥ 设置幻灯片切换和放映方式。

⑦ 演示文稿在屏幕上以幻灯片的方式放映。

⑧ 将制作的演示文稿按要求的文件类型进行保存。

6.2 PowerPoint 2016 的基础操作

6.2.1 演示文稿的创建

一、菜单方式

选择"文件"选项卡,在弹出的菜单中单击"新建"命令,弹出 Microsoft Office Backstage 视图,在中间的"可用的模板和主题"列表框窗格中,根据需要选择创建不同样式的演示文稿,如图 6-14 所示。若是在启动 PowerPoint 时新建文档,则需要单击窗体左边的"新建"按钮,进入"新建"选项卡;或者在"开始"选项卡中单击"更多主题",同样进入"新建"选项卡。

1. 新建空白演示文稿

单击左侧窗格中的"新建",在右侧选择"空白演示文稿"选项,便可新建一个空白演示文稿,如图 6-14 所示。

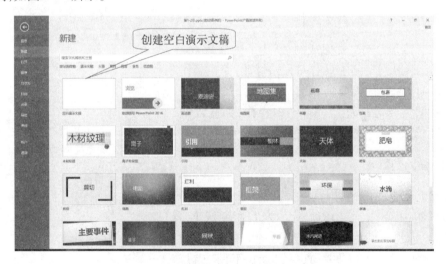

图 6-14 新建演示文稿

空白演示文稿是一种形式最简单的文稿,没有应用模板设计、配色方案及动画方案等内容,用户可以自由设计版式、色彩等。

2. 根据模板新建演示文稿

PowerPoint 除了可以创建最简单的空白演示文稿外,系统还内置了样式各异、风格多样的模板供用户直接选择使用,而一旦应用了某种模板,幻灯片的背景图形、配色方案、文字布局就都已经被设定,用户可以根据需求自行修改这些内容。

根据模板新建演示文稿,如图 6-14 所示,只需在右侧窗格的样本模板列表中选择需要的模板主题,然后单击右侧窗格下方的"创建"按钮,该模板将被应用在新建的演示文稿中。

3. 创建其他样式的演示文稿

Office 官网也提供了大量免费的 PowerPoint 模板文件,如果用户连接了互联网,只需在如图 6-14 所示界面的文本框中输入想要的主题关键词,便可直接在 Office 官网的模板列表框中选择需要的模板类型。

二、使用快捷键创建空白文稿

在 PowerPoint 运行时,可使用组合键【Ctrl】+【N】直接新建一个空白演示文稿。不管用哪种方法创建的文档,都使用"演示文稿 X"进行命名,每一个新建的演示文稿都会有一个独立的窗口和界面。

6.2.2 演示文稿的保存

新建演示文稿以后,需要及时地将其存储在计算机中,以便后续的编辑处理。保存文稿分为保存新建的文稿、保存已保存过的文稿、将现有的文稿保存为其他类型和自动保存四种方式。保存方法和保存其他 Office 文件的方法类似。PowerPoint 2016 演示文稿的默认类型为".pptx"。

6.2.3 幻灯片的基本操作

演示文稿是由幻灯片组成的,新建了一个 PowerPoint 演示文稿后,文稿中只有一张幻灯片,而在制作演示文稿时,一般都需要使用多张幻灯片,这时,用户可以根据需要对幻灯片进行编辑操作,如插入幻灯片、复制幻灯片、移动幻灯片和删除幻灯片等。

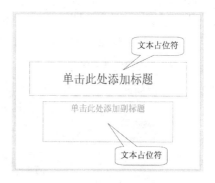

图 6-15 "标题幻灯片"版式

一、插入幻灯片

新建默认版式的幻灯片:在"开始"选项卡下的"幻灯片"组中,单击"新建幻灯片"按钮,便可新建一张版式为"标题幻灯片"(默认版式)的空白幻灯片,如图 6-15 所示;还可以在普通视图模式下的"幻灯片"/"大纲"窗格(或"幻灯片浏览"视图)中,在需要插入幻灯片的前一张,或前一张与后一张之间的空隙中,单击鼠标右键,在弹出的快捷菜单中选择"新建幻灯片"命令,同样可以新建一张默认版式的幻灯片。

新建一张特定版式的幻灯片:单击"新建幻灯片"按钮右下方的下拉箭头,在弹出的默认设计版式列表框中选择需要的版式,如图 6-16 所示,这时,便可自动生成一张相应版式的新幻灯片。

图 6-16 默认设计版式列表框

二、复制幻灯片

在制作演示文稿时,有时候会对一些幻灯片重复使用,或需要在它的基础上进行修改,此时,利用幻灯片的复制功能,可快速复制出一张相同的幻灯片。复制幻灯片有以下几种基本操作方法。

方法一:使用快捷菜单。在普通视图模式下的"幻灯片"/"大纲"窗格(或"幻灯片浏览"视图)中,选中需要复制的幻灯片,单击鼠标右键,在弹出的快捷菜单中选择"复制幻灯片"命令,便会成功复制选中的幻灯片。或者在"开始"选项卡下的"幻灯片"组中,单击"新建幻灯片"按钮右下方的下拉箭头,在弹出的默认设计版式列表下方同样有"复制幻灯片"命令。

方法二:使用"开始"选项卡。选中需要复制的幻灯片,在"开始"选项卡下的"剪贴板"组中单击"复制"按钮,然后单击需要插入幻灯片的位置,在"开始"选项卡下的"剪贴板"组中单击"粘贴"按钮。或者选中需要复制的幻灯片,在"开始"选项卡下的"剪贴板"组中单击"复制"按钮右下方的下拉箭头,选中"复制"命令,便会直接复制选中的幻灯片。

方法三:【Ctrl】+【C】和【Ctrl】+【V】组合键同样适合于幻灯片的复制和粘贴操作。

三、删除和移动幻灯片

在编辑文稿的过程中,若遇到演示文稿中不需要的幻灯片时,无论是在普通视图模式下的"幻灯片"/"大纲"窗格,还是处于"幻灯片浏览"视图下,都可以将其快速删除。和复制幻灯片类似,删除幻灯片也有以下几种基本操作方法。

方法一:使用快捷菜单。选中需要删除的幻灯片,单击鼠标右键,在弹出的快捷菜单中选择"剪切"或"删除幻灯片"命令。

方法二:使用"开始"选项卡。选中需要删除的幻灯片,在"开始"选项卡下的"剪贴板"组中,单击"剪切"按钮。一旦选择"剪切"命令或按钮,不仅可以删除当前选中的幻灯片,还可以在其他位置使用"粘贴"操作,实现幻灯片的移动。

方法三:选中需要删除的幻灯片后,按下【Delete】键或者【Backspace】键,也可以实现幻灯片的删除。

四、调整幻灯片位置

PowerPoint 文稿中幻灯片需要调整位置的话,可以通过剪切、复制操作来完成,或者在"普通视图"模式下的"幻灯片"/"大纲"窗格或"幻灯片浏览"视图中,直接将其拖动到目标位置即可。

6.2.4 幻灯片的编辑

一、输入和编辑文本信息

1. 文本信息的输入

对于创建的演示文稿,不管使用哪种版式,最重要的还是要在其中输入文本信息。在

PowerPoint 中,用户只可以在占位符、文本框和创建的图形中输入文本。

(1) 在占位符中输入文本

在大多数新建的幻灯片版式中,都提供了专门用来输入文本信息的占位符。例如,在如图 6-15 所示的"标题幻灯片"中,便存在两个占位符,分别为"单击此处添加标题"和"单击此处添加副标题"占位符。

在占位符中输入文本,只需要单击选中的"占位符",进入文本编辑状态,直接输入文本即可。当幻灯片应用了某种预设版式后,幻灯片中占位符也已经为输入的文字预设了相关属性,如字体、颜色和大小等。

(2) 在文本框中输入文本

除了文本占位符以外,如果用户还想在幻灯片其他位置输入文本信息,可以通过插入文本框来完成。

插入文本框的方法是:选择"插入"选项卡,单击"文本"组中的"文本框"下拉按钮,在展开的下拉列表中选择"横排文本框"或"竖排文本框"选项,如图 6-17 所示,这时光标在幻灯片中变为"十"字形,选择目标位置,双击鼠标左键,或者拖动鼠标左键绘制适当大小的文本框,然后输入文本信息即可。

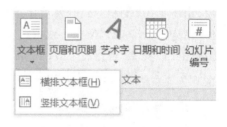

图 6-17 插入文本框

文本框和文本占位符相同,在选中后可以任意移动,或通过其四角的控制柄调整大小,或通过其上方的圆形控制柄进行旋转等。

文本框和文本占位符是幻灯片的插入对象,选中后,系统会有属于它们的"绘图工具"选项卡,如图 6-18 所示,这时可以在"绘图工具"选项卡的各个功能区组中设置相关属性。

图 6-18 文本框格式设置

(3) 在自选图形中输入文本

除了可以在占位符和文本框中输入文本信息以外,还可以在插入的自选图形中输入文本。方法是:右击图形,在弹出的快捷菜单中选择"编辑文字"命令。

(4) 在"大纲"视图中输入文本

进入 PowerPoint 的大纲视图模式,不仅可以有效地查看幻灯片中的文本信息,还可以快速方便地输入文本。

2. 文本信息的编辑

为了使编辑的演示文稿更加美观、清晰,通常需要对输入的文本信息进行格式设置,包括字体格式设置（字体、字号及颜色等）、段落格式设置、添加项目符号和编号等。

（1）设置字体格式

由于 PowerPoint 中使用模板的不同，导致了占位符预设字体格式的不同，要想对文本字体进行格式设置，可以通过单击"开始"选项卡下的"字体"组中相关按钮（图 6-19），或选中需要设置格式的文本，单击鼠标右键，在弹出的快捷菜单中选择"字体"命令，然后在弹出的"字体"对话框中进行设置。

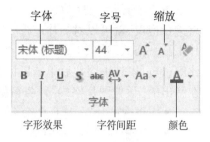

图 6-19　字体工具栏

字体工具栏和对话框中，对字体各属性的设置方法和 Word 类似，这里不再赘述。

（2）设置段落格式

PowerPoint 中，和设置字体格式方法相类似，要设置段落格式，可以通过单击"开始"选项卡下的"段落"功能组中相关按钮（图 6-20），或选中需要设置格式的文本，单击鼠标右键，在弹出的快捷菜单中选择"段落"命令，然后在弹出的"段落"对话框中进行设置。

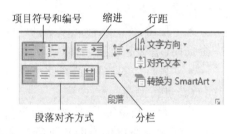

图 6-20　段落设置工具栏

和 Word 类似，段落格式设置主要是进行段落缩进、段落间距、段落行距、段落文本对齐方式等相关内容的设置，而这些设置都可以通过"段落"组中相关按钮，或"段落"对话框中相关选项进行设置。

（3）添加项目符号和编号

在演示文稿中，为了使某些内容更加醒目，经常会用到项目符号和编号。添加项目符号和编号的方法是：单击如图 6-20 所示的"段落"组中的"项目符号（编号）"右侧的下拉按钮，在弹出的列表框中选择系统预定义的符号（编号）样式，或单击下拉列表框中"项目符号和编号"命令，进入"项目符号和编号"对话框，自定义项目符号和编号样式。

二、插入各种多媒体信息

1．插入图片

选择"插入"选项卡，在"图像"组中单击"图片"按钮，便可打开"插入图片"对话框，选定指定盘符下的某个图片文件，单击"插入"按钮，即可将选中的图片插入到 PowerPoint 文稿当前幻灯片中。

对于插入的图片，为了与幻灯片背景和文字更协调，很多情况下，需要对插入的图片进行简单的编辑和处理，如设置样式和大小等。常用的设置方法有以下两种：

方法一：选中图片，单击鼠标右键，在弹出的快捷菜单中选择相应命令进行图片格式设置，如图 6-21 所示。常用的命令及其功能介绍如下：

● "样式"：为了快速美化图片，使图片和幻灯片的风格相匹配，用户可以为图片添加现有的样式，应用图片样式包括为图片应用不同的相框、不同的旋转效果或增强图片的立体感。选择"样式"命令,在展开的图片样式功能区有很多样式供用户选择,把鼠标放在喜欢的样式上可以预览效果。

- "裁剪":选择"裁剪"命令,图片上就会出现八个裁剪控制点,用鼠标对这些控制点进行拖曳,就可以对图片进行粗略裁剪。如果要对图片进行精确裁剪,则需要进入"图片工具—格式"选项卡,找到"大小"组中的"裁剪"命令,可以编辑图片的形状、位置、纵横比等;也可以选中图片后单击鼠标右键,在弹出的快捷菜单中选择"设置图片格式"命令,在弹出的"设置图片格式"任务窗格中找到关于"裁剪"的设置和编辑,如图 6-22 所示。
- "更改图片":选择此命令,可以重新插入新的图片。
- "置于顶层":选择此命令,可以在弹出的子菜单中选择相应命令,实现当前图片置于顶层,或上移一层。
- "置于底层":选择此命令,可以在弹出的子菜单中选择相应命令,实现当前图片置于底层,或下移一层。
- "超链接":选择此命令,可以给选中的图片插入一个超链接,单击它可以转向另一个页面(有关超链接,后面章节会详细介绍)。
- "另存为图片":选择此命令,可以将选中的图片(一般情况下是进行设置过的图片)重新进行保存。
- "大小和位置":选择此命令,会弹出一个"设置图片格式"任务窗格,在其中可以通过不同的命令选项对图片进行各种属性设置,如填充效果、线条颜色、位置、大小等,如图 6-22 所示。

图 6-21　图片格式设置快捷菜单　　图 6-22　设置图片格式窗格

- "设置图片格式":选择此命令,同样也会打开"设置图片格式"任务窗格,只是列表框中默认的选项不同而已。

方法二：选中图片，切换到"图片工具—格式"选项卡下，通过选择不同功能组中相应命令按钮进行图片格式设置，如图6-23所示。

图6-23 "图片工具—格式"选项卡

- "调整"组：在这个组中，单击"删除背景"按钮，删除图片背景；单击"更正"按钮，调整图片的亮度和对比度及进行图片的锐化和柔化；单击"颜色"按钮，设置图片的颜色饱和度、色调和透明色等；单击"艺术效果"按钮，为图片添加各种艺术效果和样式；单击"压缩""更改""图片""重设图片"按钮，实现图片的压缩和重设等效果。
- "图片样式"组：单击"图片样式"下拉按钮，在出现的列表框中为图片添加系统预设的样式。单击"图片边框"按钮，可以给图片添加边框，并设置边框的颜色、线型等属性；单击"图片效果"按钮，为图片添加各种效果，如阴影、发光灯等；单击"图片版式"按钮，为图片应用各种版式。而一旦给图片应用了版式，该图片将变成SmartArt图片。
- "排列"组：选择"上移一层""下移一层"按钮，可实现图片的层次叠放顺序。单击"对齐"按钮，可快速设置图片在幻灯片中的相对位置；单击"旋转"按钮，可设置各种旋转效果。
- "大小"组：单击"裁剪"按钮，通过选择下拉列表中有关命令，实现对图片的裁剪。通过在"高度"和"宽度"文本框中输入数值，调整图片的大小。同时，单击"大小"组右侧的启动对话框按钮，弹出"设置图片格式"对话框，对图片格式进行进一步详细设置，如图6-22所示。

2. 插入联机图片

从各种联机来源中查找和插入图片。选择"插入"选项卡，单击"图像"组中的"联机图片"按钮，在弹出的"插入图片"对话框中，内嵌了"必应图像搜索"功能和"OneDrive – 个人"图像搜索服务，用户可以快速方便地找到所需要的图像，插入到幻灯片适当位置。例如，利用必应搜索服务，在编辑框中输入图片关键字并回车，便可在下面的列表框中显示搜索结果，一旦选定图片，单击对话框下方的"插入"按钮，便可完成图片在幻灯片中的插入。在不使用代理的情况下，OneDrive单击在线查看不可用，原因是OneDrive个人版的服务器在国外，访问需要过墙，必须得用代理服务器才可以。

3. 插入自选图形

上文已经讲过，在PowerPoint中，除了通过占位符和文本框对幻灯片进行文本输入外，自选图形也是常用的一种文本输入方法，而且很多时候将文字内容与一些图形的形式组合起来，并对其样式进行设置，可以有效地增强幻灯片的制作和演示效果。

插入自选图形的方法是：选择"插入"选项卡，单击"插图"组中的"形状"下拉按钮，在弹出的列表框中包含了多种类型的自选图形，如线条、箭头、流程图、标注、动作按钮等，特别是动作按钮，经常需要用在设置超链接的过程中。单击选中的图形，将鼠标指针移到幻灯片中,当指针变成"十"字形,按住鼠标左键拖动鼠标,变成需要的大小,松开鼠标左键,即可完成在幻灯片中自选图形的插入。

4. 插入屏幕截图

PowerPoint 也自带了屏幕截图功能,选择"插入"选项卡,在"图像"组中单击"屏幕截图"按钮,在弹出的列表中,如果需要获得当前某一个应用界面,只需要在"可用的视窗"选项中单击即可,这时候截取的是所选择视窗的全屏界面;而如果需要选择窗口的某一部分,则需要选择"屏幕剪辑"选项,进入屏幕截屏状态(指针变"十"字形),拖动鼠标,选中界面区域,便可将其选取的界面以一个图片的形式插入到 PowerPoint 中,如图 6-24 所示。

图 6-24　屏幕截图

自选图形和屏幕截图都是图片,它们的格式设置方法相同,但图片本身的格式会影响具体的选项,例如,黑白单色位图文件无法调节色彩。

5. 插入表格

为了增强文稿内容的条理性和简明性,有时候需要在幻灯片中插入表格,并对表格进行编辑。插入表格的方法是:将光标定位在插入表格的位置,选择"插入"选项卡,在"表格"组中单击"表格"按钮,然后在弹出的下拉列表中根据情况分别选择相应命令插入需要的表格,如图 6-25 所示。

- 在下拉列表框虚拟表格区域中,移动鼠标,可以快速插入需要的表格(8 行、10 列以内)。
- 选择"插入表格"命令,弹出一个"插入表格"对话框,在"列数"和"行数"输入框中输入表格行数和列数,便可在幻灯片中插入用户自定义列数和行数的表格。
- 选择"绘制表格"命令,幻灯片文稿中鼠标将会变

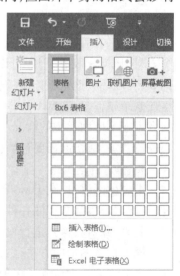

图 6-25　插入表格

成笔形指针,根据需要绘制包含不同高度和宽度的横线、竖线、斜线的表格等。

除了使用"表格"组中"表格"按钮插入表格外,还可以使用占位符中的表格按钮插入表格。不管使用哪种方式,插入表格后,单击表格中的单元格,便可在其中输入文字和数据内容。如果需要对插入的表格进行编辑和处理,如设置表格样式、边框,对单元格合并、拆分、插入、删除,设置文本对齐方式等,可切换到"表格工具—设计"和"表格工具—布局"选项卡下,通过选择各功能组中相关按钮进行设置。

6. 插入页眉和页脚

使用页眉和页脚功能,可以将幻灯片的编号、时间和日期、演示文稿标题(关键字或作者信息)等添加到每张幻灯片(或除标题幻灯片外)的底部。插入页眉和页脚的方式是:选中"插入"选项卡,在"文本"组中单击"页眉和页脚"按钮,打开"页眉和页脚"对话框(默认切换到"幻灯片"选项卡),如图 6-26 所示,其中包括以下几个选项。

图 6-26 "页眉和页脚"对话框

- "日期和时间"复选框:添加日期和时间。选择"自动更新"单选按钮,在下面的组合框中选择日期和时间格式,添加的日期和时间将会随系统自动更新。若需要添加一个固定不变的日期和时间,选择"固定"单选按钮,在下面的文本框中输入即可。
- "幻灯片编号"复选框:相当于页码。
- "页脚"复选框:常用来列出演示文稿的主题、标题等信息。
- "标题幻灯片中不显示"复选框:选中即意味着添加的页眉和页脚将不会出现在标题幻灯片(首页)中。

对于插入页眉和页脚操作,需要注意以下几个方面:

- 设置完成后,若单击"全部应用"命令按钮,设置将应用于所有幻灯片(或除标题幻灯片外);若选择"应用"命令按钮,则只会应用于当前幻灯片。
- 默认情况下,幻灯片不包含页眉,如果需要,用户可以将添加过的位于页脚的占位符移到页眉位置。

- 切换到"备注和讲义"选项卡,可以实现在备注和讲义中添加页眉和页脚操作。

7. 插入并编辑视频

(1) 插入视频

在 PowerPoint 中,为了更好地增强制作和演示效果,除了可以插入图片文件外,还可以插入视频和音频文件等媒体元素。插入视频的方法是:选择"插入"选项卡,在"媒体"组中单击"视频"按钮,在弹出的下拉列表中有以下两个选项供选择,如图 6-27 所示。

图 6-27 插入视频

- "联机视频":从各种联机来源中查找和插入视频。选择此命令,将弹出一个"插入视频"对话框,在文本框中复制已上载到某一个网站的视频文件的链接(嵌入代码),即可完成网站中视频文件的插入。

- "PC 上的视频":从本机或本机连接到的其他计算机中查找和插入视频文件。选择此命令,将弹出一个"插入视频文件"对话框,通过文件位置和文件的选择,即可插入选中的视频文件。

不管用以上任何一种方法插入视频文件,系统都会在幻灯片中显示视频文件的图标及控制条,通过控制条可以对视频进行播放,向前(后)拖动和调节音量。

(2) 编辑视频

如果还需要进一步对视频文件进行编辑,可以通过"视频工具—格式"和"视频工具—播放"选项卡来完成。

① "视频工具—格式"选项卡:除了多了个"预览"组(播放按钮)外,其他功能区选项设置和图片格式设置基本相同,如图 6-28 所示。在"预览"组中,通过单击"播放"按钮,可以在编辑状态下预览视频播放效果。

图 6-28 视频格式设置

② "视频工具—播放"选项卡:包括"预览""书签""编辑""视频选项"四个组,如图 6-29 所示。

图 6-29 视频播放设置

- "预览"组:单击"播放"按钮,可以在编辑状态下预览视频播放效果。

- "书签"组：单击"添加书签"和"删除书签"按钮，可以给视频添加或删除书签。
- "编辑"组：单击"剪裁视频"按钮，打开"剪裁视频"对话框，可对视频进行裁剪。在"淡化持续时间"中设置视频淡入和淡出的持续时间。
- "视频选项"组：单击"音量"按钮，可调整视频播放音量。单击"开始"选项，从打开的列表中选择视频播放方式（单击时播放还是自动播放）。选中"全屏播放"复选框，视频将在放映状态下全屏播放；选中"未播放时隐藏"复选框，视频将在不播放时隐藏；选中"循环播放，直到停止"复选框，视频将在演示期间持续重复播放；选中"播完返回开头"复选框，视频将在播放完后返回初始播放时页面。

8. 插入音频

插入音频的方法和视频类似，选择"插入"选项卡，在"媒体"组中单击"音频"按钮，然后在弹出的下拉列表中选择插入音频的方式。用户可以选择"PC上的音频"命令，从本机或本机连接到的其他计算机中插入音频文件，还可以通过选择"录制音频"命令，插入自己录制的声音。

录制声音的方法是：单击"录制音频"命令，打开"录音"对话框，单击"录音"按钮，开始录制声音。录制完成后，单击"播放"按钮，可以试听播放效果。待确认后，单击"确定"按钮，即可将其插入当前幻灯片中。

和插入视频类似，一旦插入音频，系统也会在幻灯片中显示音频文件的图标及控制条，选中声音图标，单击"播放"按钮，可预听声音内容，单击声音图标以外的其他对象或空白区域，则会停止播放。同时功能区出现"音频工具"，使用"格式"和"播放"选项卡可以设置声音效果。例如，想循环播放声音，只需要在"播放"选项卡下的"音频选项"组中选中"循环播放，直到停止"复选框即可。

6.3 PowerPoint 2016 演示文稿的修饰和放映

为了使编辑的演示文稿具有良好的视觉和放映效果，在进行了基本操作后，可以对其进行进一步的修饰和编辑。例如，设置主题、背景样式、切换效果、动画及放映方式等。

6.3.1 主题的设置

幻灯片的主题包括颜色、字体及效果（线条和填充效果）三个方面，使用预设主题，可以快速地设置整个演示文稿的格式，使幻灯片具有统一的风格。PowerPoint 提供了多种样式的主题，用户可以选择内置主题，也可以自定义设置主题。

为幻灯片应用内置主题的方法是，选择"设计"选项卡，单击"主题"组中主题列表框右下角"其他"下拉按钮，弹出主题列表窗格供用户选择，如图 6-30 所示。这时，若要对所有幻灯片应用选中的主题，只需要单击鼠标右键，在弹出的快捷菜单中选择"应用于所有幻灯片"命令即可。而如果要对每张幻灯片设置不同的主题，只需单击鼠标右键，选择"应用于选定幻灯片"选项，分别对每张幻灯片进行设置即可。

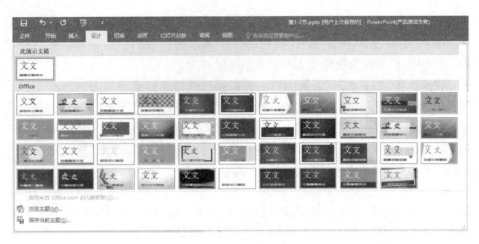

图 6-30　为幻灯片设置主题

主题设置需要注意以下几个方面：
- 默认情况下，新建的空白演示文稿应用了普通 Office 主题。
- 若主题来自其他文件，只需要单击所有主题任务窗格下方的超链接"浏览主题"选项，在弹出的"选择主题或主题文档"对话框中，插入已存在的主题文件。
- 若用户对当前的主题不满意，可以在"设计"选项卡下的"变体"组中，分别通过单击"颜色""字体""效果""背景样式"四个选项，然后在对应弹出的下拉列表中选择需要的样式即可。
- 对于自定义的幻灯片主题，用户可以根据需要进行保存，方法是：单击主题任务窗格最下方"保存当前主题"选项，然后在弹出的"保存当前主题"对话框中输入文件名，单击"保存"按钮即可。

6.3.2　背景样式的设置

默认情况下，幻灯片的背景是白色的，在进行文稿编辑的过程中，用户除了可以应用主题颜色改变幻灯片背景外，还可以根据需要任意更改幻灯片的背景颜色和效果，如设置填充颜色、纹理或图片等。

为幻灯片进行背景格式设置的方法是：选择"设计"选项卡，单击"自定义"组中"设置背景格式"命令，打开"设置背景格式"任务窗格，在其中可以对背景的填充样式、渐变及纹理格式等进行自定义设置，如图 6-31 所示。

同样，选中需要设置背景格式的幻灯片，单击鼠标右键，在弹出的快捷菜单中选择"设置背景格式"，也可以打开"设置背景格式"任务窗格。选择"设计"选项卡，单击"变体"组中右侧下拉箭头，选择"背景样式"命令，在弹出的下拉列表中，用户可以选择内置的背景样

图 6-31　"设置背景格式"任务窗格

式,也可以选择"设置背景格式"选项,打开"设置背景格式"任务窗格进行设置。

在"设置背景格式"任务窗格中,经常需要对幻灯片填充效果进行设置。

在"填充"选项卡中,可以进行的主要设置如下:

- "纯色填充"单选按钮:设置纯色背景效果。
- "渐变填充"单选按钮:设置渐变色背景效果。
- "图片或纹理填充"单选按钮:以纹理或者图片设置背景效果。
- "图案填充"单选按钮:以系统内置的图案样式设置背景效果,用户可以自定义前景色、背景色。
- "隐藏背景图形"复选框:选中即可以忽略其中的背景图形。

对背景样式设置完毕,单击"关闭"按钮,便将设置的效果应用于当前幻灯片。如果对设置的背景样式不满意,则可以单击"重置背景"按钮,重新进行设置;若需要对所有幻灯片应用此样式,则单击"全部应用"按钮即可。

6.3.3 切换效果的设置

幻灯片的切换方式是指幻灯片放映时进入和离开屏幕时的方式。在 PowerPoint 中,内置了多种效果的切换方式(包括声音切换效果),根据需要,用户可以为一组幻灯片设置同一种切换方式,也可以为每一张幻灯片设置不同的切换方式。

在 PowerPoint 中,为幻灯片设置切换效果的方法是:选中要设置幻灯片切换效果的幻灯片(组),切换到"切换"选项卡,单击"切换到此幻灯片"组中列表框右下角的"其他"下拉按钮,在弹出的切换效果列表项中,内置了包括"细微型""华丽型""动态内容"三个类型的幻灯片切换动画,根据需要选择其中一种,便可将选中的切换动画应用到当前幻灯片中,同时可以预览其切换动画效果。

当幻灯片添加了切换动画后,如果不设置,则相关的切换属性均采用默认设置。例如,换片方式为"单击鼠标时",持续时间为"1 秒",声音效果为"[无声音]"。但很多时候为了使切换效果更切合实际所需,可以通过"切换"选项卡下的"计时"组中各命令按钮,对换片方式、持续时间、出现的声音效果等进行设置。

- 声音:PowerPoint 默认切换动画无声音,如果需要,可以单击文本框右侧的下拉按钮,在弹出的列表框中选择声音效果,如选择爆炸、鼓掌等。
- 持续时间:设置声音播放持续的时间。
- 全部应用:如果要将设置的切换效果应用于所有幻灯片,单击"全部应用"按钮,否则将只应用于当前幻灯片。
- 换片方式:设置幻灯片切换(换页)的方式,可以单击鼠标换页,也可每隔几秒钟(自己设置)换页,若两者都选,则先响应先执行,比如设置每隔两秒钟换页,则 2 秒之内单击鼠标左键则换页,如超过 2 秒未单击鼠标也换页。

6.3.4 动画效果的制作

在 PowerPoint 中,为了在幻灯片放映过程中突出重点,增强演示效果,提高演示文稿的趣味性,除了可以给幻灯片做切换动画效果外,还可以给幻灯片中的文本、形状、声音、图像、图表或其他对象制作动画效果。PowerPoint中系统预设了多种动画效果,包括进入动画、强调动画、退出动画和动作路径动画等几种类型。

动画效果与切换效果不同,前者是幻灯片内的文本、形状等对象的活动效果,后者是幻灯片的活动效果。

一、添加动画

在介绍如何添加动画之前,先对几种动画类型进行简单介绍。
- 进入动画:设置文本或其他对象以什么样的效果进入放映屏幕。
- 强调动画:为了突出幻灯片中的某部分内容而设置的特殊动画效果。
- 退出动画:设置文本或其他对象以什么样的效果退出放映屏幕。
- 动作路径动画:设置动画的对象沿预定的路径进行运动,用户不仅可以使用系统预定义的预设路径效果,还可以自定义路径动画。

添加动画的方法是:选中需要添加动画的对象,选择"动画"选项卡,单击"动画"组右侧的"其他"下拉按钮,在弹出的动画样式列表框中,根据需要选择某种类型中的一种动画样式,即可完成对对象添加动画操作,如图6-32所示。

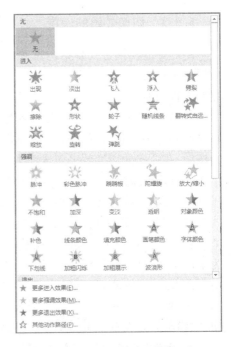

图6-32 添加动画效果

在添加动画的过程中,需要注意以下几个方面:
- 动画效果设置完成后,在"动画"选项卡下的"预览"组中,单击"预览"按钮,可以查看所设置的动画效果,并随时进行调整,直到满意为止。
- 如果下拉列表框中没有满意的动画效果,可以选择"更多进入(强调、退出)效果"或"其他动作路径"命令,打开"更改进入(强调、退出)效果"或"更改动作路径"对话框,选择更多的动画效果。
- 在使用"添加动画"按钮添加动画效果时,可以为单个对象添加多个动画效果,多次单击该按钮,选择不同的动画效果即可。
- 当需要为幻灯片中多个对象应用同一种动画效果时,可先同时选中要设置动画效果的多个对象(按住【Shift】键的同时用鼠标左键单击对象),然后再选择要使用的动画效果。
- 如果对添加的动画效果不满意,可以在动画样式列表中选择"无",取消动画效果的设置。

二、设置动画效果选项

动画效果选项是指动画的方向和形状,对于添加的动画样式,一般是PowerPoint默认的效果选项,如果用户对应用效果不满意,还可以通过设置它的"效果选项"来改变它的动画效果。不同的动画样式具有不同的效果选项。例如,"进入"动画类型中"飞入"动画样式就具有多种效果选项,如自底部、自左下部、自左侧等。

设置动画效果的方法是:选中需要设置动画效果选项的对象,选择"动画"选项卡,单击"动画"组中的"效果选项"按钮,在弹出的效果选项下拉列表中选择需要的效果选项,即可为动画设置不同的效果。

1. 设置动画计时选项

为对象添加了动画效果后,还可以选择"动画"选项卡下的"计时"组设置动画开始方式、持续时间、延迟时间等,也可以通过"向前移动"或者"向后移动"调整动画次序,如图 6-33 所示。

图 6-33　动画计时组

(1) 设置开始方式

选择设置了动画的对象,选择"动画"选项卡,单击"计时"组中的"开始"下拉按钮,在出现的下拉列表中选择动画开始方式。

- "单击时":指单击鼠标时开始播放动画。
- "与上一动画同时":指播放前一动画的同时播放选择的动画,此时两个动画将合并为一个效果。
- "上一动画之后":指前一动画播放之后开始播放该动画。

(2) 设置持续时间

选择"动画"选项卡,在"计时"组的"持续时间"栏中输入或调整动画持续时间。

(3) 设置延迟时间

选择"动画"选项卡,在"计时"组的"延迟时间"栏中输入或调整动画延迟时间。

2. 对动画效果进行重新排序

当幻灯片中的对象被添加了动画效果后,左上角都会出现一个带有数字的粉色矩形标记,其中的数字表示该动画在当前幻灯片中的播放次序。这个播放次序是根据用户设置动画的先后顺序来进行排列的。

如果用户需要重新排列动画播放次序,可以使用"计时"组中的"对动画重新排序"功能,或通过单击"高级动画"组中的"动画窗格"按钮,在打开的"动画窗格"中通过顺序移动来实现对动画播放次序的重新排列。

- "对动画重新排序"功能:在移动动画的顺序时,如果需要向后移动动画顺序,则在选中目标动画后,单击"动画"选项卡下的"计时"组中的"向后移动"按钮,若还需要向后移动,继续单击"向后移动"按钮即可。向前移动类似,只需要单击"动画"选项卡下的"计时"组中的"向前移动"按钮。
- "动画窗格"按钮:单击"高级动画"组中的"动画窗格"按钮,在窗体最右侧弹出"动画窗格"对话框,在这个对话框中,列出了当前幻灯片中的所有动画对象,每个动画对象左侧的数字表示该对象动画播放的顺序号(与幻灯片中动画对象显示的数字一致)。通过单击"动画窗格"窗格中上移箭头和下移箭头的按钮实现动画顺序的重新排序。

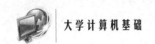

同时,在"动画窗格"窗格中,选中某个动画对象,单击右侧的下拉箭头或单击鼠标右键,在弹出的快捷菜单中也可以实现对动画相关属性的设置,如效果选项、计时选项等。

6.3.5 放映方式的设置

演示文稿制作完成后,为了达到更好的演示效果,在放映前,可以对其放映方式和效果进行设置,其中包括对幻灯片放映的类型、放映的幻灯片内容及循环操作、切片方式等的设置。这些设置都可以通过选择"幻灯片放映"选项卡,然后单击或选择各个功能区选项和命令按钮来实现。

1. 演示文稿放映前的准备

在对演示文稿进行放映前,需要进行放映前的一些准备,例如,隐藏不需要放映的幻灯片,为幻灯片录制旁白、设置排练计时等。

(1) 隐藏幻灯片

如果在幻灯片放映过程中,不需要放映某些幻灯片,只需要选中目标幻灯片,单击"幻灯片放映"选项卡下的"设置"组中的"隐藏幻灯片"按钮即可。若需要取消隐藏,再次单击"隐藏幻灯片"按钮。

(2) 录制旁白

在幻灯片放映过程中,特别是当放映方式为"观众自行浏览(窗口)"或"在展台浏览(全屏幕)"时,制作者可以根据需要为所有幻灯片或指定幻灯片添加录音旁白。通过录制旁白,可以更好地对幻灯片内容进行解释说明,放映的时候会和幻灯片同步播放。

录制旁白的方式是,选中需要进行录制旁白的幻灯片,选择"幻灯片放映"选项卡,单击"设置"组中的"录制幻灯片演示"右侧的下拉箭头,从弹出的菜单中选择"从头开始录制"命令,打开"录制幻灯片演示"对话框,保持默认设置,单击"开始录制"按钮,进入幻灯片放映状态,开始旁白录制,此时演示文稿左上角将显示"录制"对话框,显示录制时间。

录制过程中,单击鼠标或按下【Enter】键可以切换到下一张幻灯片继续录制。一旦录制完成,按下【Esc】键,这时,会出现一个询问"是否保存"对话框。该对话框显示录制旁白的总时间,按下"是"按钮,此时,演示文稿将切换到幻灯片浏览视图,可以看到每张幻灯片下方均显示各自的排练时间(录制旁白的时间)。

如果需要删除所有幻灯片或指定幻灯片中的旁白,只需要选中幻灯片,单击"设置"组中的"录制幻灯片演示"按钮,从弹出的菜单中选择"清除"命令,然后在弹出的子菜单中选择相应命令即可(清除当前还是所有)。

(3) 设置排练计时

运用 PowerPoint 中的排练计时功能,可以根据演示文稿中每张幻灯片的内容长短或重要性安排它的放映时间,以及整个演示文稿的总放映时间。

设置排练时间的方式是:选中需要进行设置排练计时的幻灯片,选择"幻灯片放映"选项卡,单击"设置"组中的"排练计时"按钮,进入幻灯片放映状态,此时演示文稿左上角将显示"录制"对话框,显示排练计时时间。

和录制旁白类似,计时过程中,单击鼠标或按下【Enter】键可以切换到下一张幻灯片,按下【Esc】键进行退出,这时,会出现一个询问"是否保存"对话框。该对话框显示幻灯片播放的总时间,一旦按下"是"按钮,演示文稿将切换到幻灯片浏览视图,可以看到每张幻灯片下方均显示各自的排练时间。

2. 设置幻灯片放映方式

单击"幻灯片放映"选项卡下"设置"组中的"设置幻灯片放映"按钮,可以在弹出如图6-34所示的"设置放映方式"对话框中,根据需要对"放映类型""放映选项""放映幻灯片""换片方式""多监视器"等进行详细设置。

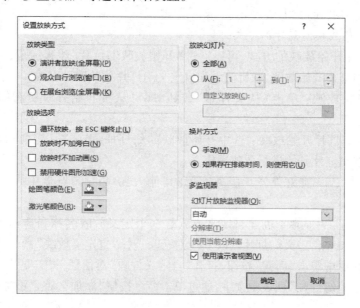

图6-34 "设置放映方式"对话框

(1)"放映类型"选项区域

设置幻灯片的放映模式。

- "演讲者放映(全屏幕)"是系统默认的放映类型,也是最常见的全屏放映方式,在这种放映方式下,演讲者可以根据实际需要放慢或加快放映速度,具有完全的控制权。
- "观众自行浏览(窗口)"是在标准 Windows 窗口中显示的放映方式,放映时PowerPoint 窗口顶部具有标题栏,窗口底部具有菜单栏、控制按钮和视图按钮,类似于浏览网页的效果。
- "在展台浏览(全屏幕)"是不需要专人控制就可以自行翻页的放映方式,但是这时,幻灯片中插入的超链接将失效,当播放完最后一章幻灯片后,会自动从第一张重新开始播放。这种放映类型一般用在展台或户外广告中。

注意:因为使用在展台浏览(全屏幕)模式时,用户不能对其放映过程进行干预,最好设置每张幻灯片的放映时间,即设置排练计时,使得放映的幻灯片有侧重点。

(2)"放映选项"选项区域

选择"循环放映,按 ESC 键终止"复选框,则在播放完最后一张幻灯片后,会自动跳转

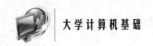

到第一张幻灯片,而不是结束放映,直到按下【Esc】键才会退出放映状态,这个选项一般用在"在展台浏览(全屏幕)"放映类型。

(3) "放映幻灯片"选项区域

设置放映幻灯片的范围,其中包括全部(所有幻灯片)、选择一个区间放映等。

(4) "换片方式"选项区域

设置切换幻灯片的方式,一般情况下,"演讲者放映(全屏幕)"和"观众自行浏览(窗口)"两种放映方式,因为都是用户自己控制放映,所以应该选择"手动"换片方式;而"在展台浏览(全屏幕)"放映方式因为无人控制,一般都会先对演示文稿进行排练计时,所以应选择"如果存在排练时间,则使用它"换片方式。

3. 设置开始放映幻灯片的方式

实现幻灯片开始放映的方式,可以通过"开始放映幻灯片"组来完成,包括从头开始放映、从当前幻灯片开始放映、联机演示和自定义幻灯片放映四种方式。

- 从头开始放映:单击"从头开始"按钮,即可从头开始查看所有幻灯片的放映效果。
- 从当前幻灯片开始放映:选中开始放映的幻灯片,单击"从当前幻灯片开始"按钮,实现从所选幻灯片开始进行放映操作。
- 联机演示:一项免费公共服务,允许其他人在 Web 浏览器中查看你的幻灯片放映。
- 自定义幻灯片放映:创建自定义方式是一个定义放映名称和选择放映内容的过程。用户通过单击"自定义幻灯片放映"下拉按钮,选择"自定义放映"命令,在弹出的"自定义放映"对话框中单击"新建"按钮,打开"自定义放映"对话框,将需要放映的幻灯片从"在演示文稿中的幻灯片"列表中选中,通过单击命令按钮"添加",将之添加到"在自定义放映中的幻灯片"列表中。

注意:对于自定义的幻灯片放映,也可以通过单击"自定义放映"对话框中的"编辑""删除""复制"按钮,对自定义幻灯片放映进行重新编辑、删除或复制;还可以通过单击"放映"按钮,直接进行所选幻灯片的放映。

4. 控制演示文稿放映过程

控制幻灯片放映主要包括:开始放映、结束放映、向前、向后和暂停。操作方法为:

开始放映:按下【F5】键开始放映,或者在视图栏选择幻灯片放映视图。

结束放映:在放映过程中,单击鼠标右键,在弹出的快捷菜单中选择"结束放映"命令;或按【Esc】键结束放映。

向前、向后:在放映过程中,向前和向后均通过鼠标的右键菜单选项实现。

暂停:在自动放映过程中,若需要暂停放映,单击鼠标右键,选择"暂停"命令即可。

6.4 PowerPoint 2016 的其他操作

对演示文稿的制作,除了上文所介绍的基本操作外,很多时候为了制作的有效性和特定要求,还需要掌握其他操作方法。例如,应用幻灯片母版功能自定义幻灯片版式,添加超链接实现快速切换,对幻灯片进行打印输出,将其输出为其他类型文件等操作。

6.4.1 母版的设置

在 PowerPoint 中创建的演示文稿,插入的幻灯片都带有默认的版式,这些版式一方面决定了占位符、文本框、图片、图表等内容在幻灯片中的位置,另一方面决定了幻灯片中文本的样式(如字体、颜色、大小等),还有幻灯片的背景格式等。通过幻灯片的母版功能,用户可以按照自己的需要和喜好为每张幻灯片设置统一风格的版式,或实现在所有幻灯片相同位置插入同一张图片等简单操作。

设置幻灯片母版功能的方法是:选择"视图"选项卡,在"母版视图"组中单击"幻灯片母版"按钮,这时便会弹出一个标准的母版视图,如图 6-35 所示。

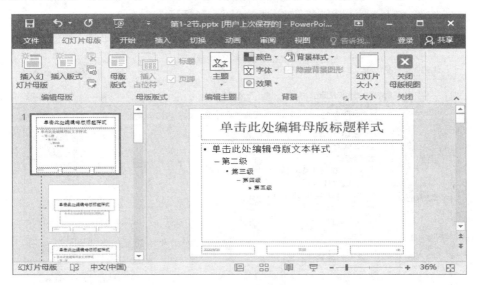

图 6-35 设置母版功能

打开幻灯片母版视图后,在左侧窗格中会列出多种版式,将光标停在每个版式上,会出现对于该版式的简要说明,其中包括版式名称、版式所应用的范围等,而该幻灯片版式会显示在右侧的幻灯片编辑区域。

单击在左侧窗格中选择的版式,如选择图 6-35 中的"标题和内容"版式(除幻灯片 1 使用外),可以在幻灯片编辑区域使用"幻灯片母版"选项卡下各个功能组中的按钮,对母版进行设置。例如,选择"编辑主题"组中的主题,"背景"组中颜色、字体、效果等按钮,对母版样式做修改;也可以选择"插入"选项卡,插入图片等其他对象;或选择"动画"选项卡,给母版中的对象制作动画等。

设置完成后,单击"幻灯片母版"选项卡下的"关闭"组中的"关闭母版视图"按钮,关闭母版,回到当前的幻灯片普通视图,可以发现母版中的所有改变同时出现在所有"标题和内容"版式的幻灯片里,如母版中插入的图片,将同样出现在每张与母版相同版式的幻灯片中。

6.4.2 超链接和动作按钮的设置

在 PowerPoint 中,可以给文本和插入的对象(如图片、自定义图形、艺术字等)创建超链接,幻灯片的超链接和网页的超链接概念相同,可以是从一张幻灯片到同一演示文稿中其他幻灯片的链接,也可以是从一张幻灯片到不同演示文稿中另一张幻灯片的链接,甚至是一张幻灯片到电子邮件地址、网页或文件的链接。

幻灯片中也可以通过插入来自自选形状的动作按钮,快速定位到指定的幻灯片,实现幻灯片之间的切换,如上一张、下一张、开始、结束等。

1. 为文本或对象创建超链接

将幻灯片切换到"普通视图"模式下,选择要用作超链接的文本或对象,单击鼠标右键,在弹出的快捷菜单中选择"超链接"命令,或选择"插入"选项卡,单击"链接"组中的"超链接"按钮,打开"插入超链接"对话框,如图 6-36 所示。

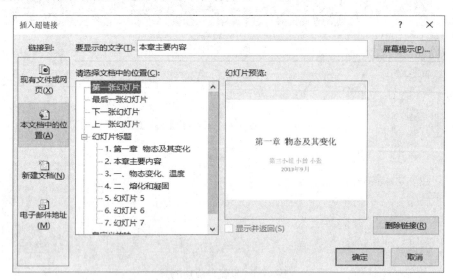

图 6-36 "插入超链接"对话框

在弹出的"插入超链接"对话框中,可以在"链接到"列表框中通过选择不同的选项,可链接到指定的幻灯片、网页、电子邮件或文件。

- "现有文件或网页":选择此选项,实现从一张幻灯片到不同(或相同)演示文稿(或其中某一张幻灯片)、网页或其他文件的链接。
- "本文档中的位置":选择此选项(默认选项),实现从一张幻灯片到同一演示文稿中其他幻灯片的链接。这个时候可供选择的幻灯片将会在"请选择文档中的位置"列表框中列出来,一种方式是以标题的形式,另一种方式是指定特定幻灯片形式,包括第一张幻灯片、最后一张幻灯片、上一张幻灯片、下一张幻灯片形式,单击便可创建超链接。同时在"幻灯片预览"组中可以预览超链接到的目标幻灯片。

- "新建文档":选择此选项,实现超链接到一个新建文档中。
- "电子邮件地址":选择此选项,实现超链接到一个电子邮件中。

超链接可以修改或删除。修改的方法是,选中创建了超链接的文本或对象:单击鼠标右键,在弹出的快捷菜单中选择"编辑超链接"命令,或通过单击"插入"选项卡下的"链接"组中的"超链接"按钮,打开"编辑超链接"对话框进行设置;删除超链接:可以在快捷菜单中选择"取消超链接"命令,或在"编辑超链接"对话框中单击"删除链接"按钮。

2. 创建动作按钮

添加动作按钮,可在"插入"选项卡下的"插图"组中单击"形状"按钮,然后在弹出的下拉列表最下方选择需要的动作按钮,如图6-37所示。

图 6-37 动作按钮

选择好动作按钮,拖动鼠标便可在幻灯片编辑区绘制一个动作按钮,同时弹出"操作设置"对话框,其中包括"单击鼠标"和"鼠标悬停"两个选项卡,这两个选项卡下包含的命令相同,不同的只是打开超链接的方式不一样。

在"操作设置"对话框中,选中"超链接到"单选按钮,然后单击右侧的下拉按钮,从打开的列表中选择相关选项,即可超链接到指定的幻灯片(一般有默认选项)。也可同时选择"播放声音"复选框,使得当单击鼠标(或鼠标悬停)时,伴随有用户选择的声音,如图6-38所示。

若要删除动作按钮的超链接,只需选中该动作按钮,单击鼠标右键,在弹出的快捷菜单中选择"取消超链接"命令即可。

对于添加的动作按钮,为了使其更加美观和醒目,可以选中它,在"绘图工具—格式"选项卡中,通过选择相关命令按钮进行美化。

动作按钮的用途类似于超链接,但拥有比超链接更多的功能。

图 6-38 "操作设置"对话框

6.4.3 幻灯片的打印和预览

编辑制作好演示文稿后,可以将其打印出来。在打印之前,为了使打印的形式和效果更符合实际所需,可以根据自己的需要对打印页面进行设置。

1. 页面设置

选择"设计"选项卡,在"自定义"组中单击"幻灯片大小"按钮,选择"自定义幻灯片大小"选项,在打开的"幻灯片大小"对话框中可以对幻灯片的大小、编号和方向进行设置。

- "幻灯片大小":通过文本框右侧的下拉列表框选择幻灯片的大小。
- "宽度"和"高度":通过在文本框中,输入确定的值,设置打印区域的大小。
- "幻灯片编号起始值":设置当前打印的幻灯片的起始编号。
- "方向":设置幻灯片与备注、讲义和大纲的打印方向(纵向或横向)。

2. 打印预览

页面设置好以后,在打印演示文稿之前,如果想要预览打印效果,可以使用打印预览功能查看文稿的编辑效果。进行文稿预览的方法是,单击"文件"选项卡下的"打印"命令,在最右侧的窗格中便可以查看文稿的打印效果。

对文档进行过预览后,若确认没有需要修改的,便可打印输出整个文稿所有(或指定)幻灯片。和打印预览类似,单击"文件"选项卡下的"打印"命令,弹出文稿预览和打印窗格,单击中间窗格中的"打印"命令可以直接进行打印。而打印之前,也可以通过中间窗格有关命令设置打印相关属性,如打印方式(单面/双面)、打印份数等。

6.4.4 幻灯片的导出

制作好的演示文稿,除了可以进行放映浏览和打印输出外,还可以将其进行打包或输出为其他类型的文件,以便在没有安装 PowerPoint 的计算机上进行演示。

选择"文件"选项卡,单击"导出"按钮,在右侧弹出的中间窗格中通过选择不同的命令可以实现演示文稿的多种输出方式。例如,将演示文稿输出为视频、图片文件、PDF/XPS 文件、打包成 CD。

下面对几种常用输出方法做简单介绍。

1. 输出为视频

一旦将演示文稿输出为视频,用户就可以使用计算机中视频播放器来播放幻灯片。将演示文稿输出为视频的方法是:打开要输出的演示文稿,选择"文件"选项卡,单击"导出"按钮,在右侧弹出的中间窗格中选择"创建视频"命令,然后在最右侧窗格中单击"创建视频"按钮,打开"另存为"对话框,设置视频文件的名称及保存路径,单击"保存"按钮,即可完成输出为视频操作。

在 PowerPoint 演示文稿中,打开了"另存为"对话框,在"保存类型"中选择"Windows Media 视频"选项,单击"保存"按钮,同样可以执行输出视频的操作。

2. 输出为自动放映文件

通过将幻灯片保存为自动放映文件,可以使幻灯片始终保持在放映视图,而不是普通视图中的编辑状态。简而言之,每次打开该类型文件,PowerPoint 会自动切换到幻灯片放映状态。

输出为自动放映文件的方法:打开要输出的演示文稿,选择"文件"选项卡,单击"导出"按钮,在右侧弹出的中间窗格中选择"更改文件类型"命令,然后在最右侧窗格中选择"PowerPoint 放映(∗.ppsx)"命令,或在"其他文件类型"选项组中,单击"另存为"按钮,打开"另存为"对话框,在"保存类型"中选择"PowerPoint 放映"选项,并设置文件的名称及保存路径,单击"保存"按钮,即可完成输出为自动放映文件操作。

3. 打包演示文稿

通过打包演示文稿,用户可以创建演示文稿的 CD 或打包文件夹,以便在另一台计算机上进行幻灯片放映。

将演示文稿打包的方法和将演示文稿输出为视屏或自动放映文件的方法相同,只需要选择"文件"选项卡,单击"导出"按钮,在右侧弹出的中间窗格中选择"将演示文稿打包成 CD"命令,然后在后续弹出的对话框中按要求进行设置即可。

在 PowerPoint 演示文稿中,选择"文件"选项卡,单击"另存为"命令,打开"另存为"对话框,通过在"保存类型"下拉列表中选择不同的文件类型,可以将演示文稿输出为不同的文件形式。

6.5 本章小结

通过本章的学习,读者首先应该对 PowerPoint 2016 的主要功能、工作界面、视图模式和制作演示文稿的过程等基本知识有所了解,然后在掌握演示文稿创建、保存和编辑等基本操作的基础上,学习修饰幻灯片的常用操作方法,如设置主题、背景样式、切换效果、动画效果和放映方式等,最后为了演示文稿制作的有效性和特定要求,还需要掌握其他操作方法,如应用幻灯片母版功能自定义幻灯片版式,添加超链接实现快速切换,对幻灯片进行打印输出,将其输出为其他类型文件等操作。

对 PowerPoint 2016 的操作,除了本书所介绍的基本操作外,还有很多高级操作,感兴趣或有需要的读者可进一步探索学习。

练 习 题

一、思考题

1. PowerPoint 有哪几种视图模式?
2. 简述 PowerPoint 的母版功能。
3. PowerPoint 有几种插入表格的方式?
4. 如何在 PowerPoint 中发布幻灯片?
5. 如何在 PowerPoint 中设置超链接?
6. PowerPoint 有哪几种放映方式?

二、选择题

1. 在 PowerPoint 中，_____视图最适合移动、复制幻灯片。
 A. 普通　　　　　B. 幻灯片浏览　　　C. 备注页　　　　　D. 大纲
2. PowerPoint 演示文稿和主题(模板)的扩展名是_____。
 A. docx 和 txt　　B. html 和 ptr　　　C. pot 和 ppt　　　D. pptx 和 potx
3. 下列不是 PowerPoint 视图的是_____。
 A. 普通视图　　　　　　　　　　　B. 幻灯片浏览视图
 C. 备注页视图　　　　　　　　　　D. 大纲视图
4. 在 PowerPoint 中，动作按钮可以链接到_____。
 A. 其他幻灯片　　B. 其他文件　　　　C. 网址　　　　　　D. 以上都行
5. 在 PowerPoint 中，_____设置能够应用幻灯片主题改变幻灯片的背景、标题字体格式。
 A. 幻灯片版式　　B. 幻灯片设计　　　C. 幻灯片切换　　　D. 幻灯片放映
6. 如要终止幻灯片的放映，可直接按_____键。
 A.【Ctrl】+【C】　B.【Esc】　　　　　C.【End】　　　　　D.【Alt】+【F4】
7. PowerPoint 的各种视图中，显示单个幻灯片以进行文本编辑的视图是_____。
 A. 幻灯片视图　　　　　　　　　　B. 幻灯片浏览视图
 C. 幻灯片放映视图　　　　　　　　D. 大纲视图
8. 在 PowerPoint 中，下列有关幻灯片母版中的页眉/页脚的说法错误的是_____。
 A. 页眉/页脚是加在演示文稿中的注释性内容
 B. 典型的页眉/页脚内容是日期、时间及幻灯片编号
 C. 在打印演示文稿的幻灯片时，页眉/页脚的内容也可打印出来
 D. 不能设置页眉和页脚的文本格式
9. 在 PowerPoint 中，若为幻灯片中的对象设置"飞入"，应选择_____选项卡。
 A. 动画　　　　　B. 切换　　　　　　C. 设计　　　　　　D. 幻灯片放映
10. 在 PowerPoint 中，下列关于主题的说法错误的是_____。
 A. 选择了主题就相当于使用了新的母版
 B. 可以将新创建的任何演示文稿保存为主题
 C. 一个演示文稿只能使用一种主题
 D. 主题是改变演示文稿整体外观的一种设计方案

三、操作题

按下列要求创建并设计演示文稿：
(1) 创建一个文件名为"演示文稿1"的新的演示文稿。
(2) 插入四张标题幻灯片，参照图 6-39 在相应的幻灯片中输入文本内容。

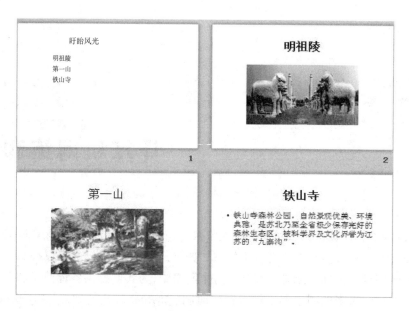

图 6-39 样张

(3) 为所有幻灯片应用环保主题。

(4) 将所有幻灯片的背景填充纹理设置为"画布"。

(5) 除标题幻灯片外,设置其余幻灯片显示幻灯片编号及自动更新日期(样式为"××××年××月××日")和幻灯片编号,并给页脚区添加文字"盱眙风光",居中对齐。

(6) 在第二和第三张幻灯片空白处插入图片,设置图片高度均为 10 厘米,宽度均为 15 厘米,图片动画效果为延迟 1 秒自左侧飞入。

(7) 为第一张幻灯片的文本创建超链接,分别指向后续所对应的幻灯片。

(8) 在最后一张幻灯片的右下角插入"第一张"动作按钮,超链接指向第一张幻灯片,并伴有风铃声。

(9) 将编辑好的文件以文件名"盱眙风光简介",文件类型"*.pptx"保存在本地盘符下。

第 7 章 计算机网络和安全

计算机网络是计算机技术与通信技术紧密结合的产物,是信息社会的基础设施,被广泛应用于政治、军事、商业、教育等各个领域。如今,计算机网络已经不仅仅是计算机的网络,无数的数字设备正准备或者已经接入这个网络中,为我们提供各种信息和服务。随着网络的继续发展,未来的网络将能够在任何时间(Anytime)、任何地点(Anywhere)通过任何连接(Any connection)将任何信息(Any information)、任何服务(Any service)提供给任何人(Anybody)。

通过对本章的学习,应该主要掌握以下基本内容:
➢ 计算机网络的概念、组成及分类;
➢ Internet(因特网)的概念、组成和应用;
➢ 网络信息安全知识;
➢ Internet Explorer 9 和电子邮件的使用。

7.1 计算机网络

7.1.1 计算机网络的演变过程

计算机网络是数据时代的基石,是有史以来最廉价、最便捷的信息交流方式,其发展过程分为四个阶段:

(1) 第一代计算机网络

它是面向终端的计算机网络。20 世纪 50 年代中期就出现了以单个计算机为中心的远程联机系统,该系统实质是一台主机+多台远程终端。在第一代计算机网络中,只有主机有处理能力,终端只是输入/输出设备,不对数据做任何处理。从终端与主机的距离看,可以认为这是一个网络,但这个网络并非我们现代意义上的网络。

(2) 第二代计算机网络

它是初级计算机互联网络。20 世纪 60 年代中期至 70 年代末,出现了计算机与计算机互联为用户提供服务的网络,网络中的计算机都具有自主处理能力,且不存在主从关系,这样的网络,被称为第二代计算机网络。第二代计算机网络是计算机与计算机进行通信的网络,其典型代表是 ARPA 网(ARPANET,第一个真正的计算机网络)。第二代网络的缺点是没有统一的体系结构,不同计算机企业提供的网络间难以互联,从而限制了网络的覆盖范围。

(3) 第三代计算机网络

它是开放式标准化的计算机网络。20 世纪 70 年代至 80 年代中期,网络向统一网络体系结构方向发展,并为此制定了统一的国际标准,遵循国际标准化协议的计算机和计算机网络能够很方便地互联,这一阶段的计算机网络称为第三代计算机网络。

(4) 第四代计算机网络

从 20 世纪 90 年代中期至今,以 Internet 为代表的计算机网络向综合化、多媒体化、智能化方向发展,同时网络传输速率提升至千兆位,服务对象涵盖全球,信息交流变得前所未有的便捷,各种类型的网络服务正在改变着社会的方方面面。

第四代计算机网络已经不仅仅局限于计算机与计算机之间的互联,大量的数字设备,如智能手机、智能家电也被接入网络中。同时,随着计算机网络传输速率的提升及多媒体技术的成熟,电话、电视等原本各自不同的网络开始融合到计算机网络中,网络已经成为人类社会的新"器官",直接影响着人类的生活、学习、工作、行为习惯乃至思维方式。

7.1.2 计算机网络基础

一、通信原理和分组交换网络

通信是指两个及两个以上的终端间的信息传输行为,通信所需的设备和传输媒质合称为通信系统。基础点对点通信系统模型如图 7-1(a)所示。终端(发送端)发送数据到信道,途经信道到达终端(接收端),完成一次单向通信。

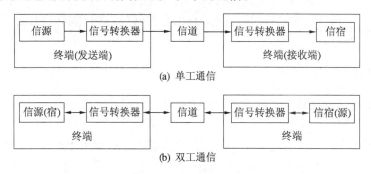

图 7-1 通信系统模型

信源、信宿和信道合称为通信三要素,如果信息只能单向传输(从发送端传输到接收端),这样的信息传输方式被称为单工通信[图 7-1(a)];若信息能够双向传输,则被称为双工通信[图 7-1(b)]。其中,在一个时间点上,如果只允许信息在一个方向上传输,则称为半双工通信,这实际上是一种可切换方向的单工通信;如果允许信息在两个方向上同时传输,则被称为全双工通信,全双工通信是两个单工通信的组合。

终端是能够使用通信网络(信道)接收或发送数据的设备,通常用于实现具体的功能。常见的终端(也称通信终端或终端设备)包括计算机、手机、智能家电等。

信道是数据的传输通道,是信号传输的媒介。常见的信道包括电缆、光缆、无线电波等。数据在终端和信道中均表现为信号,信号是数据的物理形式(电压、电磁波、光波等)。当信源与信道的信号类型不同时,需转换信号类型,转换信号的设备称为信号转换器或调制解调器。信号分为模拟信号和数字信号两种:模拟信号用连续变化的物理量表达数据,误差小,但易受干扰,不利于长距离传输;数字信号用离散的信号表达数据,误差较大,但误差可以通过增加数据量进行控制,且可以使用数字技术处理,抗干扰能力强,适合长距离传输。

如图 7-1 所示,通信系统只适用于两个终端间的通信,多终端通信需要建立通信网络,计算机网络是以交换机、路由器为节点构成数字通信网络的。

在图 7-2 中,数据终端通信时,信号所经过的物理线路(图 7-2 中的实线,常见的包括光缆、双绞线等)被称为通信链路,信号所经过的节点被称为链路节点(图 7-2 中的黑点,常见的有网卡、交换机、路由器等),信号传输中需要遵循的规则被称为链路协议,这三者组合在一起则被称为数据链路。一般而言,两个终端间的数据链路不止一条,但若没有数据链路存在,就无法通信,图中的手机无法与其他设备通信。

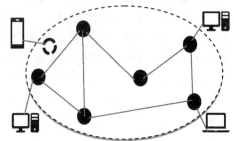

图 7-2 数字通信网络

为了充分利用网络的传输能力,终端以分组(数据包)为单位,通过分组交换(Packet Switching)机制进行数据通信。所谓分组交换(包交换),就是将用户通信的数据划分成多个小数据段,在每个数据段的前面加上必要的控制信息,就构成一个分组或包;链路节点接收分组,分析分组控制信息,按照分析结果将分组转发到另一个链路节点上,直至分组到达目的地。分组交换的本质就是链路节点的存储转发,这种能够进行分组交换的通信网被称为分组交换网。

二、网络技术指标和诊断

描述数据通信系统的主要技术指标有带宽、网速、误码率和时延等。

1. 带宽

现代网络技术中,经常以带宽来表示信息的数据传输能力,在数值上等于每秒钟传输的二进制比特数,单位为比特每秒,缩写为 bit/s 或 b/s,有时也称为比特率。常用的带宽单位有 Kb/s(=1 000 b/s)、Mb/s(=1 000 Kb/s)、Gb/s(=1 000 Mb/s)等。带宽用于标识单位时间内通过通信链路的数据量,不仅用于网络领域,也用在显卡、内存等数据接口中。

2. 网速

上传或下载数据时,实际的数据传输速度取决于请求和返回数据所用的时间长短,访问不同的主机,结果会有很大不同。网速还受通信网络当前状况的影响,在繁忙时段,网速会变慢。网速的单位与带宽单位相同,但网速的值是动态的,其上限取决于带宽和提供接入服务的网络服务商。综上所述:带宽描述的是通信链路的最大通信能力,网速描述的是数据的实际传输速率。

3. 误码率（BER：Bit Error Rate）

误码率也可以叫作"误比特率"。误码是在信号传输过程中发生错误的信号，误码率＝误码/总码数×100% ＝错误比特数/传输总比特数×100%，误码率可以用来衡量通信系统的可靠性。误码最主要的产生原因是信号干扰，导致信号由比特 0 变成比特 1，或者由比特 1 变成比特 0。

4. 时延

时延指信息在通信网络中传输所需要的时间，取决于通信链路的长度和链路节点的处理速度。一般而言，时延长代表通信网络繁忙、通信距离长。

网络不通是日常生活中发生比较频繁的事件，排除一般的网络故障不需要太多的网络知识，但需要掌握相关的故障测试命令。排除故障最常用的是 Ping 命令，Ping 是 Windows、Unix 和 Linux 系统下的一个命令，利用 Ping 命令可以检查网络状态，尤其是对某个指定主机的连接状态，在分析和判定网络故障原因时非常有用。

Windows 下，按【WIN】+【R】组合键，启动运行对话框，输入"cmd"，启动命令行窗口，而后输入 Ping 主机地址或主机名称（图 7-3）。

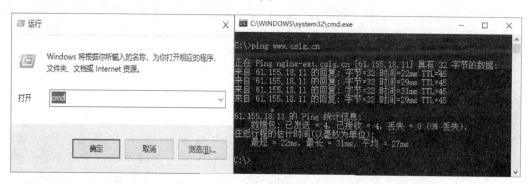

图 7-3　Ping 命令

Ping 命令返回结果中，平均时间越短，网速越快；TTL 是指定数据包被路由器丢弃之前允许通过的网段数量，其初始值由操作系统决定，每经过一个路由器，TTL 减 1，当 TTL 为 0，则被路由器等链路节点丢弃，Ping 返回的 TTL 值越小，通信越不稳定，同时，统计信息中的丢失比例往往会比较大；有些终端会禁止 Ping 入或 Ping 出，这种情况下，Ping 命令无法获得具体结果（提示超时）。

使用 Ping 命令检测网络故障时，首先，输入 Ping 127.0.0.1，如无法 Ping 通，就表明本机 TCP/IP 协议不能正常工作，需要重新安装协议；其次，Ping 本机 IP（局域网地址）如无法 Ping 通，则网卡出现故障；最后，Ping 同网段中其他计算机的 IP 如无法 Ping 通，则表明网络线路或路由器出现故障。其他的网络故障需要求助于网络管理员或网络提供商。

三、计算机网络构成

计算机网络（Computer Network）是计算机技术与通信技术相结合的产物，正处于飞速发展中，目前并没有严格的定义，一般认为，计算机网络是利用通信线路和设备，把分布在不同位置,且具有独立处理能力的多台计算机、终端及其附属设备互相连接,并按照协议进行数据通信的复合系统。

计算机网络可以看作通信终端为计算机(或其他数字设备),信道中传输数字信号的通信系统,分为通信子网和资源子网两个部分:网络中负责通信的部分称为通信子网,是一个分组交换网;网络中负责数据处理、为用户提供信息服务的部分称为资源子网,主要包括各种网络主机、终端、附属设备、网络协议、网络操作系统及网络应用软件。

1. 网络主机、终端及其附属设备

网络主机,一般指巨型机、大型机、工作站、服务器等,是网络资源的主要提供者;终端是网络最外围的设备,承担与最终用户的交互工作;附属设备一般是提供专门用途的设备,常见的如网络打印机、网络存储设备等。随着家电智能化和网络化的发展,越来越多的家用电器如手机、电视机顶盒、监控报警设备甚至厨房卫生设备等也可看作网络终端或附属设备。

2. 网络协议

为使网络中的所有设备能正确地进行数据通信,通信必须遵循一组共同的规则和约定。这些规则、约定或标准就称为网络协议,简称协议。网络协议规定了通信时信息必须采用的格式和这些格式的意义,通信子网和资源子网均需按照协议工作才能正确通信,通信子网的协议保证数据能够正确传输,资源子网的协议保证终端能够正确理解和使用这些数据。

3. 网络操作系统(Network Operation System,NOS)及网络应用软件

网络操作系统是能够对网络资源进行管理和控制的操作系统,一般安装在网络主机上,为用户提供网络资源和服务。网络操作系统必须具有强大的网络通信、网络资源共享、网络管理的功能(如授权、日志、计费、安全等)。常见的网络操作系统主要有三类:一是 Windows 系统服务器版,如 Windows NT Sever、Windows Server 2016 等,多用于中低档服务器中;二是 Unix 或类 Unix 系统(如 FreeBSD、NetBSD 等),其特点是稳定性和安全性好,多用于大型网站或大中型企、事业单位网络中;三是 Linux 内核服务器,如 Red hat 等,其特点是源代码开放。

个人微机、智能手机这类终端设备上运行的操作系统(Operation System,OS)虽然也支持网络管理和控制,但其功能偏向于帮助用户使用网络资源和服务,而非为网络中其他用户提供服务。此类操作系统是支持网络的操作系统,而非网络操作系统。

网络应用软件用于为用户提供特定的信息资源和服务,常见软件有 WEB 浏览器、聊天软件、FTP 客户端、电子邮件等。

网络应用软件的数据源被称为服务器,有两重含义:

① 特指通过网络为用户提供服务的网络主机设备。

② 计算机上运行的服务软件,这些软件也会被称为服务器。例如,使用 FTP 服务需要在服务器上安装 FTP 服务器(程序),这些软件也可以运行在普通微机或其他终端设备中,同样可以被称为服务器,但服务的能力比较弱。

四、计算机网络的分类

在计算机网络发展的过程中,出现了各种形式的计算机网络,网络分类标准也同样有

很多,常见的是按照网络的规模和通信介质分类。

1. 按网络所覆盖的地域范围划分

可以分为个人网、局域网、城域网、广域网。网络的规模是以网上相距最远的两台计算机之间的距离来衡量的。

(1) 个人网(PAN)

也常称为个人局域网,是一个连接个人范围内鼠标、键盘、智能电话、耳机等设备的网络。所有这些设备专属于一台主机,通常使用蓝牙(Bluetooth)技术进行无线连接,以主机为中心,范围一般不超过 10 m,设备可在该范围内随意移动,一台蓝牙主设备只能连接不超过 7 个从属设备。

(2) 局域网(LAN)

使用专用通信线路把较小地域范围(一幢楼房、一个楼群、一个单位或一个小区)内的计算机连接而成的网络,覆盖范围通常小于 10 km。局域网具有数据传输速率高、误码率低、成本低、组网容易、易管理、易维护的特点。机关网、企业网、校园网都属于局域网。如果网络传输介质使用无线方式,则称为无线局域网(WLAN)。

(3) 城域网(MAN)

城域网规模局限在一座城市的范围内、10~100 km 的区域。城域网可以为一个或者几个单位所拥有,也可以是一种公用设施,用来将多个局域网进行互联。

(4) 广域网(WAN)

广域网是把相距遥远的许多局域网和计算机用户互相连接在一起的网络,广域网有时也称为远程网。广域网主要是连接不同地域网络的主干网络,覆盖一个国家、地区,或者横跨几个洲,形成国际性的远程计算机网络,Internet 是广域网的典型代表。

2. 按网络传输介质不同划分

按传输介质分为有线网络(Wired Network)和无线网络(Wireless Network)。

(1) 有线网络

有线网络是指采用同轴电缆、光纤、双绞线等有线类型传输介质连接的计算机网络。双绞线和光纤是目前最常见的组网介质。

(2) 无线网络

无线网络是指一般采用电磁波、卫星通信、射频等无线类型介质连接的计算机网络。目前最常见的无线网络有移动通信网(移动、联通和电信公司提供的 4G、3G 或 GPRS 网络)和无线局域网(WLAN)两种方式。无线局域网一般使用 Wi-Fi 技术,Wi-Fi 是一种电子设备连接到无线局域网(WLAN)的技术,使用 2.4G 或 5G 频段。局域网可以有密码保护,也可以是开放的。同时,Wi-Fi 也是一个无线网络通信技术的品牌,由 Wi-Fi 联盟所持有。

五、局域网

1. 局域网简介

局域网可以实现文件管理、文件共享、应用软件共享、打印机共享、电子邮件和传真通信服务等功能,能够大幅提升信息交换速度和设备的使用效率。局域网一般是封闭型的,可以由办公室、家庭内的两台计算机组成，也可以由一个企业内成千上万台计算机和终端组成。通信介质可以是无线、有线或两者的混合，如图7-4所示。

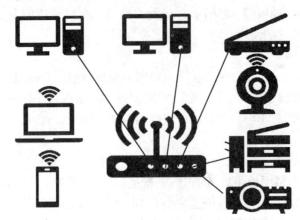

图7-4　有线、无线混合局域网——星型结构

局域网主要有三种结构，即总线型、环型、星型，星型是目前使用最普遍的结构。

如图7-4所示的局域网一般被称为星型结构网络，是指各个终端/主机以星型方式连接到中央交换设备成网，中央交换设备一般为路由器或交换机（若使用集线器，就是总线型网络）。星型拓扑结构的优点在于，组网方便、结构和控制简单，同时，网络延迟时间短，传输误差率较低；但缺点也十分明显，星型网络对中央交换设备依赖性很强，一旦中央节点出现故障，整个网络将瘫痪。得益于廉价路由器的出现，星型结构局域网在办公室、家庭内得到了广泛的应用。

当需要组建的局域网覆盖地域范围较大时，如企业级局域网或校园网，一般采用树型结构网络（图7-5）。树型拓扑结构是一个多级分层结构，可看作是多个星型局域网树状互联而成。树型结构中，任意两个节点之间不产生回路，通信线路总长度较短，并且节点扩充容易，组建和管理成本较低，一般企事业单位局域网均基于这种结构。

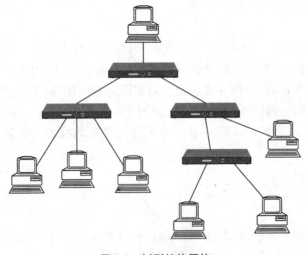

图7-5　树型结构网络

树型结构局域网能够覆盖较大的地域范围,一般由企事业单位独立架构并管理。有线网络与无线网络相比,安全性较高,带宽较高,稳定性较好,抗干扰能力较强,因而,局域网内部路由器一般采用有线形式,仅最外围的交换设备可能会使用无线路由器,以防止无法预计的信号干扰导致大范围断网。

2. 局域网网络设备

个人或办公室需要组建局域网时,需要准备的网络设备包括:网卡、网线和路由器。如果需要组建无线局域网,则需要使用无线网卡和无线路由器。

(1) 网卡

网卡是网络接口板的简称,又称为通信适配器、网络适配器或网络接口卡,是终端和传输介质的接口。目前的网卡都支持全双工通信,早期的部分网卡只支持半双工通信。网卡负责接收来自传输介质的数据包,或者将数据包发送到传输介质,无线网卡与有线网卡功能一样,但无线网卡可以使用无线信道。

网卡具有全球唯一的 MAC(Media Access Control,媒体访问控制)地址,也称为硬件地址,长度是 48 比特(6 字节),分为前 24 位和后 24 位:前 24 位叫作组织唯一标志符,是由管理机构给不同厂家分配的代码,可区分不同的厂家;后 24 位是由厂家自己分配的,称为扩展标识符。同一个厂家生产的网卡中 MAC 地址后 24 位是不同的。MAC 地址通常由生产厂家写入网卡的 EPROM(一种闪存芯片),用于标识数据发送端和接收端,是节点与节点(终端与路由、路由与路由)通信必不可少的标识。

(2) 网线

双绞线是最常用的网线,一般由四组线构成,每组由两条电缆互相缠绕组成,四组线并行包装在绝缘管套中,管套可以附加金属屏蔽层。双绞线有多个规格,使用较多的有三类线(带宽 15 Mb/s)、五类线(带宽 100 Mb/s)、超五类线(带宽 155 Mb/s)和六类线(带宽 1 Gb/s),此外,还有带宽更高的七类线等,线型的差别主要体现在线直径和缠绕密度方面。如果双绞线需要经过有大量电磁干扰的区域,可以使用带屏蔽的双绞线;如需长距离传输(指双绞线本身的长度),则需要使用中继器、路由器等数据链路节点设备进行分段传输,防止因传输介质线路过长而信号衰减到无法识别。

光纤(光导纤维的简写)是一种正在普及的网线,是一种由玻璃或塑料制成,能够传输光信号的纤维,其传输原理是"利用光的全反射特性",其特点是带宽大、传输距离长和抗干扰能力强。使用光纤需要专门的设备转换电信号和光信号,这类设备称为光调制解调器(简称光猫)。光纤按照工作波长分为单模光纤和多模光纤。光纤同样存在信号衰减问题,长距离传输同样需要使用光交换机等数据链路节点设备进行分段传输。

(3) 路由器

路由器是星型网络最常用的节点设备,其核心功能是存储转发:首先,存储来自通信链路的数据分组;其次,将分组转发到合适的通信链路。这种能够找到合适链路的功能称为路由功能。存储转发是一个复制数据分组的过程,天然具有中继器的作用。

局域网的结构除了以上介绍的星型结构和树型结构外,还有总线型和环型,这两种结构目前应用较少,在此不做详细介绍。

组建如图 7-4 所示星型局域网,有线网络中,只需要使用网线将计算机等终端设备上的网卡与路由器连接即可;无线网络中,需要配置相关网络参数,简单配置只需要参照无线路由器说明书,完整的配置网络参数涉及 TCP/IP 协议,见 7.1.4。

7.1.3 Internet 的基本概念

Internet,中文正式名称为因特网,又叫作国际互联网,是迄今为止覆盖范围最大的计算机网络,其用户遍及全球。

Internet 接入方式可分为有线连接和无线连接两种:有线方式主要使用电话线、双绞线或光缆等;无线方式则使用无线信号,即我们常说的使用"流量"上网。前者主要用于位置相对固定的计算机设备,后者主要用于手机等移动设备,Wi-Fi 接入的实质是局域网,而后通过局域网接入 Internet。

一、TCP/IP 模型

TCP/IP(Transmission Control Protocol/Internet Protocol,传输控制协议/互联网协议)是美国政府资助的高级研究计划署在 20 世纪 70 年代的一个研究成果。TCP/IP 是一个通信协议模型,由网络层的 IP 协议和传输层的 TCP 协议组成。TCP/IP 协议是 Internet 最基本的协议,该协议不依赖于特定的硬件,适用于网络互联。

TCP/IP 协议标准处于不断更新完善中,了解最完整或最新的内容需要访问 RFC 文档。文档由技术专家、特别工作组或 RFC 编辑修订。每个文档被赋予一个 RFC 编号,如 RFC793(TCP 的说明文档)、RFC791(IP 的说明文档)等,文档地址为 http://www.ietf.org/rfc/。

TCP/IP 协议采用了四层结构(图 7-6),每一层都呼叫它的下一层所提供的服务来完成自己的需求,从上往下各层的主要功能如下:

(1)应用层

应用层负责处理特定应用程序的网络数据,为应用程序提供网络接口,在 TCP/IP 中,使用套接字[socket(IP 地址:端口号)]抽象地描述终端:IP 地址描述通信对象;端口号描述 IP 地址上的通信对象。

图 7-6 TCP/IP 参考模型

Internet 网络通信,至少需要一对套接字,一个运行在客户端,多任务系统中一般有多个应用程序同时使用网络,客户端套接字可用于区分数据属于哪个程序或进程;另一个运行于服务器端,服务器端套接字与服务类型密切相关,常用服务一般关联一个或多个固定端口,称为标准端口,如 Telnet(远程登录)标准端口号为 23、FTP(文件传输协议)为 21、HTTP(超文本传输协议)为 80、SMTP(简单邮件传输协议)为 25。标准端口不是强制规范,管理员可按照需求设定服务端口号,只需要保证不冲突即可,但用户访问非标准端口服务时需要描述端口号。

(2)传输层

组成 Internet 的通信子网性能差异很大,应用层通信需要可靠、稳定的数据传输。传输层的作用是建立、终止和维护数据传输。在这一层,信息传送的协议数据单元称为段或报文,报文是应用层一次数据请求接收或发送的完整数据。

传输层需要为通信双方的应用程序提供端到端的通信,在 TCP/IP 中,提供两种传输层协议:一种是传输控制协议(TCP),确保数据传输可靠到达;另一种是用户数据报协议(UDP),直接传输数据报,而不需要提供端到端可靠校验,适用于要求高速,但数据量非常小的情况。

(3) 网络层

网络层中的主要协议是网际协议(Internet Protocol ,IP),有时也称为互联网际层。网络层处理数据包在网络中的传输,确定数据包端到端的路径。网络层主要的协议有 ICMP(Internet 控制报文协议)、IGMP(Internet 组治理协议)、IPv4(Internet 协议版本 4)以及 IPv6(Internet 协议版本 6)、ARP(地址解析协议)、RARP(反向地址解析协议)等。

Internet 网络中,传输层的报文在传输过程中会被封装成一个或多个 IP 包(分组)。封装就是添加信息段(报头),信息段包括发送方地址、接收方地址、生存时间(TTL)等信息;解封装则是去除 IP 包中这些传输信息。

一个报文可能会被封装为多个 IP 包,报文的分割与重组由传输层完成(注:由于不同类型网络的 IP 包大小并不统一,IP 包在不同类型的网络中转发时,会被再次拆分成更小的 IP 包,以适应当前网络)。发送时,网络层封装 IP 包后发送;接收时,解封装 IP 包,将有效内容传输给传输层。网络层不检查数据是否出错,查错任务由传输层完成。

(4) 网络接口层

网络接口层是实际的数据传输层,是 IP 包从一个设备传输到另外一个设备的方法。IP 包在网络接口层被封装为数据帧(Data frame)进行实际的传输,传输路径由网络层指定。数据帧包括三个部分:帧头、IP 包和帧尾,帧头和帧尾包含一些必要的控制信息,比如同步信息、地址信息、差错控制信息等。不同的数据链路使用不同格式的数据帧,跨网传输的数据帧需要重新封装以适应不同类型的通信链路。

二、IP 地址

在 TCP/IP 中,IP 地址是 IP 协议提供的一种地址格式,是一个逻辑地址,用于屏蔽不同类型网络物理地址的差异。在 Internet 上,IP 地址被称为网际协议地址,网络中的每个节点都需要一个 IP 地址,否则无法使用 Internet。

1. IP 地址分类

互联网上的每个节点必须有一个唯一的 IP 地址。IP 协议第 4 版(IPv4)规定,每个 IP 地址使用 4 个字节(32 位)表示,其中包含网络号和主机号两个内容,前者用来指明主机所从属的物理网络的编号(称为"网络号"),后者是主机在所属物理网络中的编号(称为"主机号")。

由于现实中既有一些规模很大的物理网络,也有许多小型网络,因此网络号和主机号的划分采用了一种能兼顾大网和小网的折中方案。这个方案将 IP 地址分为 A、B、C 三个基本类,每类有不同长度的网络号和主机号,另有两类分别作为组播地址和备用地址,如图 7-7 所示。

图 7-7　IP 地址的分类及字段长度

- A 类地址的网络号字段长为 1 个字节,其中最高位为"0", A 类地址能提供的网络号为 $2^7-2=126$ 个;主机号字段长为 3 个字节,则 A 类网络中最大主机数是 $2^{24}-2$ 台。网络号和主机号都减 2,是因为全 0 和全 1 留作特殊地址使用。主机号为全 0,表示网络地址,用来表示整个网络,而非某台计算机;主机号为全 1,表示广播地址。

- B 类地址的网络号字段是 2 个字节,其中最高两位是标志位"10",剩下 14bit 提供的网络号为 2^{14}。这里没有减 2 是因为网络号字段的最高位是"10",使得网络号不可能出现全 0 和全 1 的情况。B 类网络主机号字段长为 2 个字节,每个 B 类网络中最大的主机数为 $2^{16}-2$。

- C 类地址的网络号字段长为 3 个字节,最高位为"110",提供的网络号为 2^{21},提供的最大主机数为 $2^8-2=254$。

- D 类地址用于组播,主要留给 Internet 体系结构委员会使用。

- E 类地址保留为今后使用。

2. IP 地址的表示

IP 地址由四个字节组成,习惯写法是将每个字节作为一段并以十进制数来表示,32 位 IP 地址通常用"点分十进制表示法",即将 32 位的 IP 地址平均分为 4 段,每 8 位一段,然后将每一段二进制转换为相应的十进制,写成 4 个十进制的整数,并用小圆点"."隔开。每个段的十进制数范围是 0~255。例如,一主机 IP 地址的 32 位是 10000001000000100000111000001010,按点分十进制表示法表示为 129.2.14.10。

区分各类地址的最简单方法是看它的第一个十进制整数。IP 地址的使用范围如表 7-1 所示。

由于互联网上的每个接口必须有一个唯一的 IP 地址,因此多接口主机具有多个 IP 地址,其中每个接口对应一个 IP 地址。

表 7-1　3 类 IP 地址使用范围

类　型	使用范围
A	0.0.0.0～127.255.255.255
B	128.0.0.0～191.255.255.255
C	192.0.0.0～223.255.255.255

3. IPv6 地址

随着互联网高速发展,IPv4 地址资源有限,严重制约了互联网的应用和发展。IPv6(Internet Protocol Version 6)是互联网工程任务组(Internet Engineering Task Force,IETF)设计的用于替代 IPv4 的下一代 IP 协议,用于解决网络地址资源数量的问题,同时也扫除了多种接入设备连入互联网的障碍。

IPv6 地址使用 16 字节(128 位),是 IPv4 地址长度的 4 倍,采用 8 个十六进制数冒号分隔表示,一般有 3 种表示方法:

(1) 冒分十六进制表示法

格式为 ×：×：×：×：×：×：×：×,其中每个 × 表示地址中的 16 位,以十六进制表示。例如:

0001：0002：0003：0004：0FED：CBA9：8765：4321

这种表示法中,每个 × 的前导 0 是可以省略的,上方地址可描述为

1：2：3：4：FED：CBA9：8765：4321

(2) 压缩 0 位表示法

当一个 IPv6 地址中间包含很长的一段 0,可以把连续的一段 0 压缩为"：："。但为保证地址解析的唯一性,地址中"：："只能出现一次。例如,1234：0：0：0：0：0：0：ABCD 表示为 1234：：ABCD;特殊的,0：0：0：0：0：0：0：1 表示为：：1,0：0：0：0：0：0：0：0 表示为：：。

(3) 内嵌 IPv4 地址表示法

IPv6 地址中的最后 4 个字节以 IPv4 方式描述,此时地址常表示为 ×：×：×：×：×：×：d.d.d.d,前 96 位采用冒分十六进制表示,而最后 32 位则使用 IPv4 的点分十进制表示。例如:0001：0002：0003：0004：0FED：CBA9：192.168.0.1,前 96 位中,压缩 0 位的表示方法依旧可用。

IPv6 和 IPv4 地址的基本作用都是从逻辑上描述 Internet 节点,但 IPv6 具有更高的安全性、更方便的网络管理,是下一代互联网的核心技术之一。

TCP/IP 协议可以简单描述为:TCP 协议处理数据;IP 协议标注传输对象;套接字标注网络数据的发送和接收程序或进程。TCP/IP 协议有很多的协议,实际是一个协议组,包含握手过程、报文管理、流量控制、错误检测和处理等各个方面的协议,如需了解详细的内容,可以查阅 RFC 文档 RFC793、RFC791、RFC1700 等。

三、域名、DNS 和 URL

1. 域名

在 TCP/IP 协议中,要求通信的双方必须具有 IP 地址,否则无法通信。目前主流的

IPv4 地址用 32 个二进制位表示,难以被记忆和理解(128 位的 IPv6 更难以记忆)。为了方便用户记忆使用,我们使用字符序列构成的主机名代替 IP 地址。在一个网络中,一个主机名对应一个 IP 地址,主机名严禁重复,允许多个主机名与一个 IP 地址对应。

在 Internet 中,主机名被称为域名,每个名字由几个部分组成,每个部分称为子域名,子域名用点号分隔,每个子域名均有明确的含义。

域名的一般结构从左至右分别为"主机名. 三级域名. 二级域名. 一级域名(或称顶级域名)"。国际上,一级域名采用通用的标准代码。例如,CN(中国)、JP(日本)、KR(韩国)、UK(英国)等。

我国的一级域名是 CN,二级域名共计 40 个,其中包括类别域名和地区域名。类别域名有 6 个：AC(科研院所及科技管理部门)、GOV(国家政府部门)、ORG(各社会团体及民间非营利性组织)、NET(互联网络机构)、COM(工商和金融等企业)、EDU(教育机构)。地区域名有 34 个,即"行政区域名",如 BJ(北京市)、SH(上海市)、TJ(天津市)、JS(江苏省)、ZJ(浙江省)等。

例如,www.cslg.edu.cn 是常熟理工学院的域名,其中 www 表示这是一个 web 服务器,cslg 是常熟理工学院的缩写,edu 表示教育机构,cn 表示中国。

值得注意的是,因特网的域名一般由英文字母、数字和连字符(-)组成,不区分大小写,子域名的长度不超过 63 个字符,整个域名的长度不可超过 255 个字符。一台计算机一般只能拥有一个 IP 地址,但可以拥有多个域名。若采用非英文字符,则域名长度限制需要根据编码长度进行换算。

2. DNS

域名用于帮助用户记忆主机,但实际的数据通信只能使用 IP 地址,域名系统或域名服务(Domain Name System/Domain Name Service ,DNS)用于将域名解析为 IP 地址,提供服务的主机一般被称为 DNS 服务器。

DNS 技术不仅仅用于解析域名,还包括基于域名技术的多种应用,如网站过滤、安全控制等。有关 DNS 技术更多的内容,请查阅 RFC 2181、RFC 2136、RFC 2308 等文档。

3. URL(Uniform Resource Locator)

统一资源定位器 URL 是与域名相关联的一个概念,用于给 Internet 网络中每个资源文件统一命名,在 WWW 中,又叫作网页地址。

URL 的一般格式包括网络协议、主机、端口、路径、文件等,格式如下：

     网络协议：∥主机[：端口][/路径][/文件][？参数]

其中：

- 网络协议：访问所使用的传输协议,确定资源的使用方式,如 http、ftp 等。
- 主机：资源服务器的域名或 IP 地址。
- 端口：可选,省略时使用方案的标准端口,但非标准端口必须说明。
- 路径：可选,省略时表示主机上默认路径,否则用于表示文件的路径。
- 文件名：需要访问的文件,可选,省略时表示主机上默认文件。
- 参数：传送给服务器的参数内容。

4. 本地域名解析

在 Windows 操作系统中,允许使用本地域名解析,以加快网络访问速度。在 Windows 7 中,以管理员权限使用记事本打开 C:\windows\system32\drivers\etc\hosts 文件,可将常用的域名与 IP 地址的对应关系写入,而后访问该域名时,不需要请求 DNS 服务。注意,该文件需要管理员权限才能修改。

hosts 是一个系统文件,其作用是记录域名与 IP 地址的对应关系。当用户在浏览器中输入网址时,系统会首先自动从 hosts 文件中寻找对应的 IP 地址,如果找到,系统会直接访问该主机,如果没有找到,则系统才会将网址提交 DNS 服务器进行 IP 地址的解析。

hosts 文件内容如图 7-8 所示,图中最后两行为用户设置内容,而后,所有访问 www.baidu.com 的行为都会访问 IP 地址 111.13.100.92。需要注意的是,若 IP 地址非法或错误,则会屏蔽该网站,图中将 hao123 地址设置为 0.0.0.0,会导致该网站无法访问。

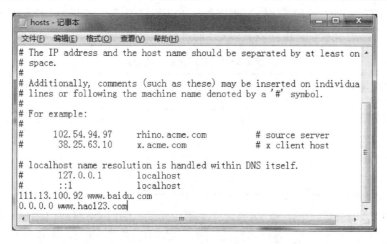

图 7-8 hosts 文件

7.1.4　Internet 接入与路由器参数

一、Internet 接入与共享 IP

Internet 接入服务一般由 Internet 服务供应商(Internet Service Provider,ISP)提供,ISP 服务商一般提供三种入网方式:拨号上网、固定 IP 和动态 IP。

1. 拨号上网

拨号上网是指用户向 ISP 申请一个帐号,而后使用电话线、ADSL、光缆等接入 Internet 的方式,是个人用户最主要的入网方式。

2. 固定 IP

固定 IP 是指将一个因特网 IP 地址长期固定分配给客户,主要用于服务器等提供信息服务的设备。

3. 动态 IP

动态 IP 是指用户设备直接接入网络,不需要帐号、密码等信息,实际上网时,由 ISP

动态暂时分配一个因特网 IP 地址供用户使用。

当前,随着 Internet 网用户数量激增,IPv4 地址数量严重不足,同时,IPv6 普及速度缓慢,大量的网络服务只能在 IPv4 中使用,共享 IP 技术可用于解决 IPv4 至 IPv6 过渡期 IP 地址不足的问题。拨号上网和动态 IP 均使用了共享 IP 技术,该技术用一个 IP 地址为数百个用户提供入网服务,部分解决了用户数量与 IPv4 地址不足的问题。

目前使用最普遍的共享 IP 技术是网络端口地址转换(Network Address Port Translation,NAPT)技术,少数老旧网络中可能还在使用网络地址转换(Network Address Translation,NAT)技术。

NAPT 是以 NAT 为基础的,两者原理相同,均是将私有地址(一般是局域网地址)转化为因特网 IP 地址的转换技术。使用转换技术接入 Internet 的设备有两个地址:一是终端设备所在私有局域网地址,该地址一般被称为内网 IP;二是终端设备在 Internet 上的地址,一般被称为公网 IP 或外网 IP。NAPT(NAT)的工作过程如表 7-2 所示。内网用户接发外网 IP 包过程为:发送 IP 包时,NAPT(NAT)设备将发送方地址从内网 IP 修改为外网 IP,并转发到外网;接收 IP 包时,将接收方地址修改为内网 IP,并将 IP 包转发到内网。

表 7-2 NAPT(NAT)映射表

内网 IP	外网 IP(NAPT)	外网 IP(NAT)
10.28.78.185:8080	10.43.122.104:1	10.43.122.104:8080
10.28.78.185:23	10.43.122.104:2	10.43.122.104:23
10.0.0.185:8080	10.43.122.104:3	10.43.122.104:8080
10.0.0.185:23	10.43.122.104:4	10.43.122.104:23

NAT 和 NAPT 的区别是:NAT 技术不转换内网 IP 端口,局域网内用户只能轮流使用一个或多个公网 IP,本质是一种分时共享 IP 上网技术,表 7-2 中两个用户无法在 NAT 网络同时进行 Web 浏览,因为无法区分 IP 包转发对象;NAPT 同时转换内网 IP 地址和端口,这使得一个公网 IP 能够被局域网内多台主机同时使用。NAT 和 NAPT 通常被集成到网关、路由器或者单独的设备中,在小型网络中,也可以使用软件完成。如需了解更完整的内容,请参阅 RFC1631(NAT)和 RFC3489(NAPT)。

二、常用路由器参数

路由器是组建局域网最常用的设备,路由器至少提供两类接口:局域网接口(LAN 端口)、广域网接口(WAN 端口)。局域网接口供用户组建自有局域网,广域网接口用于连接外部网络。常见的端口类型包括 RJ45 接口(网线接口)、光纤接口、RJ11 接口(电话线接口)等,需要参照设备说明书正确使用。注:光纤接口类型较多,按接口形状分为 FC、SC、ST、LC 等,家用 Internet 接入光纤接口最常用的是 SC 类型。

路由器详细线路连接和设置请参阅设备生产商的说明文档,下文仅介绍常用参数和术语:

1. WAN 端口和 LAN 端口设置

WAN 端口设置的对象是外网,其设置对整个局域网有效。例如,若 WAN 端口连通 Internet,若无特殊的限制,则所有 LAN 端口也连通 Internet。外部网络入口线路也可以连接到 LAN 端口,这个连接方法实质是将路由器作为交换机使用,也可以认为是将局域网作为外网的一部分存在,而非独立的局域网,此时,内网用户的外网参数相互独立,某些计费访问的网络中,使用这样的连接方式。

拨号上网 WAN 端口参数一般包括帐号、密码、拨号方式、通信模式(单工、双工等)信息等;固定 IP 上网参数包括 IP 地址、子网掩码、网关、DNS 等;动态 IP 上网可以不设置任何参数。

LAN 端口设置包括内网 IP 设置方式、路由器内网地址、子网掩码等信息。

2. DHCP(Dynamic Host Configuration Protocol)服务器

DHCP 是一个局域网的网络协议,用于给局域网设备动态分配 IP 地址、网关(Gateway)地址、DNS 服务器等地址信息,详细内容参阅 RFC 2131。

DHCP 服务器是指由服务器控制一段 IP 地址范围,并动态地将地址分配给入网设备。如图 7-9 所示,DHCP 服务器自动分配地址 192.168.1.100—192.168.1.199 之间的地址,地址租期是终端使用地址的最长时间,到期后,DHCP 服务器将会重新分配一个地址给终端。前文所述动态 IP 上网方式就是使用 DHCP 服务。

DHCP 服务的优点是管理和使用方便,终端用户无须了解网络参数细节就能够接入网络。但其缺陷也很明显,首先,同一网络终端的地址随机变化,网络外部设备无法访问网内设备。不适用于服务器等设备。其次,DHCP 服务会影响网络的安全性,给非法用户提供了接入网络

图 7-9 DHCP 设置

的机会,如常见的"无线蹭网"行为。对于一个不开启 DHCP 服务的网络,难度非常高;但对于开启 DHCP 服务的网络,网络安全完全依靠 Wi-Fi 密码。再次,DHCP 服务需要一定的网络开销,尤其是用户较多的时候,会明显降低网络效率。最后,用户地址到期阶段,可能会使用户访问网络行为失败。

3. 路由表

路由器的主要工作是为经过路由器的数据包寻找一条传输路径,并将该数据有效地传送到目的地。路由表是路由器中存储的一张连接设备信息表,表中含有网络周边的拓扑信息,用于确定 IP 包的转发路径。

使用 DHCP 服务,实际由路由器分配各个设备的 IP 地址,并建立路由表;如果使用固定 IP 地址,设备向路由器报告各自的 IP 地址,并由路由器建立路由表。部分路由器支持 IP 地址与 MAC 地址绑定功能,该功能由地址解析协议(Address Resolution Protocol,ARP)提供路由信息,详情查阅 RFC 826。

4. 子网(Subnet)和子网掩码(Subnet Mask)

IPv4 协议的作用是将多个独立网络互联成为一个大的网络,为了标注这些独立网络,IP 地址被分为两个部分:网络号和主机号,网络号相同的设备构成一个子网。需要说明的是,连接在一个路由器上的设备未必属于同一个子网,很多家用路由器所支持的访客网络就是一个例子;反之,一个子网中也可能有多个路由器,但网络参数设置相对烦琐,在此不做介绍,有关子网更多的信息请参阅 RFC 917 等文档。

因特网中,将 IP 地址划分为 A、B、C 三类,用于对应不同规模的网络,但实际的网络规模难以预计,也许家庭用户一般需要一个比 C 类更小的网络,校园网、企业网可能需要一个比 C 类大但比 B 类小的网络。为了充分利用 IP 地址资源,需要使用子网掩码,产生一个大小合适的网络。

子网掩码用于说明 IP 地址的哪些位构成网络号,哪些位是主机号,是一个 32 位地址,该地址的前半部分全为 1,后半部分全为 0。为 1 的位说明了 IP 地址中对应的位表示网络号,为 0 的位表示主机号。例如,子网掩码 11111111 11111111 11111111 10000000 (255.255.255.128)说明 IP 地址的前 25 位是网络号,后 7 位是主机号,则 10.28.78.185 与 10.28.78.25 不属于同一子网,该网络可以有 128 个 IP 地址,可以容纳 126 台设备,主机号全是 0(10.28.78.128)和全是 1(10.28.78.255)的两个地址分别为网络地址和广播地址,不能分配给网络终端;若子网掩码为 255.255.255.0,则 10.28.78.185 与 10.28.78.25 属于同一子网,该网络能容纳 254 台设备,10.28.78.0 与 10.28.78.255 为网络地址和广播地址。

前文介绍的 Internet 地址分类中,A 类地址的子网掩码为 255.0.0.0,B 类地址为 255.255.0.0,C 类地址为 255.255.255.0。有关子网掩码,更多的信息请参阅 RFC 950。

5. 网关(Gateway)

网关又称网间连接器,用于连接两个子网。在网络通信过程中,路由器分析接收到的 IP 包,若 IP 包的目标地址与路由器属于同一子网,则查阅路由表,并按照路由表将 IP 包转发到指定主机;否则,该 IP 包将被转发到网关。

若使用路由器 WAN 端口,则该端口的地址默认为网关地址;否则,需要用户为入户线路端口分配一个固定 IP 地址。

6. 固定 IP 地址接入局域网

局域网提供的公共服务,如打印机、文件服务器、Web 服务器等,都需要使用固定 IP 地址,否则普通用户无法使用这些服务。家用小型局域网中,可以使用路由器提供的 IP 地址与 MAC 地址绑定功能实现,但在大型局域网中,一般会为设备或用户分配固定 IP 地址。

Windows 7 中配置固定 IP,如图 7-10 所示。常见的出错情况包括:若 IP 地址非法,设置时会被提示;若 IP 地址冲突,则会在使用时被提示;若子网掩码出错,内网部分服务不可用,外网不可用;默认网关出错,内网可用,外网不可用。

DNS 服务器配置需要兼顾内网和外网,一般首选 DNS 服务器为局域网提供的 DNS 服务器,否则无法使用内网服务;备用 DNS 服务器应当选择服务速度较快的因特网服务器,如阿里公共 DNS(223.5.5.5);也可以在高级设置中附加更多的 DNS 服务器,以防 DNS

服务器故障导致无法上网。

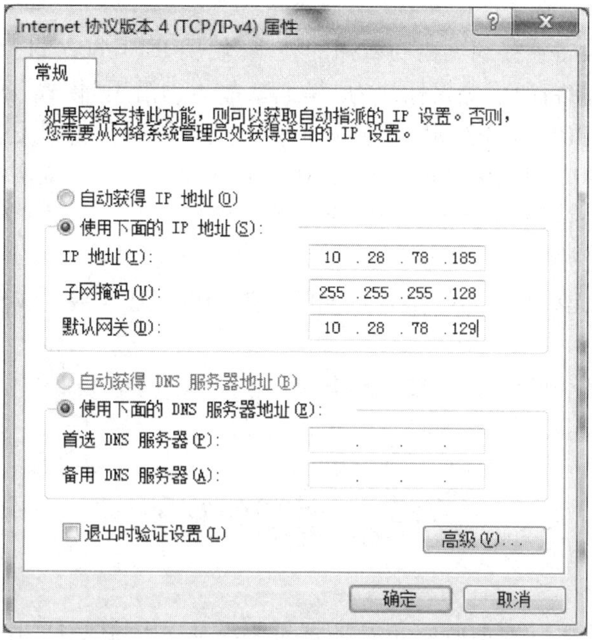

图7-10　IPv4 属性设置

三、Wi-Fi 网络参数

Wi-Fi 主要参数包括网络名称、网络密码、信道、模式等。

（1）网络名称

Wi-Fi 网络的自定义或默认名称,可选择关闭无线广播,此时,该网络用户必须手动设置需要接入的网络名称。

（2）网络密码

用于验证接入用户合法的手段,用户接入 Wi-Fi 必须提供该密码,一般建议使用 8 位以上的字母、数字、符号混合密码。

（3）Wi-Fi 加密

对无线设备间传输的数据进行加密,可以防止非法窃听或侵入。常见的加密技术包括 WEP、WPA-PSK(TKIP)、WPA2-PSK(AES)。WEP 加密目前已经被破解,安全性能非常低；WPA-PSK、WPA2-PSK 及 WPA-PSK + WPA2-PSK 是目前认为安全的加密技术。

（4）信道

Wi-Fi 使用 2.4G 和 5G 两个频段。2.4G 部分,Wi-Fi 有 14 个信道,编号为 1—14,从 2.402—2.484 GHz,每个子信道宽度为 22 MHz,相邻信道中心频点间隔 5 MHz(连续的信道间存在频率重叠,如 1、2、3、4、5 信道有频率重叠)。我国规定 2.4G 路由器只使用前 13 个信道,第 14 信道不可用。5G 部分,信道有 5 个,各项技术雷同于 2.4G,由于目前使用 5G 频段的路由器较少,实际通信效果表现较好。如同一区域有多个 Wi-Fi 网络,空闲的信道传输速度较快。若同一信道用户非常多,会导致无线网络不稳定,无线通信可能会失败。

(5) 模式

Wi-Fi 是无线设备连接到无线局域网的技术,使用 IEEE 802.11 系列协议进行通信。由于家用路由器一般将通信协议标注为"模式",故本书沿用"模式"这个称呼,实际应为无线通信协议。路由器模式必须同设备网卡模式一致或兼容,否则无法接入无线局域网。例如,路由模式为 802.11b,无线网卡使用 802.11a 模式将无法接入网络。多数情况下,设备无法连接无线路由器的原因都是两者模式不匹配。

(6) WDS 无线桥接

开启该功能的无线路由器将作为无线交换机使用,用于扩展无线网络覆盖范围。

(7) 访客网络

在无线路由器上开启另一个独立网络,共用主网络 WAN 口。

7.2 计算机安全

中国公安部计算机管理监察司对计算机安全所下的定义是,"计算机安全是指计算机资产安全,即计算机信息系统资源和信息资源不受自然和人为有害因素的威胁和危害"。

7.2.1 网络信息安全

网络信息安全是一门综合性学科,涉及计算机科学、网络技术、通信技术、密码技术等多门学科。了解网络信息安全隐患和网络信息安全技术有助于用户安全使用网络信息。

一、网络信息安全隐患

网络安全主要指保护网络系统的硬件、软件和数据,使其连续可靠正常地运行。网络安全大体可分为设备安全和信息安全两种,物理设备安全基本等同于财产安全,但信息安全则极其复杂,尤其是网络信息安全。

因特网的全球性、开放性、共享性使得任何人都可以自由地连接到网络中,网络的高速发展带来了丰富的网络服务和庞大数量的用户,但也使得针对网络的非法活动同样高速发展。常见的非法网络活动主要包括截断用户通信、窃听用户通信、篡改通信内容、伪造通信身份,如图 7-11 所示。

网络安全所面临的威胁可分为两大类:针对网络服务的攻击和针对网络本身的攻击,前者的目标是非法获取或使用信息资源,后者的目标一般是使网络无法提供服务。这两类威胁都能对网络的保密性、完整性、可用性和可控性构成危害。例如,传输中断会影响到网络的可用性,信息被窃听将危及数据的机密性,信息被篡改会破坏数据的完整性,伪造的数据则失去了数据的真实性。

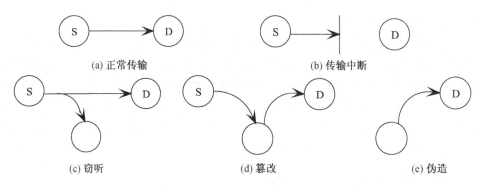

图 7-11　信息传输过程中的安全威胁

二、网络信息安全技术

目前,认证和加密是应用最多的网络信息安全技术。

1. 认证

认证包括身份认证和消息认证。前者用于证明使用者,即用户必须提供自身身份证明,常见认证技术包括视网膜、指纹、数字证书、短信密码等;后者用于验证收到的信息是真实的,未被篡改和伪造的,包括消息内容认证(消息完整性认证)、消息的源和宿认证(消息发送和接收者的身份认证)、消息的序号和操作时间认证等。

2. 加密

加密能够有效地保护信息本身的安全,使其难以被窃听、篡改和伪造,是网络安全技术中最有效的技术之一。加密可以使用软件或硬件实现,按作用不同,分为数据传输、数据存储、数据完整性的鉴别及密钥管理技术这四种。

加密技术包括算法和密钥两个元素:算法通常是用一定的数学计算操作来改变原始信息;密钥是供算法使用的一种参数,数据发送方和接收方使用这些参数加、解密。

数据加密和解密是两个相反的过程,用某种方法伪装消息并隐藏它的内容的方法称为加密(encryption),待加密的消息被称为明文(plaintext),被加密以后的消息称为密文(ciphertext),把密文转换成明文的过程称为解密(decryption)。

发送方用加密密钥,通过加密设备或算法,将消息加密后发送出去。接收方在收到密文后,用解密密钥将密文解密,恢复成明文。如果传输中有人窃听,那也只能得到密文,因为不知道解密密钥而无法知道消息内容,这样就对消息起到了保护作用。加、解密模型如图 7-12 所示。

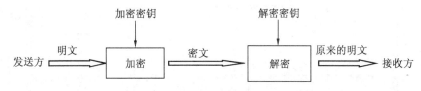

图 7-12　数据的加密和解密

数据加密和解密中,密钥分为以下两种:

① 对称密钥密码。加密和解密使用同一密钥和同一算法,收发方必须共享密钥的算

法,称为对称密钥密码。对称密钥必须保密。

② 非对称密钥密码。收发双方使用不同密钥的密码,用同一算法进行加密和解密,而密钥有一对,其中一个用于加密,而另一个用于解密,称为非对称密钥密码。发送方和接收方各拥有相互匹配的密钥中的一个。两个密钥中的一个必须保密。

网络安全技术还包括物理网络安全、网络结构安全、系统安全、管理安全等,其发展与网络非法活动技术密切相关,两者的对抗是两者发展的动力。到目前为止,没有完美的网络安全技术,网络安全需要综合使用各种技术和策略。

7.2.2 网络安全技术——防火墙

防火墙是一个监控系统,通过监控内部网络和外部网络之间的通信,阻挡来自外部网络的不安全或非法通信。防火墙可以是软件或硬件,也可以是这两者的组合。防火墙通过检测、限制、更改跨越防火墙的数据流,尽可能地对外部屏蔽网络内部的信息、结构和运行状况,以此来实现网络的安全保护。

Windows 7 及其后续版本中的防火墙,美观易用,打开"控制面板"窗口,单击"系统和安全",然后单击"Windows 防火墙",再单击"允许程序通过 Windows 防火墙通信"可设置是否允许程序使用网络进行通信。Windows 中,网络被区分为三类:家庭网络、工作网络和公用网络。家庭/工作网络中,防火墙会默认打开常见网络服务,如网络发现服务、网络打印机等;公用网络被认为安全性较差,防火墙会对公用网络的数据通信进行严格的排查,并默认关闭部分网络服务。用户也可以自行设置程序通信权限,如图 7-13 所示。防火墙检测当前网络类型,并按照预设值干涉程序通信,图中 Windows Communication Foundation 在三个类型网络中均可正常通信。

图 7-13　Windows 防火墙

Windows 防火墙除了会阻止网络恶意攻击外，设置不当也会阻挡用户正常访问互联网。

若用户对计算机网络有足够的了解，可使用"高级安全 Windows 防火墙"的功能，方法是：执行"控制面板"→"系统和安全"→"Windows 防火墙"→"高级设置"命令，从而获得更加灵活、高效、详细、全面的防火墙服务，如图 7-14 所示。

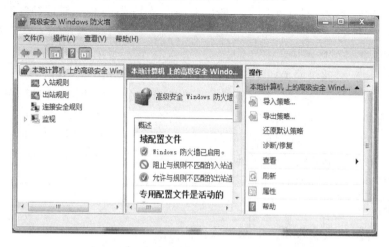

图 7-14 "高级安全 Windows 防火墙"窗口

高级防火墙中，用户需要配置传入规则（入站规则）和传出规则（出站规则），规则将允许或阻止通信。通信过程中，防火墙检查数据包，按照用户规则阻止连接或允许连接。对规则进行配置时，可以从各种标准中进行选择，包括应用程序名称、系统服务名称、系统端口、IP 地址等。完整的内容请参阅微软官网的相关说明文档 https：//technet.microsoft.com/library/hh831365.aspx。

Windows 防火墙提供了基本的防火墙功能，但只能保护当前计算机，若需要保护整个网络或需要更好的保护效果，则需要使用专业的防火墙，此类防火墙均为独立设备，可有效防止软件 bug、木马、病毒等带来的安全问题。

防火墙技术可根据防范的方式和侧重点的不同而分为很多种类型，一般分为数据分组过滤、应用级网关和代理服务器等几大类型。

1. 数据分组过滤型防火墙

数据分组（IP 包）过滤技术是在网络层对数据分组进行选择，选择的依据是系统内设置的过滤逻辑，被称为访问控制表。通过检查数据流中每个数据分组的源地址、目的地地址、端口号、协议状态等因素或它们的组合，来确定是否允许该数据分组通过。上文所述的 Windows 防火墙就属于这一类，此类防火墙实现代价较低，防护效果一般，很容易被木马、病毒等攻破。

2. 应用级网关型防火墙

应用级网关是在网络应用层上建立协议过滤和转发功能。它针对特定的网络应用服务协议使用指定的数据过滤逻辑，并在过滤的同时，对数据包进行必要的分析、登记和统计，形成报告。应用级网关型防火墙通常是独立设备，与专用工作站系统配合工作，实现代价较高,安全性较好。

数据分组过滤和应用级网关型防火墙有一个共同的特点,都是依靠特定的逻辑判定是否允许数据包通过,一旦满足逻辑,则防火墙内外的计算机系统建立直接联系,数据分组过滤型防火墙的外部用户可以直接了解防火墙内部的网络结构和运行状态,不利于抗击非法访问和攻击;但应用级网关型防火墙基于应用层协议进行访问控制,所有通信均由网关检查、复制、转发,且应用网关一般由专用设备完成,这使其难以被修改,不易受系统 Bug、病毒、木马的侵扰。

3. 代理服务器型防火墙

代理服务也称链路级网关或 TCP 通道,它是针对数据分组过滤和应用级网关技术存在的缺点而引入的防火墙技术,其特点是将所有跨越防火墙的网络通信链路分成两段,防火墙内外计算机系统间应用层的"链接",由代理服务器上的"链接"来实现,外部计算机的网络链接只能到达代理服务器,从而起到了隔离防火墙内外计算机的作用。此外,代理服务也对过往的数据包进行分析、注册登记,形成报告,同时当发现有被攻击迹象时会向网络管理员发出警报,并保留攻击痕迹。代理服务器型防火墙通常是独立设备,实现代价很高,安全性好。

7.2.3 计算机安全技术——杀毒软件

计算机病毒(Computer Virus)在《中华人民共和国计算机信息系统安全保护条例》中被明确定义,病毒指"编制者在计算机程序中插入的破坏计算机功能或者破坏数据,影响计算机使用并且能够自我复制的一组计算机指令或者程序代码"。

计算机病毒的破坏能力惊人,以下是历史上那些超级病毒造成的损失。

(1) CIH

CIH 1998 年 6 月爆发于中国,它是由中国台湾地区的大学生陈盈豪所编写的,是公认的危险病毒。CIH 的危险之处在于能够使硬盘和主板失效(为数不多的攻击硬件的病毒),从而使计算机引导失败。全球损失估计:约 5 亿美元。

(2) 梅利莎(Melissa)

1999 年 3 月 26 日,梅利莎这个 Word 宏脚本病毒感染了全球15%~20%的商用计算机。全球损失估计:约 3 亿~6 亿美元。

(3) 爱虫(I LOVE YOU)

爱虫又称情书或我爱你。2000 年 5 月 3 日,"爱虫"病毒首次在香港被发现。爱虫会在受到感染的机器上搜索用户的帐号和密码,并发送给病毒作者。全球损失估计:超过 100 亿美元。

(4) 红色代码(CodeRed)

2001 年 7 月 13 日开始传播,"红色代码"是一种蠕虫病毒,能够通过网络进行传播。红色代码感染了近 40 万台服务器,据估计,有多达百万台计算机受到感染。全球损失估计:约 26 亿美元。

(5) 冲击波(Blaster)

冲击波 2003 年 8 月 11 日被检测出来并迅速传播,两天之内就达到了攻击顶峰。被激活以后,它会向计算机用户展示一个恶意对话框,提示系统将关闭。全球损失估计:数百亿美元。

(6) 霸王虫(Sobig.F)

霸王虫2003年8月19日开始迅速传播,在最初的24小时之内,自身复制了超过百万次,创下了历史纪录(后来被Mydoom病毒打破)。2003年9月10日,病毒禁用了自身,从此不再成为威胁。为找出Sobig.F病毒的始作俑者,微软宣布悬赏25万美元,但至今为止,这个作恶者也没有被抓到。全球损失估计:50亿~100亿美元。

(7) MyDoom

2004年1月26日几个小时之间,MyDoom通过电子邮件在互联网上以史无前例的速度迅速传播,顷刻之间全球都能感受到它所带来的冲击波。在受到感染的最初一个小时,每十封电子邮件就有一封携带病毒。MyDoom病毒程序自身设计成2004年2月12日以后停止传播。全球损失估计:百亿美元。

(8) 震荡波(Sasser)

震荡波自2004年8月30日起开始传播,中毒症状:系统资源被大量占用,有时会弹出RPC服务终止的对话框,并且系统反复重启,不能收发邮件,不能正常复制文件,无法正常浏览网页,复制、粘贴等操作受到严重影响,DNS和IIS服务遭到非法拒绝等。该病毒迫使全球范围内的许多公司不得不关闭系统。"震荡波"是由德国一名高中生编写的,他在18岁生日那天释放了这个病毒。由于编写这些代码的时候他还是个未成年人,德国一家法庭认定他从事计算机破坏活动,仅判了缓刑。全球损失估计:5亿~10亿美元。

计算机病毒破坏能力惊人,为了加强对计算机病毒的预防和治理,保护计算机信息系统安全,保障计算机的应用与发展,我国于1994年发布了《中华人民共和国计算机信息系统安全保护条例》,2001年,我国成立国家计算机病毒应急处理中心,负责快速发现和处置计算机病毒疫情与网络攻击事件,保卫我国计算机网络与重要信息系统的安全。

随着智能手机的普及,手机病毒逐渐成为病毒的新形式,但从病毒原理看,手机病毒与计算机病毒设计方式基本相同,但破坏、传播和牟利方式有所差别。

一、病毒简介

1. 病毒的产生

1949年,冯·诺依曼在他的论文《自我繁衍的自动机理论》中勾勒出病毒的蓝图,当时,绝大部分的计算机专家还不太相信这种会自我繁殖的程序。1983,弗雷德·科恩(Fred Cohen)研制出一种在运行过程中可以复制自身的破坏性程序,验证了计算机病毒的存在。计算机病毒是计算机技术发展到一定阶段的必然产物,目前已知原因主要有如下几种:

① 一些计算机爱好者出于好奇、兴趣、表现欲或其他心理因素,特意编制的一些具有病毒特征的计算机程序。

② 一些商业软件公司为了防止自己的软件被非法复制和使用,编写一些病毒程序附在正版软件上,如遇非法使用,则自动激活,如C-Brain。

③ 产生于编程人员在无聊时进行的游戏,如最早的"磁芯大战"。

④ 为了研究或实验特别设计的程序，由于某种原因失去控制而扩散出来。

⑤ 由于政治、经济和军事等特殊目的而编制一些程序。

2. 病毒的特征

计算机病毒不同于正常程序，无法光明正大地传播和运行，一般需要将自身隐藏起来或伪装成其他程序，通过网络或移动存储设备进入计算机。当病毒被激活后，开始持续影响计算机，直到最后的破坏阶段。在整个过程中，计算机病毒表现出如下特征：

（1）寄生性

计算机病毒一般都不是完整的计算机程序，而是寄生在其他程序中的一段代码，当宿主程序运行时，病毒被激活运行。

（2）传染性

病毒具有把自身复制连接到其他程序中的特性，一旦被激活运行，就会搜寻其他符合传染条件的文件或存储介质进行传染。计算机染毒后，如不及时处理，病毒会迅速扩散，大量文件（可执行文件或特殊格式文档）会被感染。传染性是计算机病毒的主要特征。

（3）隐蔽性

即使计算机病毒已经被激活，只要还没有到破坏阶段，计算机系统看上去依然正常。隐蔽性给病毒的传染和传播创造了条件，也使用户对病毒失去了警惕性。

（4）潜伏性

病毒代码一般都很小，通常寄生在正常程序中，也有少量病毒以隐藏文件方式存在，目的是不让用户发现，从而继续传染和传播。

（5）破坏性

"破坏"泛指给用户带来的损失，包括篡改 BIOS 和硬件参数信息、破坏操作系统、删改文件、格式化磁盘、破坏引导扇区、盗取用户信息等。

智能手机病毒同计算机病毒雷同，主要差别在于破坏性表现不同，一般以非法使用手机功能、非法获取和使用用户信息、传播非法内容、影响手机正常使用为主。

3. 病毒的分类

计算机病毒的种类很多，按照病毒的传染方式，可以分为如下五类。

（1）引导区型病毒

引导区型病毒是藏匿在存储介质引导区、主引导区的病毒，通过感染移动存储介质引导区进行传染。按照引导区型病毒在硬盘上的寄生位置又可细分为主引导记录病毒和分区引导记录病毒。

（2）文件型病毒

文件型病毒也被称为"寄生病毒"，通过感染扩展名为.com、.exe、.dll 等的可执行文件进行传染。文件型病毒对计算机中的原文件进行修改，使其成为新的带毒文件，原来程序的功能部分或者全部被保留。带毒文件一旦运行，就开始查找其他文件进行传染，直到病毒发作破坏为止。

（3）混合型病毒

混合型病毒具有引导区型病毒和文件型病毒两者的特点。这种病毒扩大了病毒程序的传染途径，它既感染磁盘的引导记录，又感染可执行文件。

（4）宏病毒

宏病毒是用软件所提供的宏能力编写设计的病毒，凡是具有写宏能力的软件都有宏病毒存在的可能，如 Word、Excel 等。宏病毒寄生在文档或模板的宏中，一旦染毒文档的宏被激活执行，就感染打开文档的计算机，从此以后，该计算机所有该类型文档都会被感染，最终导致文档或软件无法正常使用。宏病毒能够以 E-mail 附件形式传播，并干扰正常的文档活动，危害极大。

（5）网络病毒

网络病毒是通过网络传播的病毒，也叫 Internet 病毒，常见的有蠕虫、木马、黑客程序。蠕虫是利用网络进行复制和传播的病毒，传染途径是通过网络、电子邮件、恶意网页、QQ 群等；木马是指潜伏在计算机中，可受外部用户控制以窃取本机信息或者控制权的程序，木马是比较特殊的病毒，一般不具有传染性，其目的在于获取计算机中的有用信息，获得实际的利益；黑客程序一般通过网络传播，引诱用户启动黑客程序，主要目的在于非法进入他人计算机，截取或篡改数据，危害信息安全。

除了以上五类病毒外，流氓软件同样臭名昭著（流氓软件不属于我国法律规定的计算机病毒范畴，但其行为比较类似）。流氓软件指的是有一定使用价值但同时具备一些计算机病毒和黑客程序特征的软件，表现为：强制安装、难以卸载、浏览器劫持、广告弹出等其他侵犯用户知情权、选择权的恶意行为。智能手机端则表现为垃圾短信轰炸、广告和滥用权限等。

绝大多数的智能手机均有恢复出厂模式选项，且操作系统固化在芯片中，病毒难以对操作系统进行感染，故手机病毒以网络木马病毒为主。

4. 病毒的危害

病毒主要有如下危害性。

（1）破坏数据

病毒激发后会破坏设备内储存的数据，窃取用户隐私信息，利用被病毒控制的设备进行非法行为。

（2）占用计算资源

病毒自我复制、传播会占用存储空间和内存空间，影响正常的系统运行和软件使用，造成系统运行不稳定或瘫痪。

（3）干扰设备正常使用

包括干扰屏幕正常显示、干扰键盘输入、干扰触摸屏等，使系统功能无法正常使用；也包括对外设，如打印机等的干扰。

（4）破坏硬件

破坏硬件 BIOS 内容，对硬件进行非常态使用，减少硬件使用寿命等。

5. 计算机病毒的征兆

了解计算机病毒传染、发作的征兆，有利于我们尽早地发现和清除它们。例如：

① 计算机系统运行速度明显减慢；

② 经常无缘无故地死机或重新启动；

③ 丢失文件或文件损坏；

④ 文件名称、扩展名、日期、属性被更改过；
⑤ 文件无法正确读取、复制或打开；
⑥ 打开某网页后弹出大量对话框或网页；
⑦ 浏览器自动链接到一些陌生的网站；
⑧ 频繁出现不寻常的错误信息；
⑨ 出现异常对话框，要求用户输入密码；
⑩ 显示器屏幕出现花屏、奇怪的信息或图像；
⑪ 鼠标或键盘不受控制；
⑫ 磁盘可利用的空间突然减少。

二、杀毒软件

杀毒软件也称反病毒软件或安全软件，用于查杀计算机病毒、木马等有威胁的恶意软件。杀毒软件的工作原理与防火墙类似，但不是监控网络，而是监控文件。

杀毒软件的基本功能包括实时监控和扫描磁盘：实时监控用于查杀运行状态的病毒，基本工作原理是把内存中的数据与杀毒软件自身所带的病毒库（包含病毒定义）的特征码相比较，以判断是否为病毒；扫描磁盘用于查杀非运行状态的程序，原理与实时监控相同。杀毒软件的病毒库（包含病毒定义）必须时常更新，否则将无法查杀最新的病毒。目前的杀毒软件常采用联网自动更新或实时更新，以方便用户使用。

早期的杀毒软件只能处理已知的恶意软件，相对于最新型的病毒无效，但随着人工智能技术的发展，杀毒软件部分或完全应用人工智能技术，使杀毒软件具有主动防御能力。人工智能分析用户程序的行为、代码、运行结果或以上三者的综合，从而判别程序是否安全，此类技术主要包括以下几点。

（1）主动防御技术

通过监视和分析程序行为之间的逻辑关系，进行病毒规则模型识别，从而自动判定未知病毒，达到主动防御的目的。

（2）启发技术

此方法与主动防御技术雷同，但分析对象是用户程序的反编译代码。

（3）虚拟机技术

在一个虚拟计算机中运行程序，根据程序运行结果判别可疑程序。

（4）完全人工智能技术

从多个方面运用人工智能技术分析病毒特征，使杀毒软件具备"自学习、自进化"能力。

一般的个人计算机或智能手机安全防御系统由防火墙+杀毒软件组成，软件厂商一般也会将这两类软件集成到一个安全套件中，常见安全套件如腾讯电脑管家、360安全卫士等，这些软件还分为PC版、Android版、iOS版，用户需要根据设备类型选择合适的版本。各品牌杀毒软件的杀毒原理基本相同，只是运行效率和占用资源有所不同。

目前，很多安全套件已经不仅有安全功能，还具有数据恢复、驱动备份、系统优化、系统备份等功能。同时，手机端安全套件还包括登录保护、支付保护等内容。

7.2.4 预防性安全措施

安全措施用于保护计算机硬件、软件、数据不被破坏，但实际上，计算机系统被破坏的情况在所难免。本节讲述预防性安全措施主要涉及计算机硬件安全、软件安全和数据安全。

1. 计算机设备安全——硬件安全

安全使用计算机首先需要保证计算机硬件的工作环境（温度、湿度、电力电磁环境等），如频繁断电会造成机械硬盘损坏；其次，需要保证该硬件不会被盗窃或破坏；最后，需要保证硬件能被安全使用，包括设备驱动程序、信号屏蔽、访问控制等。

2. 计算机系统安全——软件安全

计算机软件安全的主要威胁包括计算机病毒、网络非法访问和篡改。

（1）安装杀毒软件

对于一般用户而言，首先要做的就是为计算机安装一套杀毒软件，并定期升级所安装的杀毒软件，打开杀毒软件的实时监控程序。对普通用户而言，Windows 7 中内置的杀毒软件 Windows Defender 已经可以满足基本的安全需求。

（2）安装防火墙

安装防火墙实现网络安全，防止非法用户更改、拷贝、毁坏计算机中的信息。Windows 7 中内置的防火墙已经可以满足基本的安全需求。

（3）更新软件和安装软件补丁

任何软件都有漏洞，软件厂商一般依靠软件更新或软件补丁弥补这些漏洞，应当及时安装这些更新或补丁。利用漏洞是计算机病毒一个很重要的传播和破坏方式，且这类病毒一般都是传播迅速、破坏性强的恶性病毒。

3. 定期备份数据——数据安全

数据备份的重要性毋庸讳言，无论防范措施多严密，也无法保证完全安全。如果最糟糕的事情发生了，操作系统和应用软件可以重新安装，但数据就只能靠日常备份，否则就彻底遗失了。

7.2.5 安全使用计算机的一些建议

安全使用计算机因人而异，可根据使用者自身对计算机的了解和计算机中数据的重要性而采取不同的安全措施，但有一些安全措施是普适的：

① 分类设置密码并使密码设置尽可能复杂。

在不同安全需求下使用不同的密码，如网上银行、E-mail、聊天室及一些网站的会员等。部分网站的安全措施薄弱，有被攻破的可能，使用不同的密码可以防止因一个密码泄露导致所有资料外泄。

重要的密码（如网银等）一定要单独设置，并且不要与其他密码相同。

尽量避免使用有意义的英文单词、姓名缩写、生日、电话号码等容易泄露的字符作为密码。一般建议采用字符、数字和特殊符号混合的密码，并定期修改。

② 避免使用来路不明的软件,公用软件和共享软件要谨慎使用。

尽量避免使用来路不明的软件,若实在有需求,也应选择信誉较好的下载网站,使用前先查杀病毒。建议在虚拟机中运行这些软件。常用的虚拟机程序如 VMware、Hyper-V 等。

③ 不要打开来历不明的电子邮件及其附件。

邮件是病毒传播的主要途径之一,病毒邮件通常有吸引人的标题,用于诱使用户下载其附件,该附件有非常高的概率是一个病毒或木马。同样的情况也存在于来历不明的 QQ、微信等联网软件中的文件。

④ 防范流氓软件。

对将要在计算机上安装的共享软件进行甄别选择,仔细阅读各个步骤出现的协议条款,特别留意那些有关安装其他软件行为的语句。有些软件本身没有问题,但这些软件会从网络下载和安装有问题的软件。

⑤ 管理共享文件。

文件、文件夹共享最好在使用时开启,并在使用结束后立即关闭。共享类型一般应该设为只读,以防文件被非法用户修改。

⑥ 安装有效的防火墙和杀毒软件,并及时升级,同时定期扫描磁盘。

⑦ 使用 U 盘时要先杀毒,以防 U 盘携带病毒传染计算机。

⑧ 及时关注国家计算机病毒应急处理中心的公告。

⑨ 有效管理计算机的帐户和密码,尤其是 Guest 帐户的情况。

⑩ 如果可以,禁用远程功能。

⑪ 不要随便浏览陌生的网站。

⑫ 从网上下载任何文件后,必须先扫描后使用。

在计算机安全中,防火墙和杀毒软件只起辅助作用,最主要的还是要有良好的预防意识。迄今为止还没有哪种安全软件能保证百分之百安全,若发现无法消灭的病毒,及时向软件商或向国家计算机病毒应急处理中心反映和求助。

7.3 Internet 的应用

7.3.1 浏览网页

万维网(WWW,World Wide Web),也称为 Web、3W 等,是由大量的超文本(Hypertext)文档构成的系统,这些文档常被称为网页或页面。所谓超文本就是使用超文本标记语言(HTML,Hyper Text Markup Language)编写的电子文档,也常被称为 HTML 文档。

网络资源是指通过网络可以获得、利用的各种信息资源的总和。这些资源以数字形式记录,一般以多媒体形式表现;这些资源存储在网络计算机的存储磁介质中,用户以网络通信方式接发这些资源。资源可以是文本、图片、视频、动画、网页、文件等,也可以是多个资源的组合,每个资源在万维网中均有一个唯一的 URL。

网页使用 HTM 语言描述和组织网络中的各种资源。资源可以存储在网络中的任何一台或多台计算机中。当网页浏览器(Web browser)打开、解析或处理网页时,将通过解析 HTML 语句获得资源的 URL,然后根据 URL 获取对应的资源,并将获取的资源按照网页规定的描述方式,展现在用户面前,至此,网页浏览器打开网页成功。而后,用户单击网页中的超级链接,或者输入新 URL 时,新打开的网页将重复以上过程。网页还可以使用脚本语言、公共网关接口、组件等技术,创建出随时间或内容变化而自动变化的动态网页。

网页浏览器又叫作浏览器,是一种访问网络信息资源的应用程序,其最基本的功能是访问 Web 网页,至少提供以下两项功能:

① 地址栏:用于输入网站的地址或网页的 URL,常规情况下,浏览器还附带提供刷新(重新载入)、停止、前进、后退等功能。

② 页面窗口:用于显示网页内容。

万维网早期使用 HTML 4 作为标准,随着万维网的发展,新一代的 HTML 5 成为标准,早期的浏览器(如 Internet Explorer 等)已经被淘汰,在新一代浏览器中,市场份额较高有:

(1) Microsoft Edge 浏览器

Microsoft Edge 内置于 Windows 10,是由微软开发的网页浏览器,支持 Windows、MacOS、IOS、Android 等主流平台。

(2) Google Chrome 浏览器

Google Chrome 是由 Google 开发的一款浏览器,支持主流平台。其优点是速度快、不易崩溃。

(3) Mozilla Firefox 浏览器

Mozilla Firefox 是由 Mozilla 开发的开放源代码的网页浏览器,支持主流平台。其优点是开源,以及支持极多的网络标准,打开网页速度快。

除了以上这些浏览器外,还有猎豹浏览器、QQ 浏览器、搜狗浏览器等这些浏览器,大多具有一些独家的功能,或者贴合用户习惯,或者更易用。

浏览器除了基本功能外,一般还提供以下功能(以 Microsoft Edge 为例):

(1) 设置主页

启动网页浏览器后,默认打开的网页,称之为主页。主页设置方法如下。

方法一:单击 Microsoft Edge 窗体右上角的"…"按钮或按【ALT】+【F】键。

方法二:执行"设置"→"开始、主页和新建标签页"命令,如图 7-15 所示,单击"添加新页面"按钮增加主页。点击下方各个页面后的"…"按钮,可以编辑或删除已设定的主页。

方法三:在"打开新标签页"、"打开上一次会话中的标签页"和"打开以下页面"单选按钮中,选择"打开以下页面"选项。

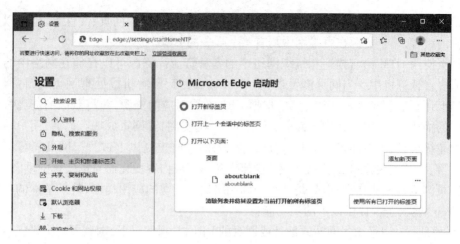

图 7-15　设置主页

（2）保存网页（图 7-16）

可将已经打开的网页存储到指定的文件夹中。

图 7-16　保存网页

① 执行 Microsoft Edge 窗体右上角的"…"→"更多工具"→"将页面另存为"命令或按【CTRL】+【S】键，打开"另存为"对话框。

② 在"另存为"对话框中，指定网页存储位置。

③ 在"保存类型"中设置文件保存类型：

• "网页，仅 HTML"只保存当前网页的文本，不保存页面引用的资源；

• "网页，单个文件"保存整个网页，包括网页引用的资源，并将保存的所有内容打包成为一个文件；

• "网页，完成"保存整个网页，包括网页引用的资源，但不打包。

（3）收藏网址（图 7-17）

记录网页的网址，以后打开该网页就不需要再输入网址了。

① 单击 Microsoft Edge 地址栏最左边的五角星符号，弹出"编辑收藏夹"对话框。在

"名称"框中为网页输入一个容易记忆的名称,单击"文件夹"右侧下拉箭头选择存放位置。

② 单击"收藏夹"按钮(图7-18)或按【Ctrl】+【Shift】+【O】键,将打开"收藏夹"对话框,在这个对话框中,可以添加、删除、移动收藏的网址。

图7-17　收藏网址

图7-18　收藏夹

(4) 保存图片

将鼠标移动到网页中的图片上,单击鼠标右键,选择"将图像另存为"命令,可将图片保存在指定文件夹中(图7-19)。

图7-19　保存图片

(5) 设置浏览器(图7-20)

设置浏览器的各种行为、外观等,使得浏览器更符合用户习惯。

① 执行 Microsoft Edge 窗体右上角的"…"→"设置"命令。

② 在"设置"页面中,左边单击设置的类别,在右边进行具体设置。例如,设置 Edge 的外观,先单击左边的"外观",然后在右边设置整体外观、主题、缩放等具体内容。

255

图 7-20　设置浏览器外观

（6）下载文件

在网页中单击下载文件的超链接，或者右击要下载的目标，在弹出的快捷菜单中单击"目标另存为"命令，均会打开"另存为"对话框，设置存储参数后进入下载文件状态。

7.3.2　电子邮件的使用

一、电子邮件和电子邮箱

1. 电子邮件地址

互联网上的电子邮件服务采用客户机/服务器模式。电子邮件服务器其实就是一个电子"邮局"，用以存放任何时候从世界各地寄给用户的邮件，等待用户在任何时刻上网索取。用户在自己的计算机上运行电子邮件客户端程序，如 Outlook Express、Messenger、FoxMail 等，用以发送、接收、阅读邮件等。

发送电子邮件需要知道收件人的电子邮件地址（E-mail 地址）。Internet 的电子邮件地址是一串英文字母和特殊符号的组合，由"@"分成两部分，中间不能有空格和逗号。它的一般形式如下：

Username@ Hostname

其中，Username 是用户申请的帐户，即用户名；Hostname 是邮件服务器的主机名，用来标识服务器在 Internet 中的位置。

2. 电子邮箱

电子邮箱是在网络上保存邮件的存储空间，一个电子邮箱对应一个 E-mail 地址，有了电子邮箱才能收发邮件。

3. 电子邮件的格式

电子邮件由信头和信体两部分组成。

（1）信头

发送人：发送人的 E-mail 地址，是唯一的。

收件人：收件人的 E-mail 地址。可以一次给多个人发信，所以收件人的地址可以有多个,多个收件人的地址用分号(;)隔开。

抄送:表示发送给收件人的同时也可以发送到其他人的 E-mail 地址,可以是多个,用分号(;)隔开。

主题:信件的标题。

作为一个可以被发送的信件,它通常包括"发送人""收件人""主题"三个部分,其中主题可以不用填写。大多数 E-mail 系统均允许用户将一个邮件同时发给多个收件人和抄送,收件人和抄送获得的邮件内容是相同的。

(2)信体

信体是邮件的实际内容,可以是单纯的文字,也可以是包含图片、声音、视频的超文本,同时还可以包含附件(用户文件)。写邮件时,除了发件人地址之外,另一项必须要填写的是收件人地址。

二、申请电子邮箱

目前国内外提供免费电子邮箱的 WWW 站点很多,下面介绍部分站点供用户参考。

1. 国外的主要站点

国外的主要站点有 Hotmail(http://www.hotmail.com)、Google Mail(http://mail.google.com)。

2. 国内的主要站点

国内的主要站点有:网易免费邮箱(http://mail.163.com)、126 电子邮箱(http://www.126.com)、新浪邮箱(http://mail.sina.com.cn)、QQ 邮箱(https://mail.qq.com)。

下面以申请 163.com 的电子邮箱为例,介绍申请电子邮箱的操作步骤。

① 在 IE 9 浏览器窗口的地址栏中输入"mail.163.com",并按回车键,在打开的页面窗口中单击"注册"。

② 在弹出的页面中,输入用户名,如 xinxi_2013,如果弹出信息"xinxi_2013@163.com 已被注册",表明该用户名已被别人注册,需重新换一个。然后输入登录密码、确认密码、验证码,如图 7-21 所示,就可以立即注册一个邮箱账号了。

图 7-21 注册邮箱   图 7-22 注册成功

③ 如图 7-22 所示,可以看到邮箱申请成功,邮箱名是 xinxi_2013@163.com。单击

"进入邮箱",即可收发邮件了。

三、使用 Outlook 撰写与发送电子邮件

设置好电子邮箱帐户后,就可以开始撰写和发送电子邮件了。在"开始"菜单中选择"程序"→"Outlook Express",就可以弹出"Outlook Express"的使用窗口。

① 单击"开始"选项卡中的"新建电子邮件"按钮,打开"邮件"窗口。在"收件人"文本框中输入收件人的电子邮件地址,在"主题"文本框中输入电子邮件的标题,然后在下方的文本框中输入邮件的内容,如图 7-23 所示。

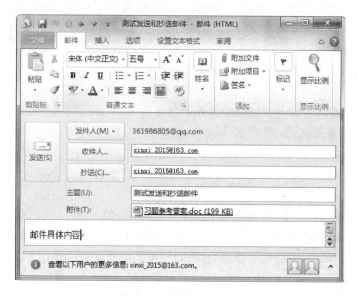

图 7-23　撰写电子邮件

② 添加附件。在"邮件"选项卡中单击"附加文件"按钮,弹出"插入文件"对话框,如图 7-24 所示,选择要发送的文件,如果要发送多个文件,可以在按住【Ctrl】键的同时依次单击每一个文件,然后单击"插入"按钮,即将选择的所有文件添加到"邮件窗口"的"附件"中,如图 7-25 所示。另外,插入的附件还可以是图片或超链接,具体的操作方法与插入文件类似,只需要在"插入"选项卡中单击"图片"或"超链接"按钮后,选取文件或设定超链接。

③ 使用"邮件"选项卡下的"普通文本"组中的相关工具按钮,对邮件正文中的内容进行调整,然后单击"发送"按钮。

发送完毕后,工作界面自动关闭,返回主界面,在导航窗格中的"已发送邮件"窗口中可以看到已发送出去的邮件信息。

第 7 章 计算机网络和安全

图 7-24 "插入文件"对话框

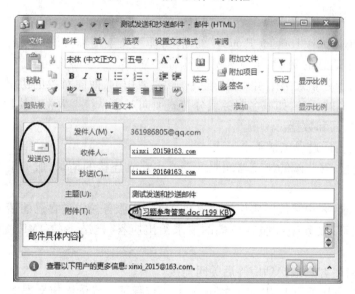

图 7-25 插入附件

四、接收与查看电子邮件

单击"发送/接收"选项卡下的"发送/接收所有文件夹"按钮,如果有邮件到达,会出现"发送/接收进度"对话框,并显示邮件接收进度,状态栏中会显示接收/发送状态的进度。

接收邮件完毕,选择 Outlook 窗口左侧导航栏中帐户名称所属的"收件箱",然后在右侧列表中会显示当前帐户下接收到的邮件的内容。

如果收到的邮件带有附件,可以在带有附件的邮件上单击鼠标左键,在右侧会出现附件文档的名称。右键单击附件文档,在弹出的快捷菜单中选择"打开"命令,弹出"打开邮件附件"对话框,根据需要可以选择直接打开附件文档,或者把附件保存到自己的计算

259

机中。

五、回复与转发电子邮件

在看完了一封邮件后,可能需要立即回复这封邮件的发件人,可以使用以下两种方法:

方法一:右击邮件列表中的邮件标题,在弹出的菜单中选择"答复"命令。

方法二:选择邮件列表中的邮件标题,单击"开始"选项卡下的"答复"按钮。

回复邮件的窗口与发送邮件的窗口类似,回复邮件时 Outlook 会根据来源邮件自动填写回复邮件时的收件人地址,用户只需填写内容即可。

转发与回复类似,不同之处在于回复来源于邮件的发件人,而转发则可以由用户自己选择将邮件回复给哪些人。

7.3.3 常见网络协议

一、HTTP 协议

HTTP 是 Hypertext Transfer Protocol 的缩写,即超文本传输协议。顾名思义,HTTP 提供了访问超文本信息的功能,是 WWW 浏览器和 WWW 服务器之间的应用层通信协议。HTTP 协议是用于分布式协作超文本信息系统的、通用的、面向对象的协议。通过扩展命令,它可用于类似的任务,如域名服务或分布式面向对象系统。WWW 使用 HTTP 协议传输各种超文本页面和数据。

HTTP 协议会话过程包括 4 个步骤。

① 建立连接:客户端的浏览器向服务端发出建立连接的请求,服务端给出响应就可以建立连接了。

② 发送请求:客户端按照协议的要求通过连接向服务端发送自己的请求。

③ 给出应答:服务端按照客户端的要求给出应答,把结果(HTML 文件)返回给客户端。

④ 关闭连接:客户端接到应答后关闭连接。

HTTP 协议是基于 TCP/IP 之上的协议,它不仅保证正确传输超文本文档,还确定传输文档中的哪一部分,以及哪部分内容首先显示(如文本先于图形)等。但 HTTP 协议以明文方式传输网页,安全性较差。

二、HTTPS 协议

HTTPS 是 Hyper Text Transfer Protocol Secure 的缩写,被广泛用于万维网上对安全有要求的通讯。

HTTPS 主要由两部分组成:HTTP 和 SSL/TLS。这个协议可以简单理解为:首先,和服务器建立连接;其次,服务端和客户端使用 SSL 或 TLS 进行证书交换,完成身份验证,并生成加密密钥;最后,使用密钥对通讯内容进行加密传输。

HTTPS 协议中,只有建立连接是明文传输,其后所有的传输数据都是加密后的数据,从而保证了传输是安全的。

三、FTP

FTP 是文件传输协议,是 Internet 中用于访问远程机器的一个协议,它使用户可以在本地机和远程机之间进行有关文件的操作。FTP 协议允许传输任意文件并且允许文件具有所有权与访问权限。也就是说,通过 FTP 协议,可以与 Internet 上的 FTP 服务器进行文件的上传或下载等动作。

和其他 Internet 应用一样,FTP 也采用了客户/服务器(Client/Server)模式,它包含客户端 FTP 和服务器 FTP,客户端 FTP 启动传送过程,而服务器 FTP 对其做出应答。在 Internet 上有一些网站,它们依照 FTP 协议提供服务,让网友们进行文件的存取,这些网站就是 FTP 服务器。网上的用户要连上 FTP 服务器,就是用到 FTP 的客户端软件。通常 Windows 都有 ftp 命令,这实际就是一个命令行的 FTP 客户端程序,另外常用的 FTP 客户端程序还有 CuteFTP、Leapftp、FlashFXP 等。

四、SMTP 协议

SMTP 的全称是"Simple Mail Transfer Protocol",即简单邮件传输协议,用于从源地址到目的地址传送邮件的一组规则。SMTP 是一个邮件发送传输协议,即只允许"推"消息到远程服务器,不允许主动从远程服务器上"拉"消息。

五、POP3 协议

POP3 的全称是 Post Office Protocol 3,即 POP 协议的第 3 个版本,规定怎样将从邮件服务器下载电子邮件的协议,是一个邮件接收传输协议。

六、IMAP 协议

IMAP 的全称是 Internet Message Access Protocol,即交互邮件访问协议。其功能与 POP3 雷同,但 IMAP 协议允许用户选择性下载邮件,并可以通过客户端直接对服务器上的邮件进行删除、检索和查看等操作。

7.4 本章小结

本章主要介绍了计算机网络基础、计算机安全与 Internet 的应用,通过学习,重点掌握计算机网络的基本概念、组成、TCP/IP 协议与计算机安全知识;在了解局域网参数、术语概念的基础上,掌握组建局域网的方法;同时,学会使用 IE 9、收发电子邮件等基本网络服务功能。

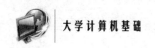

练 习 题

一、填空题

1. IP 地址分为 A、B、C、D、E 五类,若网上某台计算机的 IP 地址是 192.165.15.89,该 IP 地址属于_____类。

2. 在因特网中统一采用_____通信协议。

3. 某用户的 E-mail 地址是 haiwen@online.js.cn,那么该用户邮箱所在服务器的名字是_____。

4. 网卡具有全球唯一的_____地址,也称为硬件地址。

二、选择题

1. 信源、信宿和_____合称为通信三要素。
   A. 信道 B. 客户机
   C. 服务器 D. 路由器

2. 当需要组建大型局域网时,一般采用_____结构。
   A. 总线型 B. 树型
   C. 环型 D. 星型

3. 在使用域名访问因特网上的资源时,由网络中的一台服务器将域名翻译成 IP 地址,该服务器称为_____。
   A. DNS B. TCP
   C. IP D. BBS

4. 下列 IP 地址正确的是_____。
   A. 202.112.111.1 B. 202.2.2.2.2
   C. 202.202.1 D. 202.257.14.13

5. 有一域名为 bit.edu.cn,根据域名代码的规定,此域名表示_____。
   A. 教育机构 B. 商业机构
   C. 军事部门 D. 政府机关

6. 子网掩码 255.255.128.0,说明 IP 地址的前_____位是网络号。
   A. 32 B. 24 C. 17 D. 16

7. 在 Internet 上浏览时,浏览器和 WWW 服务器之间传输网页使用的协议是_____。
   A. HTTP B. IP
   C. FTP D. SMTP

8. 关于电子邮件,下列说法错误的是_____。
   A. 必须知道收件人的 E-mail 地址 B. 发件人必须有自己的 E-mail 帐户
   C. 收件人必须有自己的邮政编码 D. 可以使用 Outlook 管理联系人信息

9. 下列有关计算机病毒的叙述错误的是_____。
A. 计算机病毒具有潜伏性
B. 计算机病毒具有传染性
C. 传染过计算机病毒的计算机具有对该病毒的免疫性
D. 计算机病毒是一种特殊的寄生程序
10. 下列叙述正确的是_____。
A. 计算机防火墙可查杀计算机病毒
B. 计算机病毒主要通过读/写移动存储器或网络进行传播
C. 加密可防止计算机文件被病毒破坏
D. 计算机杀毒软件可以查杀任意已知的和未知的病毒

答 案

第1章 计算机基础知识

一、填空题

1. 控制 2. 输入/输出设备 3. 运算器 4. 只读存储器 5. 固态硬盘 6. 系统软件 7. 操作系统 8. 通用计算机 9. 微型化 10. 数字计算机

二、选择题

1. D 2. A 3. A 4. C 5. B 6. A 7. B

第2章 信息技术

一、填空题

1. 11111010 2. 69 3. B6A3 4. 音质 5. 有损压缩

二、选择题

1. C 2. C 3. C 4. C 5. D 6. D 7. C 8. A 9. D 10. C 11. D 12. A 13. D

三、问答题

1. 大数据是指无法在容许的时间内用常规软件工具对其内容进行抓取、管理和处理的数据。大数据是以容量大、类型多、存取速度快、价值密度低为主要特征的数据集令,即大数据的4V特点:Volume(大量)、Velocity(高速)、Variety(多样)、Value(价值)。

2. QQ、微博等社交软件产生的数据,天猫、京东等电子商务产生的数据,互联网上的各种数据。

3. 物联网、云计算和大数据三者互为基础,物联网产生大数据,大数据需要云计算。物联网在将物品和互联网连接起来,进行信息交换和通信,以实现智能化识别、定位、跟踪、监控和管理的过程中产生大量数据,云计算解决万物互联带来的巨大数据量,所以三者互为基础,又相互促进。

第3章 Windows 7 操作系统

一、选择题

1. B 2. A 3. D 4. C 5. B 6. C

二、简答题

1. Windows 7 操作系统有 6 个版本，分别是简易版、家庭基础版、家庭高级版、专业版、企业版和旗舰版。

2. Windows 7 的桌面包括桌面背景、桌面图标、"开始"按钮和任务栏 4 部分。

3. 对话框与窗口的标题栏区别就是没有"最大化"和"最小化"按钮，用户一般不能调整其形状大小，但是它比一般的窗口更简洁直观。

4. Windows 7 中文件和文件夹的基本操作包括选定、新建、重命名、复制、移动、删除等。

第 4 章　Word 2016 文字处理软件

一、思考题

略

二、选择题

1．C　2．C　3．D　4．D　5．B　6．C　7．D　8．C　9．A　10．B　11．D　12．C　13．A　14．D　15．A　16．B　17．D　18．A　19．D　20．D　21．C　22．D　23．B　24．D　25．D　26．D　27．C　28．A　29．C　30．C

三、操作题

略

第 5 章　Excel 2016 电子表格处理软件

一、思考题

略

二、选择题

1．D　2．C　3．A　4．D　5．D　6．B　7．D　8．B　9．B　10．C　11．D　12．C　13．B　14．C　15．D　16．B　17．A　18．A　19．D　20．C　21．D　22．D　23．A　24．A　25．A　26．D　27．A　28．B　29．B　30．B

三、操作题

略

第 6 章　PowerPoint 2016 演示文稿软件

一、思考题

略

二、选择题

1．B　2．D　3．D　4．D　5．B　6．B　7．A　8．D　9．A　10．C

三、操作题

略

第7章 计算机网络和安全

一、填空题

1. C   2. TCP/IP   3. online.js.cn   4. MAC

二、选择题

1. A   2. B   3. A   4. A   5. A   6. C   7. A   8. C   9. C   10. B